2級 第2版

ボイラー技士
超速マスター

TACボイラー研究会

JN012577

TAC出版
TAC PUBLISHING Group

はじめに

　小型ボイラーを除くボイラーの取り扱い業務には，ボイラー技士などの有資格者でなければ就くことができません。ボイラー技士には2級，1級および特級があり，その容量（伝熱面積の値）などによりボイラー取扱作業主任者に選任できる範囲が定められています。2級ボイラー技士は，25㎡未満のすべてのボイラーおよび貫流ボイラーの250㎡（1/10しない値で）未満のボイラーにおいて，その業務に就くことができる資格です。

　試験科目は「ボイラーの構造に関する知識」「ボイラーの取り扱いに関する知識」「燃料および燃焼に関する知識」「関係法令」の4科目で，各科目の得点が40%以上，かつ，合計点が60%以上が合格ラインとなります。公益財団法人安全衛生技術試験協会が公表する令和2年度の2級ボイラー技士試験の統計では，受験者16098人に対し，合格者は9400人で，合格率は58.4%となっています。

　そこで本書は，2級ボイラー技士試験にはじめて挑戦する読者も念頭に，試験で問われる要点を中心にまとめ，わかりやすい解説に務めました。各節の冒頭にそこで学習する内容を提示し，スムーズに理解していただけるような構成としています。また，チャレンジ問題として出題頻度の高い過去問題を出題し，学習効果を確認できるようにしました。2級ボイラー技士試験に合格するための入門書として，さらには試験直前の最終確認を行う総まとめとして，本書を有効に活用していただければと思います。

　2級ボイラー技士試験は年齢制限がなく，誰でも受験できる資格試験であり，ボイラーを扱う専門家として給湯用や冷暖房用など，産業用ボイラー以外の分野でもニーズの高い国家資格です。

　資格取得を目指すすべての皆さんが，合格の栄冠を手にされることを念願いたします。

目次

第2章 **ボイラーの取り扱いに関する基本的な知識**

第3章　**ボイラーの燃料および燃焼に関する基本的な知識**

第4章　ボイラーの関係法令

受験案内

２級ボイラー技士免許試験とは

　ボイラー技士は，労働安全衛生法に基づく国家資格です。小規模・小型ボイラーを除くボイラーの取り扱い業務には，ボイラー技士の資格を有する者でなければ就業させることはできません。

　ボイラー技士には，２級，１級および特級の３つの区分があります。各級のボイラー技士をボイラー取扱作業主任者に選任できる範囲は，取り扱うボイラーの種類と伝熱面積の合計で決まっています。

取扱作業主任者の資格	取り扱えるボイラーの種類	おもな受験条件
２級	伝熱面積が25㎡未満	なし
１級	伝熱面積が500㎡未満	２級の取得
特級	ボイラーの種類などの制限なし	１級の取得

受験資格

　平成24年4月1日より２級ボイラー技士免許試験の受験資格は廃止され，国籍，性別，職業，年齢に関係なく誰でも受験できるようになりました。ただし，試験合格後の免許申請の際には，免許交付要件としてボイラー実技講習修了あるいは実務経験が必要で，以下のいずれかに該当しなければなりません。

●ボイラーおよび圧力容器安全規格第97条（免許を受けることができる者）

　　３　２級ボイラー技士免許
　　イ　次のいずれかに該当する者で，２級ボイラー技士免許試験に合格したもの
　　　（1）学校教育法による大学，高等専門学校，高等学校または中等教育学校においてボイラーに関する学科を修め，ボイラーの取り扱いについて3カ月以上の実地修習を経たもの
　　　（2）ボイラーの取扱いについて6カ月以上の実地修習を経た者
　　　（3）都道府県労働局長または登録教習機関が行ったボイラー取扱技能講習を終了した者で，その後4カ月以上小規模ボイラーを取り扱った経験があるもの
　　　（4）都道府県労働局長の登録を受けた者が行うボイラー実技講習を修了した者

　また, 以下の条件に該当する者は, 免許を受け取ることはできません。

①満18歳に満たない者

②身体または精神の機能の障害により免許に係る業務を適正に行うにあたって必要なボイラーの操作またはボイラーの運転状態の確認を適切に行うことができない者（ボイラーの種類を限定して免許を交付する場合あり）

③免許を取り消され, その取消しの日から起算して1年を経過していない者

④同一の種類の免許を現に受けている者

試験科目と試験範囲等

　試験科目は「ボイラーの構造に関する知識」「ボイラーの取り扱いに関する知識」「燃料および燃焼に関する知識」「関係法令」の4科目です。試験は筆記試験のみで, 試験範囲と試験時間, 試験方式は以下のように実施されます。

試験科目	試験範囲	試験時間	出題形式	出題数
ボイラーの構造に関する知識	熱および蒸気, 種類および型式, 主要部分の構造, 附属設備および附属品の構造, 自動制御装置など	3時間	5肢択一のマークシート	各10問
ボイラーの取り扱いに関する知識	点火, 使用中の留意事項, 埋火, 附属装置および附属品の取り扱い, ボイラー用水および処理, 吹出し, 清浄作業, 点検など			
燃料および燃焼に関する知識	燃料の種類, 燃焼方式, 通風および通風装置など			
関係法令	労働安全衛生法, 労働安全衛生法施行令および労働安全衛生規則中の関係条項, ボイラーおよび圧力容器安全規則, ボイラー構造規格中の附属設備および附属品に関する条項など			

合格ライン

各科目ともに 100 点満点の 40% 以上であり，かつ，4 科目の合計が 60% 以上であることが合格ラインです。合計 240 点以上で合格となりますが，1 科目でも 40 点未満があれば不合格となります。

試験の受験申し込み手続き

①受験書類

公益財団法人安全衛生技術試験協会本部，または各地の安全衛生技術センターおよび一般社団法人日本ボイラ協会各支部において，受験申請書が無料で配布されます。受験希望者は「直接取りに行く」あるいは「郵送で請求する」のどちらかの方法で入手しますが，詳細については各機関のホームページにて確認できます。

なお，郵送で受験申請書を請求する場合は，以下の 2 つが必要です。

(1)「免許試験受験申請書（試験の種類を明記）○部」と記したメモ書

(2) 返信用郵送料金分の切手を貼った宛先明記の返信用封筒（角型 2 号封筒 縦 34cm，横 24cm の大きさ）

［送料］

1 部：210 円／ 2 部：250 円／ 3 ～ 4 部：390 円／ 5 ～ 9 部：580 円

※ 10 部以上請求の場合は，請求する各機関に問い合わせてください

②郵送および直接持参の場合に必要な提出書類

申請には受験申請書のほかに，氏名，生年月日，住所を確認できる本人確認証明書として，以下の書類いずれか 1 つを添付することが必要です。

(1) 住民票記載事項証明書または住民票（コピー不可）

(2) 健康保険被保険者証のコピー（表裏）

(3) 労働安全衛生法関係各種免許証のコピー（表裏）

(4) 自動車運転免許証のコピー（表裏）

(5) そのほか氏名，生年月日，住所が記載されている身分証明書などのコピー

※この本人確認証明書に限り，コピーには「原本と相違ないことを証明する」との事業者等の証明は不要です

③試験手数料

8,800 円

※試験手数料は改定される場合がありますので，受験年度ごとに確認して
ください

④受験願書受付期間

申請期間は，受験を希望する試験日の2カ月前からとなっています。締め
切りは郵送の場合，試験日の14日前の消印があるものまで有効となって
います。各センターの窓口に直接持ち込む場合は，試験日2日前（試験日
が月曜日の場合は前週の木曜日が2日前となるので注意）の16時までと
なっています。なお，いずれも第1受験希望日の定員に達した場合は，第
2受験希望日になります。

⑤受験願書の提出先

受験を希望する各地区安全衛生技術センター

⑥試験期日と会場

年間12〜17回，全国7か所にある安全衛生技術センターで月1〜2回実
施。また，安全衛生技術センターから離れた地域には，年1回程度の出張
試験も実施されます。

試験結果の発表と免状の交付申請手続き

合格発表日は，試験当日に通知されます。通常，試験日からおおむね1週
間程度（約7日後）で発表となります。合格発表の方法は以下の3通りです。
(1) 合格者には「免許試験合格通知書」，それ以外の者には「免許試験結果
通知書」を合格発表当日にはがきで郵送（到着までに2〜3日）
(2) 合格者の受験番号を安全衛生技術試験協会本部のホームページに9:30
に掲示
(3) 合格者の受験番号を安全衛生技術センターのホームページに9:30に掲示

各地域のセンターの合格発表ホームページURL	
安全衛生技術試験協会本部	https://www.exam.or.jp/
北海道センター	https://www.hokkai.exam.or.jp/asscn/Menkyokekka1.htm
東北センター	https://www.tohoku.exam.or.jp/asscn/Menkyokekka2.htm
関東センター	https://www.kanto.exam.or.jp/asscn/Menkyokekka3.htm
中部センター	https://www.chubu.exam.or.jp/asscn/Menkyokekka4.htm
近畿センター	https://www.kinki.exam.or.jp/asscn/Menkyokekka5.htm
中国四国センター	https://www.chushi.exam.or.jp/asscn/Menkyokekka6.htm
九州センター	https://www.kyushu.exam.or.jp/asscn/Menkyokekka7.htm

　「免許試験合格通知書」を受け取ったら，都道府県労働局，各労働基準監督署および各安全衛生技術センターで配布の免許申請書に必要事項を記入（貼付）し，免許試験合格通知および必要書類を添付のうえ，東京労働局免許証発行センターに免許申請をします。

　なお，免許申請の際には，実務経験等を証する書類の添付が必要です。

※実務経験従事証明書の用紙は厚生労働省のホームページからダウンロードできます

免許試験に関する問い合わせ先

　財団法人安全衛生技術試験協会本部および各地区の安全衛生技術センターの所在地と連絡先一覧です。

本部・センター（試験場）	〒	所在地	電話番号
公益財団法人安全衛生技術試験協会（本部）	101-0065	東京都千代田区西神田3-8-1 千代田ファーストビル東館9階	03-5275-1088
北海道安全衛生技術センター	061-1407	北海道恵庭市黄金北3-13	0123-34-1171
東北安全衛生技術センター	989-2427	宮城県岩沼市里の杜1-1-15	0223-23-3181
関東安全衛生技術センター	290-0011	千葉県市原市能満2089	0436-75-1141
中部安全衛生技術センター	477-0032	愛知県東海市加木屋町丑寅海戸51-5	0562-33-1161
近畿安全衛生技術センター	675-0007	兵庫県加古川市神野町西之山字迎野	079-438-8481
中国四国安全衛生技術センター	721-0955	広島県福山市新涯町2-29-36	084-954-4661
九州安全衛生技術センター	839-0809	福岡県久留米市東合川5-9-3	0942-43-3381

第 1 章

ボイラーの
構造と基礎知識

1 ボイラーの概要

まとめ&丸暗記　この節の学習内容とまとめ

- □ ボイラー　　　蒸気や温水を作る装置
- □ 火炉　　　　　燃料を燃焼することで熱を発生させる部分
- □ 伝熱面　　　　燃焼ガスや燃焼室で受けた熱を水や蒸気に伝達する
- □ 附属装置　　　空気予熱器, 過熱器など
- □ 熱とその性質　絶対温度 [K]＝摂氏温度 [℃]＋273
- □ 比熱　　　　　物体の温度を 1K [℃] だけ上昇させるのに必要な熱量
- □ 伝熱　　　　　温度が高いところから低いところへ移動する性質。熱伝導, 熱伝達 (対流伝熱), 放射伝熱
- □ 熱伝達率　　　熱伝達による伝熱量の割合
- □ 圧力　　　　　ゲージ圧力 (大気圧をもとにした圧力), 絶対圧力 (真空を基準に測定した圧力)
- □ 飽和温度　　　水温の上昇が止まり, 沸騰がはじまる一定温度。沸点, 沸騰点
- □ 飽和蒸気　　　水温が飽和温度に達したあとに発生した蒸気 (湿り飽和蒸気, 乾き飽和蒸気)
- □ 過熱蒸気　　　乾き飽和蒸気に対して熱を加え, 飽和温度より温度が高くなった蒸気
- □ 比エンタルピ　物質が単位質量あたりに持っている熱エネルギー
- □ ボイラーの伝熱面　ボイラーで, 燃料の燃焼によって発生した熱をボイラー水に伝える部分
- □ 換算蒸発量　　ボイラーの発生熱量の大きさを表す計算式
$$G_e = \frac{G \times (h_2 - h_1)}{2257} \ [Kg/h]$$
- □ ボイラー効率　全供給熱量に対する発生蒸気の吸収熱量の割合
$$\eta = \frac{G \times (h_2 - h_1)}{F \times Hi} \times 100 \ [\%]$$

ボイラーの構成

1 ボイラーとは

　蒸気や温水を作る装置のことを，ボイラーといいます。ボイラーはボイラー本体，火炉，附属品，附属装置，附属設備などによって構成されており，燃料を燃焼して容器内の水を加熱する役割を持っています。

補足

火炉
火炉は「かろ」と読みます。ボイラーの種類によって呼び名が異なることがあります。あとでも出てきますが，火室（かしつ）や炉筒（ろとう）と呼ぶことがあります。

ボイラーの構成要素
ボイラー本体
火炉
附属品（圧力計，計測器など）
附属装置（過熱器，節炭器(エコノマイザ)など）
附属設備 （送気系統設備，燃焼設備，給水系統設備など）

2 ボイラー本体

　ボイラー本体は温水や所定圧力の蒸気を発生するところで，燃焼室で発生した熱を受けて内部の水を加熱，蒸発させます。圧力にも十分耐えられるように作られていて，多数の小径管やドラム，胴などによって構成されています。

3 火炉（燃焼室）・燃焼装置

　燃料を燃焼することで熱を発生させる部分を，火炉（または燃焼室）といい，ボイラー本体と一体化したものが多く使われています。

　この部分には油ポンプ，バーナなどの燃焼装置が取り付けられていて，バーナには液体，気体，微粉炭などの燃料，火格子にはそのほかの固体燃料というように燃料に応じて用いられる装置が異なっているのが特徴です。

4 伝熱面

　燃焼ガスや燃焼室の熱を受けて，その熱を水や蒸気に伝達する部分を伝熱面といい，放射伝熱面と接触伝熱面の2種類に分けることができます。

　放射伝熱面は伝熱面のうち火炉（燃焼室）に直面し，火炎など強い放射熱を受けているものを指します。

　一方，接触伝熱面は伝熱面のうち火炉（燃焼室）を出た高温ガスと接触して熱を受けるものを指し，対流伝熱面ともいいます。

　ボイラーの能力の大小は，この伝熱面の大きさ（伝熱面積）によって表されます。

●ボイラーの伝熱面

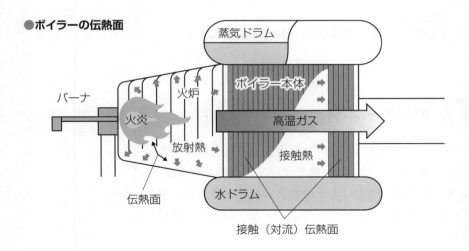

5 附属品・附属装置

附属品には計測器と安全装置があります。計測器には水位を測定するための水面計，ボイラーの圧力を測定する圧力計，安全装置には水位の異常を知らせる高低水位警報器，ボイラー圧力の異常な上昇を止めるための安全弁があります。

附属装置には燃焼ガスの余熱で給水を予熱する空気予熱器，過熱蒸気を得る過熱器，燃焼ガスの余熱で給水を予熱する節炭器（エコノマイザ）などがあります。

また，燃料を燃焼させる燃焼設備や通風設備，発生した蒸気を送る送気設備，ボイラーに給水する給水系統設備（ポンプなど）などの附属設備も不可欠です。

補足 ▶

微粉炭
微粉炭は「びふんたん」と読みます。炭を粉状または細粒状（一般的に0.5mm程度以下）に細かく砕いたものを指します。

予熱
予熱とは，熱を加えることです（本書では加熱とほぼ同義語として扱います）。

チャレンジ問題

問1　　　　　　　　　　　　　　　　　　難　中　易

以下の記述のうち，正しいものはどれか。

(1) ボイラーとは，ボイラー本体，火炉，附属品，冷凍装置，附属設備などによって構成された蒸気や温水を作る装置のことである。

(2) 伝熱面には火炉（燃焼室）に直面し，火炎などの熱を受けているものと火炉を出た高温ガスと接触しているものがあり，前者を輻射伝熱面，後者を接触伝熱面という。

(3) 燃料が燃焼しすぎないように調整する部分を火炉という。

(4) 附属装置には，過熱器，エコノマイザ，空気予熱器などがある。

解説

エコノマイザは節炭器ともいい，燃焼ガスの余熱で給水を予熱します。

解答 (4)

ボイラーの熱に関する基礎知識

1 温度と単位記号

　ここでは，ボイラーの基礎知識として必要な熱とその性質を学びましょう。熱を表す温度には，摂氏温度と絶対温度の2種類があります。

　日常生活で用いられているのは摂氏温度です。水が沸騰するときの温度（沸点）は100℃，水が凍る温度（氷点）は0℃とし，両者を100等分したものを1℃と決めています。

　絶対温度は最低温度−273℃を0℃として，摂氏温度の目盛りと同じ割合で表現した温度のことで，単位はK（ケルビン）です。

　摂氏温度と絶対温度の関係は以下になります。

絶対温度［K］＝摂氏温度［℃］＋273

●絶対温度と摂氏温度の関係

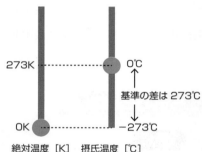

絶対温度［K］　摂氏温度［℃］

2 熱量と比熱

　物体に熱や冷たさを感じるのは，その物体に熱が出入りしているからです。この量を熱量といい，単位は国際単位系（SI）でJ（ジュール）または工学単位系（重力単位系）でcal（カロリー），kcal（キロカロリー）を用います。標準的な大気圧で水1kgの温度を1℃上昇させるのに必要な熱量は国際単位系で4.187kJ，工学単位系だと1kcalで表されます。

　物体に熱の出入りがある場合，物体によって温まりやすさが異なります。1kgの物体の温度を1K（℃）だけ上昇させるのに必要な熱量を比熱といい，水の比熱は国際単位系で4.187kJ/（kg・K），工学単位系で1kcal/（kg・℃）です。

③ 伝熱と熱貫流

　熱は，温度が高いところから低いところへ移動する性質を持っています。これを伝熱といい，熱伝導，熱伝達（対流伝熱），放射伝熱の３種類に分けられます。

　熱伝導は熱が高温部から低温部に伝わる現象，熱伝達は流体と固体壁の間で発生する熱の移動，対流伝熱は対流による熱の移動です。対流は，お湯を沸かすときに温度の高い水が上昇し，温度の低い水が下降することによる流動で，気体でも発生します。放射伝熱は空間を隔てて存在している物体間で発生する熱の移動です。熱量は絶対温度の４乗の差に比例します。

　熱貫流は，熱通過ともいいます。固体壁で区切られた片面に燃焼ガスなどの流体，反対側に低温の流体が存在するとき生じる高温流体から低温流体への熱移動を指します。

補足 ▶

国際単位系（SI）
メートル法を軸に決められた単位のことで，1960年の国際度量衡総会で採択された実用単位系です。m（長さ），kg（質量），s（秒）などのほか，A（電流），K（温度），mol（物理量），cd（光度）の7個を基本単位としています。

工学単位系
（重力単位系）
工学分野で用いられる単位の総称です。重さ，力，長さ，時間などが基本量となっています。

●熱の伝わり方（熱伝導・熱伝達・放射伝熱・熱貫流）

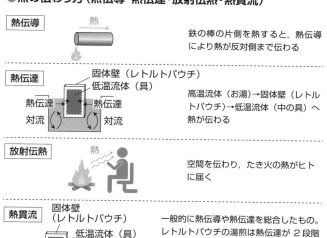

熱伝導
鉄の棒の片側を熱すると，熱伝導により熱が反対側まで伝わる

熱伝達
固体壁（レトルトパウチ）
低温流体（具）
熱伝達　　熱伝達
対流　　　対流
高温流体（お湯）→固体壁（レトルトパウチ）→低温流体（中の具）へ熱が伝わる

放射伝熱
熱
空間を伝わり，たき火の熱がヒトに届く

熱貫流
固体壁（レトルトパウチ）
低温流体（具）
熱伝達　←熱伝達
高温流体
一般的に熱伝導や熱伝達を総合したもの。レトルトパウチの湯煎は熱伝達が２段階（高温流体→固体壁，固体壁→具）で発生するが，熱貫流はこの流れをひとまとめにしたもの

4 熱伝達率

　熱伝達率とは，熱伝達による伝熱量の割合を指します。熱伝達率は流体の種類や温度などによって変わりますが，流体の流れを速くすると大きくなります。

5 ボイラーの伝熱

　ボイラーは，伝熱面の大きさによって能力の大小が決まります。ボイラーの伝熱面とは，火気や燃焼ガスなどに金属面（煙管，水管，炉筒など）の1面が接触，他面は触媒や水などに接している部分のことです。燃料の燃焼で大部分の熱は放射という形で固体壁の伝熱面に伝熱し，その熱は伝導で金属壁を通過して他面に接触する水に伝わります。そして対流により循環していきます。

チャレンジ問題

問1
難　中　**易**

以下の記述のうち，正しいものはどれか。

(1) 摂氏温度と絶対温度の関係は，絶対温度[K]=摂氏温度[℃]−273で表す。

(2) 標準的な大気圧で水1kgの温度を5℃上昇させるのに必要な熱量は，工学単位系だと5kcal，国際単位系だと21.3Jである。

(3) 伝熱は熱伝導，熱伝達（対流伝熱），放射伝熱の3種類に分けられる。

(4) 熱伝達による伝熱量の割合を熱伝達率といい，流体の流れが遅くなるほど大きくなる。

解説

熱が高温部から低温部に伝わる現象が熱伝導，流体と固体壁の間で発生する熱の移動が熱伝達，対流による熱の移動が対流伝熱です。対流は温度の高い流体が上昇し，温度の低い流体が下降して発生する流動です。放射伝熱は空間を隔てた物体間で生じる熱の移動です。

解答（3）

ボイラーの圧力に関する基礎知識

① 圧力とは

　単位面積 1㎠にかかる力を圧力といいます。たとえば，10cm四方の板（面積は 100㎠）に 10kgが一定の力として作用している場合を考えましょう。このときの圧力は，面全体にかかる力を面全体の面積で割った値となります。

> 10kg÷100cm²＝0.1kgf/cm²

　圧力の単位は，水柱で 10mH₂O（温水ボイラーで水頭圧 10m），水銀柱で 760mmHg，国際単位系で 0.1013（≒0.1）MPa，工学単位系で 1.033（≒1）kg／㎠，大気圧力で 1013hPa などさまざまですが，これらはすべて標準大気圧（標準気圧）である 1 気圧と等しい値となります。

補足▶

標準大気圧
（標準気圧）
標準気圧は，国際基準で定められた大気圧の値のことです。

MPa
（メガパスカル）
Paの 100万倍の値をMPaといいます。Paは圧力を表す単位で，1㎡の面積に1N（ニュートン）の力が働く圧力（応力）のことです。

●標準大気圧

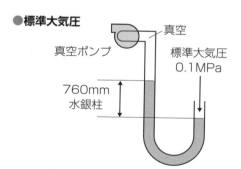

> 地表の高さや天候による気圧の変化で，大気圧は影響を受ける。標準大気圧は，こうした要因に関係なく760mmの高さの水銀柱の自重が，底面に働く圧力（760mmHg）のことを指す

2 ゲージ圧力と絶対圧力

圧力計を利用して圧力を測定すると，大気圧との差を表示することができます。こうした圧力計に表示される大気圧をもとにした圧力をゲージ圧力といい，単位は MPa（蒸気圧），もしくは Pa（空気の圧力や燃焼ガス）を用います。

一方，真空を基準に測定した圧力を絶対圧力といいます（単位はゲージ圧力と同じ）。両者の関係は以下の通りで，ゲージ圧力に 1 気圧(0.1MPa)を加えると，絶対圧力となります。

> 絶対圧力 = ゲージ圧力 + 大気圧（0.1MPa）

チャレンジ問題

問1 　　　　　　　　　　　　　　　　　　　　　難　中　**易**

以下の記述のうち，正しいものはどれか。

(1) 7.5cm四方の板に20kgのおもりを乗せた場合，圧力は3.75kg f/cm²である。

(2) 圧力の単位は水柱で10mH₂O，水銀柱で760mmHg，国際単位系で0.1013（≒0.1）MPaである。

(3) ゲージ圧力とは，真空を基準にして測定した圧力のことである。

(4) 絶対圧力とは，ゲージ圧力から大気圧を差し引いたものである。

解説

このほかに，工学単位系で1.033（≒1）kg /cm²，大気圧力で1013hPaがあります。

解答 (2)

蒸気の種類と性質

1 蒸気の性質

　水を一定の圧力で加熱していくと徐々に水温が上がり，一定の温度に達すると上昇が止まり，沸騰がはじまります。このときの温度を，その圧力に対する飽和温度（沸点，沸騰点）といいます。飽和温度に達した水を飽和水，その圧力を飽和圧力といいます。

　飽和圧力が変わると，飽和温度も変化します。たとえば，標準大気圧における水の飽和温度は100℃ですが，飽和圧力が高くなれば飽和温度も高く，逆に飽和圧力が低くなれば飽和温度も低くなります。

2 飽和蒸気

　水温が飽和温度に達したあとにすべての水が蒸気になるまで，加えられた熱は潜熱（蒸発熱）として蒸発に利用されます。そのため，水温は一定となります。

　このときに発生した蒸気は飽和蒸気といい，ごく少量の水分を含んだ湿り飽和蒸気と，水分を含まない乾き飽和蒸気の2種類があります。

●水の飽和温度

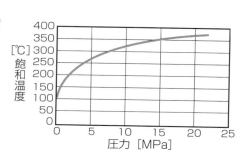

3 過熱蒸気

　乾き飽和蒸気に対して熱を加えると飽和温度より温度が高くなり，過熱蒸気となります。圧力が同じ条件下における過熱蒸気と飽和蒸気との温度差は，過熱度といいます。

●飽和蒸気と過熱蒸気

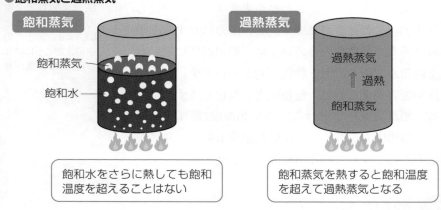

飽和蒸気	過熱蒸気
飽和蒸気 飽和水	過熱蒸気 ↑過熱 飽和蒸気
飽和水をさらに熱しても飽和温度を超えることはない	飽和蒸気を熱すると飽和温度を超えて過熱蒸気となる

4 顕熱と潜熱および比エンタルピ

　物質に熱を加えて温度が上昇するとき，加えられた熱は温度変化に用いられています。このときの熱を顕熱といいます。一方，温度は変化せずに物質の状態が変化するときに用いられる熱を潜熱といいます。水が蒸気に変わるのが，潜熱の例です。

　蒸気の状態変化や性質を線図で示したものに蒸気線図があります。蒸気の性質は複雑で簡単な式では表現できないため，線図で表現します。この蒸気線図からは顕熱は圧力が高くなるほど増大すること，潜熱は圧力が高くなるほど減少し，臨界点に到達すると０（ゼロ）になることが読み取れます。

　エンタルピは，物質が持つ熱エネルギーのことで，物質が単位質量あたりに持っている熱エネルギー，すなわち水や蒸気など単位質量あたりの全熱量を比エンタルピといいます。例として，標準大気圧の下で100℃の蒸気の比

エンタルピを考えてみましょう。蒸発をはじめるまでの100℃の水の顕熱は419kJ/kg，蒸発に必要な潜熱は2257kJ/kgなので，両者を足した2676kJ/kgが比エンタルピの値となります。

補足 ▶

臨界点
臨界温度（374.2℃），臨界圧力（22.064MPa）の状態を臨界点といいます。

比エンタルピ
単位質量あたりのエンタルピのことで，物質が持つエネルギーを表す状態量（熱量）です。つまり，単位質量あたりの熱量が比エンタルピであるということになります。

●**蒸気線図における顕熱と潜熱の関係**

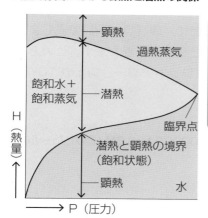

蒸気線図は，任意の圧力の熱量（顕熱，潜熱，全熱量）の値を知るために用いられる。臨界点は圧力の限界点を意味する

なお，標準大気圧で0℃の水1kgを100℃の飽和水にするための熱量を全熱量といいます。また，飽和蒸気から過熱蒸気になる熱量は顕熱です。

●**標準大気圧での水の蒸発**

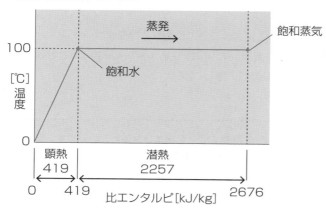

5 仕事量と仕事率

　仕事の単位は N・m（ニュートン・メートル）で表され，1N の力で 1m 移動した仕事量を意味します。エネルギーの形態であることは仕事も熱も同じなので，熱量 1J と仕事量 1N・m と等しくなります。そのため，仕事量を J で表現することも可能です。

　仕事率とは単位時間あたりの仕事量のことで，W（ワット）で表します。この仕事率とその仕事をした時間を乗じると仕事量になります。このとき，単位は Wh（ワットアワー）や kWh（キロワットアワー，Wh の 10^3 倍）もしくは J を用います。

> $1W＝1J/s,\ 1kWh＝1000J/s×3600s＝3600000J＝3.6MJ（メガジュール）$

チャレンジ問題

問1　　　　　　　　　　　　　　　　　　　　　難　中　易

以下の記述のうち，正しいものはどれか。

(1) 水を熱して温度が上昇するとき，その熱は状態変化に用いられているので顕熱という。

(2) 潜熱は，状態変化も温度変化もしないときに使われる熱を指す。

(3) 比エンタルピは，物質が単位質量あたりに持つ熱エネルギーのことである。

(4) 仕事量を表す 1kWh は，3600MJ と等しくなる。

解説

水や蒸気などの単位質量あたりの全熱量のことを比エンタルピといいます。また，エンタルピは物質が持っている熱エネルギーのことです。

解答 (3)

ボイラー内の水循環

1 ボイラー水の自然循環

　燃料の燃焼で発生した熱をボイラー水に伝える部分をボイラーの伝熱面（P.4参照）といいます。

　伝熱面に接触する水は熱により温度が上がり，飽和温度に達すると蒸発により蒸気となります。密度が小さな蒸気と蒸気を含む水はボイラー内を上昇，温度が低く蒸気を含まない密度の大きな水は下降していくことでボイラー水は循環していきます。

●ボイラー水の循環例

丸ボイラーの場合

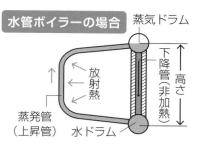

水管ボイラーの場合

2 ボイラー水の強制循環

　高温・高圧となったボイラー内では，蒸気とボイラー水の密度差が減ることで自然循環力が低下し，ボイラー水の上昇対流が起こりにくくなります。そうなると，伝熱面の温度が過熱されて焼損するおそれが出てきます。そこで，水管ボイラーの場合には循環ポンプの駆動力を用いてボイラー水を強制的に循環させる強制循環式水管ボイラーが多く導入されています。

補足

丸ボイラーの水循環

大径の胴の水中に伝熱面の多くが設けられている丸ボイラーは，胴内で水の通り道が広く確保できるため水の対流が容易で，特別な水循環経路を構成する必要がありません。

水管ボイラーの水循環

小径の管を伝熱面とする水管ボイラーは，水の循環をよくするために水と気泡の混合体が上昇する上昇管と，水が下降するための下降管を区別して設けているものがほとんどです。

●強制循環式水管ボイラー

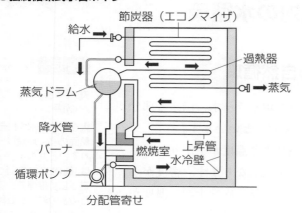

節炭器（エコノマイザ）
給水
過熱器
蒸気ドラム
蒸気
降水管
バーナ
燃焼室　上昇管
水冷壁
循環ポンプ
分配管寄せ

水管ボイラーは，水の循環をよくするため水と気泡が上昇する管（上昇管）と下降する管（降水管）を区別して設けている場合が多い

　ボイラー水の循環がよいと，熱が水に十分に伝わるため，伝熱面温度も水温に近い温度に保たれます。

チャレンジ問題

問1
　　　　　　　　　　　　　　　　　　　　難　中　易

以下の記述のうち，正しいものはどれか。

(1) ボイラー水に燃料の燃焼で発生した熱を伝える部分のことを，ボイラーの伝導面という。

(2) 水は飽和温度に達する前に蒸気となり，ボイラー内を上昇し，温度が低い水は下降してボイラー水の循環が発生する。

(3) 高温・高圧のボイラーでボイラー水の上昇対流が起こりにくくなっても，伝熱面が焼損するおそれはない。

(4) 水管ボイラーのうち，循環ポンプを利用してボイラー水を循環させるものを，強制循環式水管ボイラーという。

解説

高温・高圧のボイラーでは，蒸気とボイラー水の密度差が減って自然循環力が低下するので，強制循環式水管ボイラーを用います。

解答 (4)

ボイラーの容量と効率

❶ ボイラーの容量

　ボイラーの規模は，そのボイラーが持っている容量（能力）で示すのが一般的です。蒸気ボイラーでは，最大連続負荷の状態で1時間に発生する蒸発量（kg/hまたはt/h）を用い，温水ボイラーでは発生熱量（GJ/hまたはMJ/h）を用いて表すことができます。その際，蒸気の発生に必要な熱量は蒸気の圧力，温度，給水温度などによって異なるため，換算蒸発量によって表現することがあります。

　換算蒸発量は給水や発生蒸気の条件に関係なく，発生蒸気と給水のエンタルピ差を，一定の基準に合わせています。そのため，実際の蒸発量を換算蒸発量に換算することで，ボイラーの発生熱量の大きさを計算することができます。

$$G_e = \frac{G \times (h_2 - h_1)}{2257} \, [\text{Kg/h}]$$

G_e ：換算蒸発量　　　　h_1 ：給水の比エンタルピ[kJ/kg]
G ：実際蒸発量[kg/h]　　h_2 ：発生蒸気の比エンタルピ[kJ/kg]
　　　　　　　　　　　　 2257 ：潜熱 [kJ/kg]

　上記式のエンタルピは，物体が内部に貯える熱量の合計（総エネルギー）をいい，内部エネルギー（運動エネルギー＋位置エネルギー）と，圧力と体積の積のエネルギーの和で表されます。定圧下ではほぼ熱量と同等となります。

エンタルピ＝内部エネルギー＋圧力×体積

補足

換算蒸発量
換算蒸発量は，相当蒸発量ともいいます。換算蒸発量を求める式の2257という数字は，標準大気圧下で100℃の飽和水から飽和蒸気にする潜熱を意味しています。

運動エネルギー
運動している物体が持つ, 仕事ができる能力のことです。

位置エネルギー
物体がある位置に存在することで物体に蓄えられているエネルギーのことです。

2 ボイラー効率（熱効率）

　ボイラーに与えた熱量のうち，どれだけの量が蒸気や温水の発生に有効活用されているかを示す指数を，ボイラー効率（熱効率）といいます。換言すると，全供給熱量に対する発生蒸気の吸収熱量の割合がボイラー効率となります。

　このボイラー効率を把握し，そのボイラーが常に高い効率で運転できるように心がけることで，与えた熱をボイラーが有効活用することができるようになります。

　ボイラー効率は，毎時燃料消費量を F，燃料の低発熱量を Hi とするとき，以下のようにして求めることができます。

$$\eta = \frac{G \times (h_2 - h_1)}{F \times Hi} \times 100 \, [\%]$$

η（イータ）	：ボイラー効率
G	：実際の蒸発量 [kg /h]
h_1	：給水の比エンタルピ [kJ/kg]
h_2	：発生蒸気の比エンタルピ [kJ/kg]
F	：毎時燃料消費量 [kg /h]
Hi	：燃料の低発熱量 [kJ/kg]

　この式の分子に出てくる $(h_2 - h_1)$ は発生蒸気と給水の比エンタルピで，分母の F×Hi は供給した熱量を意味しています。式を丸暗記するよりも，式が持つ意味を理解しながら覚えていくと試験の際，ミスが少なくなります。

　燃料の発熱量は，一般的に高発熱量ではなく低発熱量を用います。燃料の燃焼によって発生する熱の中で，燃料中の水分から生まれる水蒸気や燃料中の水素から生まれる水蒸気は，蒸気のままで排出されることがほとんどです。

　こうしたことから，水蒸気の潜熱を差し引き，有効利用できる熱量（低発熱量）を基準とすることになります。

●各種ボイラー効率参考値

ボイラーの種類	効率 (%)
炉筒煙管ボイラー	85〜90
立てボイラー	70〜75
水管ボイラー	85〜90
鋳鉄ボイラー	80〜86
貫流ボイラー	75〜90
貫流ボイラー (大型)	90

補 足

高発熱量
総発熱量ともいい,
水蒸気の潜熱を含ん
だ発熱量です。

低発熱量
真発熱量ともいい,
高発熱量から水蒸気
の潜熱を差し引いた
発熱量です。

チャレンジ問題

問1

難　中　**易**

以下の記述のうち, 正しいものはどれか。

(1) 一般的に, ボイラーが持つ能力 (容量) によってボイラーの規模を示す。

(2) ボイラーの規模は, 蒸気ボイラーでは発生熱量, 温水ボイラーでは蒸発量を用いて表す。

(3) 蒸気の発生に必要な熱量は蒸気の圧力, 温度, 給水温度などにかかわらず一定なので換算蒸発量を利用して表現する。

(4) 換算蒸発量 G_e は G を実際蒸発量 $[kg/h]$, h_1, h_2 を給水および発生蒸気の比エンタルピ $[kJ/kg]$ とすると, $G_e = G(h_2 - h_1) \div 2527$ で求めることができる。

解説

ボイラーの規模は通常, ボイラーが持つ容量 (能力) によって表し, 蒸気ボイラーでは蒸発量, 温水ボイラーでは発生熱量を用います。

解答 (1)

2 ボイラーの分類

まとめ&丸暗記　この節の学習内容とまとめ

□ ボイラーの分類	丸ボイラー／水管ボイラー／鋳鉄製ボイラー
□ 丸ボイラー	構造が簡単, 安価／高圧・大容量には不向き／起動から蒸気の発生まで時間がかかる／炉筒煙管ボイラーなど
□ 炉筒煙管ボイラー	大きな胴＋炉筒＋煙管／内だき式／据え付けが簡単, 安価／伝熱面積が大きい／圧力は1MPa以下, 蒸発量は10t/h程度
□ 水管ボイラー	蒸気ドラム, 水ドラムおよび多数の水管で構成／伝熱面積を大きくできる／高圧, 大容量向き／燃焼室の大きさを自由にできる／点火後に蒸気が発生するまでの時間が短い／負荷変動の影響で水位や圧力の変動が大きい／自然循環式, 強制循環式, 貫流式
□ 自然循環式	ボイラー水が自然に循環, 水冷壁を用いて下降管や外壁（ケーシング）に熱が伝わらないようにする
□ 強制循環式	循環ポンプで強制的にボイラー水を循環させる／複雑な循環経路を持つボイラーにも対応可能
□ 貫流式	長い管系だけで構成／給水ポンプで管系の一端から押し込まれた水がエコノマイザ, 蒸発部, 過熱部を経て他端から蒸気となる／蒸気ドラムや水ドラムを使わないので高圧大容量（超臨界圧）ボイラーに向いている／起動から所用蒸気発生までの時間が短い／負荷変動による圧力変化が生じやすい
□ 水冷壁	水管を燃焼室の内周面に設けた炉壁
□ 鋳鉄製ボイラー	鋳鉄製のセクションをつなぎ合わせたもの／不同膨張によって割れやすく, 高圧には不向き／腐食に強い／蒸気暖房返り管にハートフォード式連結法を採用

ボイラーの形式と分類

① ボイラーの分類

　一般的に用いられているボイラーは，構造の違いによっておもに以下のように分類することができます。

●ボイラーの分類

分類	種類	概要
丸ボイラー	立てボイラー（立て煙管ボイラー）炉筒ボイラー煙管ボイラー炉筒煙管ボイラー	大径の胴の中に炉筒，火室，煙管などを設置したもの。高圧用には向かない
水管ボイラー	自然循環式水管ボイラー強制循環式水管ボイラー貫流ボイラー	細い水管内で水を蒸発させる形にしたもの。水管を自由に増やすことで伝熱面積を大きくできることから，大容量や高圧のものにも向いている
鋳鉄製ボイラー	鋳鉄製組み合わせボイラー	鋳鉄製セクションの組み合わせで構成されたボイラー。蒸気ボイラーは0.1MPa，温水ボイラーは0.5MPaまでの低圧ボイラーとして用いられる

　丸ボイラーは，ほかのボイラーよりも保有水量が大きくなるのが特徴です。水管ボイラーのうち，高圧大容量の超臨界圧ボイラーは貫流ボイラーです。鋳鉄製組み合わせボイラーは現地で組み立てるため，スペースが取れない地下室などにも持ち込むことができます。

補足

ボイラーの分類
ボイラーの形式や容量は，蒸気圧力，使用目的，蒸気消費量などによって定められています。産業用ボイラーとしてもっとも多く設置されているのは炉筒煙管ボイラーで，試験でもよく出題されます。

特殊ボイラー
廃（排）熱ボイラー，特殊燃料ボイラー，熱媒ボイラー，電気ボイラーなどが特殊ボイラーとしてボイラーの分類の4つ目にあげられます。こちらも覚えておきましょう。

ボイラーの法規上の分類

ボイラーは種類，圧力，大きさなどが「ボイラーおよび圧力容器安全規則」によって決められています。この規則はボイラーの安全確保のために必要なもので，危険性が高いボイラーほど厳しく，実施すべき事項が多く定められているのが特徴です。

ボイラーは，「ボイラーおよび圧力容器安全規則」で以下のように区分されています。

●ボイラーの区分

名称	概要
簡易ボイラー	危険性の低い小さなボイラーであるため，ボイラーおよび圧力容器安全規則は適用されない
小型ボイラー	ボイラーおよび圧力容器安全規則が適用されるが，比較的小型であるため大部分が適用除外されている
ボイラー	ボイラーおよび圧力容器安全規則がすべて適用される。ただし，小規模ボイラーはボイラー取り扱いの資格が緩和されている

チャレンジ問題

問1

難　中　易

以下の記述のうち，正しいものはどれか。

(1) 丸ボイラーは保有水量が比較的大きく，水管ボイラーの中でも高圧大容量の超臨界圧ボイラーは強制循環式水管ボイラーである。

(2) 鋳鉄製ボイラーは名称通り鋳鉄製のため，設置に広いスペースが必要である。

(3) ボイラーの安全に関する法令は「ボイラーおよび圧力容量安全規則」である。

(4) 小型ボイラーは「ボイラーおよび圧力容器安全規則」が適用されるが，その多くは適用除外されている。

解説

小型ボイラーは比較的小型で危険性が低いため，「ボイラーおよび圧力容器安全規則」の大部分は適用除外となっています。

▶ **解答 (4)**

丸ボイラー

1 丸ボイラーの構造

　丸ボイラーは，大きな丸い胴の中に燃料を燃やすための炉筒や火室などの燃料室，高温の燃焼ガスが通過する煙管などが設置されています。この胴の中にたくさんの水を入れて熱する形となります。

　炉筒（燃焼室）や煙管の伝熱面を通じて水と燃焼ガスの伝熱が行われます。これにより水の対流が起こりやすくなるため，特別な水循環の装置や経路は不要です。構造が簡単なため安価なうえ，取り扱いも容易であるのが特徴といえます。

　ただし胴が大径なことで強度に難があり高圧用には不向きなことと，胴の大きさによって伝熱面積が制限されるため，容量が大きなものには適しません。

補足 ▶

ボイラーおよび圧力容器安全規則
労働安全衛生法および労働安全衛生法施行令の規定に基づいて定められています。

●丸ボイラーの仕組み（炉筒煙管ボイラーの場合）

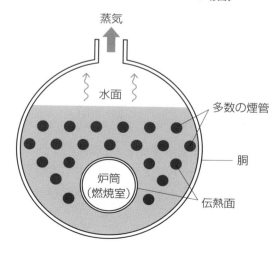

蒸気

水面

多数の煙管

胴

炉筒
（燃焼室）

伝熱面

2　丸ボイラーの特徴

丸ボイラーは，炉が設置された場所によって内だき式と外だき式に分けることができます。内だき式は炉を胴内に設けてあり，外だき式は炉を胴の外部に設けてあるものです。

また，水管ボイラーと比較すると以下のような特徴を持っています。

①構造が簡単，設備にかかる費用が安価なうえ，取り扱いが容易
②高圧のものおよび大容量のものには不向きで，ボイラーの圧力が高くなると，胴の板厚が厚いものが求められる。板厚が厚くなると材料費や製作費が増えてしまうため，おもに最高使用圧力は 1MPa 程度以下，蒸発量は 10t/h 程度までのものが多くなる
③起動から蒸気の発生までは時間がかかる。これは保有水量が多いことがおもな原因で，やかんにたくさんの水が入っていると，お湯を沸かすのに時間がかかるのと同様である。その分，負荷変動による圧力の変動や水位変動は少なくなる
④破裂などの事故が発生したときは，保有水量の多さから被害が大きくなる

径の大きい円筒形の胴が用いられてる丸ボイラーは，内部に炉筒，火室，煙管などが設けられています。その胴は大径となるため，強度が弱いことから高圧用にすることが難しく，この胴の大きさにより伝熱面積が制限されるため容量が大きなものには適さないということも特徴としてあげられます。

3　丸ボイラーの種類

丸ボイラーには立てボイラー（立て煙管ボイラー），煙管ボイラー，炉筒ボイラー，炉筒煙管ボイラーなどの種類があります。この中で重要なのは炉筒煙管ボイラーの構造についてで，このボイラーに対する理解がポイントとなります。

●立てボイラー（立て煙管ボイラー）

立てボイラーは，名称の通りボイラーの胴を立ててその底部に火室（燃焼室）を設置したものです。床面積は少なくてすむ反面，伝熱面積を広く取れないため小容量用のみとなります。一般的に広く用いられている立てボイラーの形式には，横管式の立てボイラーと，多管式（煙管式）の立て煙管ボイラーといった形式があります。立てボイラーのおもな特徴は，以下の通りです。

① 水面が狭い構造になっており，発生蒸気に含まれる水分が多くなる
② 狭い場所に設置可能で，据え付けや移設も容易に行える
③ 伝熱面積が少ないため，ボイラー効率は低めとなる
④ 小容量で内部が狭くなっているため，内部の掃除や検査が難しい

●立てボイラーの種類

形式	特徴
横管式	水が通る横管（空洞）を燃焼室の道内に設置して伝熱面積を増やしつつ，燃焼室内を補強している
多管式（煙管式）	火室管板と胴上部管板の間に多くの煙管を設置して，伝熱面積を増やしている

負荷変動

用いる蒸気の量が変動することを負荷変動といいます。ボイラーの中に多量の水を保有している場合には，熱の出し入れができる蓄熱体を持っていることになり余分な蒸気を蓄熱体に吸収させ，蒸気が不足しているときには蓄熱体から熱を放出させます。

立てボイラーの欠点

立てボイラーには，蒸気の中に水分を含みやすいという欠点があります。

●立て煙管ボイラー（多管式）と立て横管式ボイラー

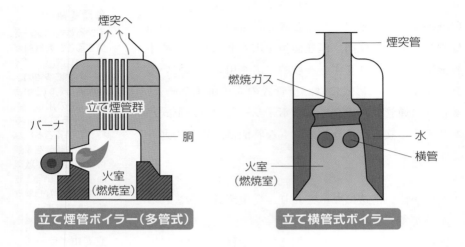

●炉筒ボイラー

胴内に円筒形の燃焼室である炉筒のみを設置したもので，煙管はありません。ボイラーの伝熱面は炉筒のみで，こうした胴内に炉を設けているボイラーは内だき式といいます。

●炉筒ボイラー（内だき式）

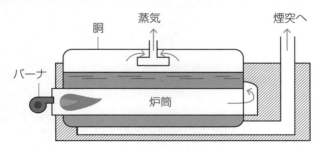

●煙管ボイラー

胴内に煙管だけを設置し，燃焼室は胴の外にあるものを煙管ボイラーといいます。燃焼室（炉）が外にあるため，外だき式といいます。

●煙管ボイラー（外だき式）

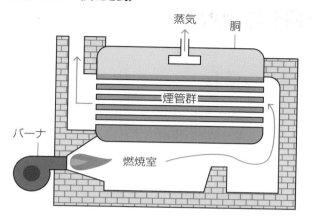

蒸気　胴
煙管群
バーナ
燃焼室

補足 ▶

丸ボイラーの
一般的容量

容量の大きなものに
は向かない丸ボイ
ラーですが，構造が
簡単なことから，一
般的に圧力1MPa
程度以下，蒸発量
10t/h程度までのボ
イラーとして広く使
用されています。

チャレンジ問題

問1
難　中　**易**

以下の記述のうち，正しいものはどれか。

(1) 丸ボイラーは，大きな丸い胴に炉筒や火室，煙管などを設けたもので，胴が大径のため強度に難があり高圧用には適さないが，胴が大きいため容量が大きなものに向いている。

(2) 水管ボイラーと比較すると，丸ボイラーには最高使用圧力は1MPa程度以下，蒸発量は10t/h程度までのものが多く，破裂時には被害が大きくなる特徴がある。

(3) 立てボイラーは水面が狭い構造になっており，発生蒸気に含まれる水分は少なくなる。

(4) 立てボイラーは小容量で内部が狭くなっているため，内部の掃除や検査が容易である。

解説

丸ボイラーは強度に難があるため高圧用には向いておらず，また伝熱面積も制限されるため容量は大きくできません。大きな丸い胴を持ちますが，水を多く保有できる分，破裂した際の被害が大きくなります。

解答 (2)

炉筒煙管ボイラー

① 炉筒煙管ボイラーの構造

　炉筒煙管ボイラーでは，大きな胴の内部に円筒形の燃焼室である炉筒と，管内を燃焼ガスが通過する煙管による接触伝熱面などの主要部がまとめられています。そのため，コンパクトで高性能という特徴を持ち，小・中容量の産業用ボイラーとして広く利用されています。

　この炉筒煙管ボイラーは内だき式で，胴内には波形の板で形成された炉筒である波形炉筒の燃焼室を設けてあります。波形炉筒は，文字通り波の形によって熱膨張を吸収できることや伝熱面を広く取れるといったメリットを持っています。また，炉筒の周囲には径の大きな煙管群が設置されています。これは炉筒から出た燃焼ガスの通り道となり，煙管と炉筒で水を加熱することで蒸気を発生させます。

●炉筒煙管ボイラーの仕組み

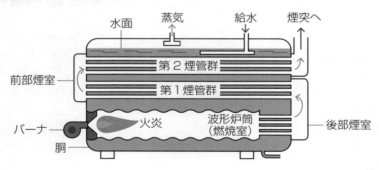

② 炉筒煙管ボイラーの特徴

　丸ボイラーの中で多く用いられている炉筒煙管ボイラーには，以下のような特徴があります。

①据え付けが簡単なうえ，水管ボイラーよりも安価で取り扱いも容易

②伝熱面積が大きく，戻り燃焼方式や加圧燃焼方式などを採用することで燃焼効率を向上させている

③圧力は1MPa以下，蒸発量は10t/h程度で，20〜200㎡の伝熱面積の形で広く工場用や暖房用として普及している

④コンパクトな設計で，パッケージ形式になっているものや燃焼通路3パスを採用しているものが一般的

⑤ほかの丸ボイラーよりも構造が複雑で掃除や検査が困難なため，良質な給水が必要

⑥煙管にはらせん状の溝を設けたスパイラル管を使用しているものが多く，これにより管内の燃焼ガスに乱れを生じさせて伝熱効果を高めている

⑦近年では，自動発停および自動制御装置を設けて自動化されているものが多く製造されている

　戻り燃焼方式は，燃焼ガスが後部煙室から煙管，前部煙室から煙管に戻って伝熱効率を高める3パス方式，加圧燃焼方式は炉内圧が大気圧よりも高くなる燃焼方式のことをいいます。

●丸ボイラーの断面比較

炉筒ボイラー　煙管ボイラー　炉筒煙管ボイラー

煙管

炉筒

燃焼室

波形炉筒

水

補足

パッケージ形式
ボイラー本体を，附属品や附属装置を含めてすべて製造工場で作る形式のこと。完成した状態で運搬できる特徴があります。

3パス
燃焼ガスが波形炉筒（1回目）→後部煙室から前部煙室の第1煙管群（2回目）→前部煙室から後部煙室の第2煙管群（3回目）と伝熱されることをいいます。

●戻り燃焼方式炉筒煙管ボイラー

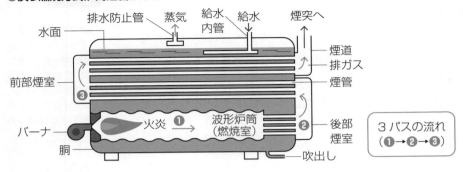

●スパイラル煙管

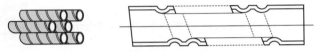

問1

難　中　易

以下の記述のうち，正しいものはどれか。

(1) 炉筒煙管ボイラーは，炉筒と煙管による接触伝熱面などの主要部がまとめられた外だき式のボイラーを指す。

(2) 炉筒煙管ボイラーの燃焼効率が優れているのは，戻り燃焼方式や余熱燃焼方式を採用しているからである。

(3) 煙管のうち，スパイラル管は燃焼ガスの流れを乱すことで伝熱効果を高めている。

(4) 一般的に炉筒煙管ボイラーの蒸発量は10t/h程度，圧力は3MPa以下で，伝熱面積は20～200㎡程度である。

解説

スパイラル管は，らせん状の溝によって管中心部の高温の燃焼ガスと冷却された管内の燃焼ガスを混合させる役割を持ちます。

解答（3）

水管ボイラー

1 水管ボイラーの構造

　蒸気ドラム，水ドラムおよび多数の水管で構成された水管ボイラーでは，水管内で蒸発が行われます。強い熱を水管が受け，内部で多量の蒸気を発生するため，水管内部で蒸気の滞留や蒸気のみになってしまうと管が過熱して焼損の原因となります。そのため，水管内面が常に水と接している状態にして，ボイラー水が確実に流動できる形にする必要があります。

補足 ▶

水管ボイラーの保有水量

水管ボイラーは伝熱面積と比べて保有水量が少ないため，起動から蒸気発生までの時間は短くなります。しかし，蒸気負荷の変動の影響を受けやすいので，細かな制御が必要です。

●水管ボイラー

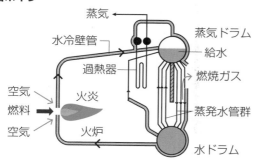

2 水管ボイラーの特徴

　水管ボイラーは，以下のような特徴を持っています。

①伝熱面積を大きくでき，良好な熱効率を実現できる
②高圧，大容量に向く
③燃焼室の大きさを自由にできるため，燃焼状態が良好になり，さまざまな燃料や燃料方式にも対応できる

④伝熱面積あたりの保有水量が少ないので，点火後に蒸気が発生するまでの時間が短くなる

⑤負荷変動の影響で水位や圧力の変動が大きくなる

⑥とくに高圧ボイラーの場合は，水処理や水管理を厳密にする必要がある

3 水管ボイラーの種類

　水管ボイラーは，水管内を流れるボイラー水の流動方式によって**自然循環式，強制循環式，貫流式**の3つの種類があります。

●**水管ボイラーの種類**

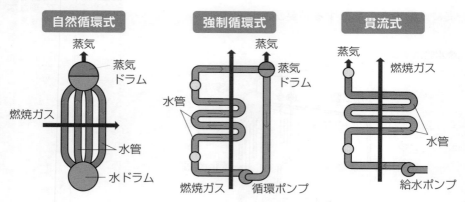

●**自然循環式**

ボイラー水を**自然に循環させる方式**で，水管内を下降する水と上昇する水と水蒸気の混合物の**密度差**を利用しています。自然循環式水管ボイラーは操作が簡単なため，水管ボイラーの中ではもっともポピュラーなものです。ボイラー水の循環は，密度の小さな水が上方へ，密度の大きな水が下方へ流れ，上昇管に入った水は飽和蒸気となり，**管寄せ**などに集め過熱器などに送ります。燃焼室に近い場所の加熱された水管は上昇管に，そのほかの水管は下降管となります。圧力が高くなると蒸気は圧縮されて密度が大きくなります。そうなると水との密度差が小さくなるため，密度差が循環の原動力の自然循

環式では循環力が弱くなる欠点があります。また，水冷壁を用いて下降管や外壁（ケーシング）に熱が伝わらないようにします。

●強制循環式

ポンプを使ってボイラー水を強制的に循環させる方式です。ボイラーの圧力が高くなると蒸気密度が大きくなるため，水と水蒸気の混合物との密度差が小さくなり循環力が弱くなります。そこでボイラー水を強制的に循環させるため，循環系統にポンプを設けます。強制循環式水管ボイラーでは循環ポンプによる駆動力により，ボイラー水を循環させます。この方式であれば，複雑な循環経路を持つボイラーにも対応できます。

●貫流式

貫流ボイラーは水を循環させず，給水ポンプを利用して給水を経路の一端に押し込んで水の流れを一方向に流し，他端から全量蒸気にして取り出します。ポンプからの給水はエコノマイザに供給されたあと予熱されます。そののち，水冷壁に送られ水冷壁管を上昇する間に加熱されてほとんどが蒸発し，残った飽和水は残部蒸発部で飽和蒸気に，一部は過熱蒸気になります。この蒸気は1次過熱器，2次過熱器で過熱されて決められた蒸気温度に上昇し，ボイラーから送気されます。貫流ボイラーには，次のような特徴があります。

①給水ポンプで管系の一端から押し込まれた水がエコノマイザ，蒸発部，過熱部を経て他端から蒸気となって取り出される

②蒸気ドラムや水ドラム不使用で高圧大容量（超臨界

補足 ▶

管寄せ
水蒸気やボイラー水を分配，または集めるところを管寄せといいます。

曲管式水管ボイラー
自然循環式の水管ボイラーとしてもっとも広く利用されている形式で，曲管式とは，上昇管をコの字に曲げて燃焼室を大きく取ることができる方式をいいます。管を曲げない直管式はほとんど使用されることがありません。

圧）ボイラーに向く

③細い管内で給水すべて（またはほとんど）が蒸発することでボイラー水中の不純物を排出できないため，十分処理をした給水を使用する

④保有水量が著しく少ないため，起動から所用蒸気発生までの時間が短い

⑤負荷変動による圧力変化が生じやすいため，応答の速い給水量や燃料量の自動制御装置が必要

●ボイラー水の自然循環

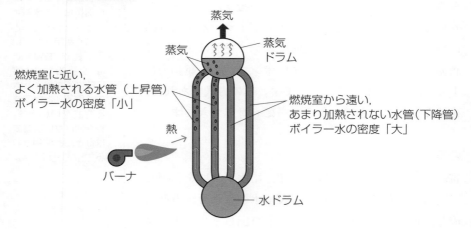

●強制循環式水管ボイラーの水系統

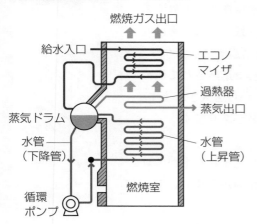

●貫流ボイラーの水系統

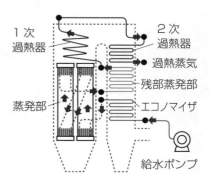

4 水冷壁

水管ボイラーにおいてボイラー効率を高めるには，水を過熱するための水管を増やす方法があります。燃焼室周囲を覆う耐火材の表面に水管を配置して，耐火壁を冷やしつつ水管の伝熱面積を増やす効果を得られるのが水冷壁です。

水冷壁は水管を燃焼室の内周面に設けた炉壁で，燃焼室の壁を強固にする役割も持っています。水冷壁には水管が炎に直面している裸水冷壁と，水管の表面が耐火物で覆われた被覆水冷壁の2種類があります。

補足 ▶

ひれ
伝熱面積を増やし，耐熱効果を高めるために水管に取り付けられています。

メンブレンウォール
パネル式水冷壁ともいいます。水管のひれを溶接して，1枚のパネル状にした裸水冷壁のひとつです。

● **水冷壁**

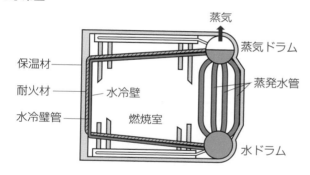

● **裸水冷壁の種類**

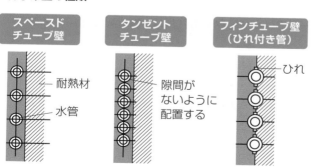

●被覆水冷壁

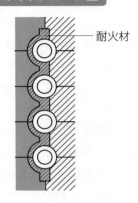

スタッドチューブ壁

耐火材

被覆水冷壁は，水管の表面が耐火物で覆われた構造となっています。

チャレンジ問題

問1

難　中　**易**

以下の記述のうち，正しいものはどれか。

（1）水管ボイラーは，水ドラム，蒸発ドラムなど多数の排水管で構成されている。

（2）伝熱面積あたりの保有水量が少ない水管ボイラーは，蒸気負荷の変動の影響を受けにくいので高圧，小容量のボイラーに向いている。

（3）伝熱面積や燃焼室の大きさを自由に設計できる水管ボイラーは，良好な熱効率を実現することができる。

（4）高圧の水管ボイラーにおける水処理や水管理は，それほど厳格にする必要はない。

解説

水管ボイラーは伝熱面積や燃焼室を大きくできるので，さまざまな燃料や燃料方式にも対応可能なうえ，熱効率も良好となります。

解答（3）

問2

難　中　易

以下の記述のうち, 正しいものはどれか。

(1) 水管ボイラーはボイラー水の蒸発形式によって強制循環式, 自然循環式, 貫流式, 気化式などに分けられる。

(2) 自然循環式水管ボイラーは, 圧力が高くなると水管内を上昇する水と蒸気の混合物と, 下降する水との密度差が大きくなり循環力が弱まる。

(3) 水管ボイラーの水冷壁は, ボイラー本体の外周を水管で覆い水管の伝熱面積を増やしている。

(4) 水ドラムと蒸気ドラムを使用せず, 長い管系で構成された貫流ボイラーではポンプからの給水はエコノマイザに供給されたあと, 予熱される。

解説

予熱されたのちは, 水冷壁管を上昇している間に大部分が蒸発, 残りの飽和水は残部蒸発部で飽和蒸気 (一部は過熱蒸気) となります。

解答 (4)

問3

難　中　易

以下の記述のうち, 正しいものはどれか。

(1) 水管ボイラーは, 給水およびボイラー水の処理に注意を要し, とくに高圧ボイラーでは厳密な水管理を行う必要がある。

(2) 強制循環式水管ボイラーは, ボイラー水の循環系路中に設けたポンプによって, 手動でボイラー水の循環を行う。

(3) 水管ボイラーにおいてボイラー効率を高めるには, 水の加熱するための水管を減らす方法がある。

(4) 自然循環式水管ボイラーは, 高圧になるほど蒸気と水との密度差が大きくなり, ボイラー水の循環力が強くなる。

解説

給水およびボイラー水の水処理に注意を要しますが, とくに高圧ボイラーでは, 厳密な水管理を行わなければなりません。

解答 (1)

鋳鉄製ボイラー

① 鋳鉄製ボイラーの構造

　鋳鉄製のセクションをつなぎ合わせてできている鋳鉄製ボイラーは、ほかの鋼製ボイラーと比べて製造や組み立てが簡単です。セクションの数は5～20が一般的で、前後にならべて各部の締め付けボルトを使用して組み上げていきます。

　セクション内は、上部の蒸気部連絡口と下部の水部連絡口により連絡されていて、連絡口の両端には勾配がついたニップルがはめ込まれています。燃焼室から出た燃焼ガスは、各セクションの隙間を上昇し、上部の煙道に入ってボイラー後部から排出されます。

　鋳鉄製ボイラーはおもにビルの暖房や給湯用の低圧ボイラーとして使われており、蒸気ボイラーでは圧力 0.1MPa 以下、温水ボイラーでは圧力 0.5MPa 以下で、温水温度 120℃以下で使用されます。鋳鉄は熱の不同膨張によって割れやすく、高圧には不向きなためです。

●セクション

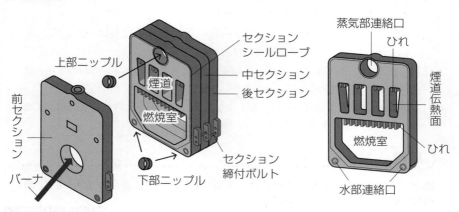

近年ではセクション底部に水を循環させる**ウェットボトム形**が主流で，セクション底部に水を循環させない**ドライボトム形**はあまり使用されていません。

●ウェットボトム形鋳鉄製ボイラーの構造

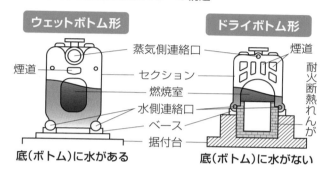

補　足

セクション

下部が燃焼室，上部が煙道となるよう形成された，伝熱面を持つ鋳鉄製パーツのことで，セクションの組み合わせ数によって容量を変えることができます。

不同膨張

急激に発生する収縮や膨張を，不同膨張といいます。

2　鋳鉄製ボイラーの特徴

　鋳鉄製ボイラーの特徴は，以下の通りです。

①鋼製よりも腐食に強い

②セクションの増減により，容量や能力の調整が可能

③組み立てや解体が容易

④据え付け面積は，伝熱面積の割に小さくできる

⑤熱の不同膨張によって割れを生じやすくなっている

⑥強度が弱いため，高圧，大容量には不向き

⑦内部清掃や検査は困難

⑧蒸気暖房返り管にはハートフォード式連結法を採用

3　ハートフォード式連結法

　蒸気を使用した暖房では，蒸気がラジエータ（放熱器）で冷やされることで水（復水）になります。その

のち，返り管を通じてボイラーに戻され再使用（循環）されることになります。

この復水は蒸気の凝縮水なのである程度高温であるため，ボイラー水と給水との温度差を低めにすることができます。ボイラー内で水の温度差が大きい場合には，セクション自体の温度差が大きくなることで不同膨張による割れが発生する危険性があります。したがって，常温の給水をボイラーに直接給水するよりも安全性が高くなることになります。

復水が通る返り管には，ハートフォード式連結法が多く用いられています。返り管を安全低水面付近まで立ち上げたうえでボイラーに接続することで，もし返り管が空になっても，ボイラー水が安全低水面付近まで確保できているので，低水位事故を防ぐことができます。

このように，蒸気暖房においては暖房配管が空になったとしても，最低でもボイラーには安全低位水面付近までボイラー水が残るよう返り管を取り付ける必要があります。

●ハートフォード式連結法

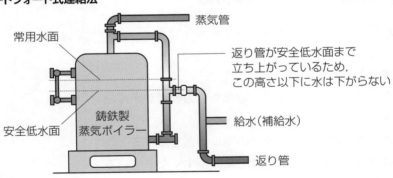

4 温水ボイラーの配管および膨張タンク

鋳鉄製蒸気ボイラーを温水ボイラーとして使用する場合には，膨張タンクを設ける必要があります。これは配管系統がすべて温水で満たされるためで，膨張タンクには外気と通じている開放形とその逆である密閉形の2種類があります。開放形には逃がし管を取り付け，密閉形には温水圧力が上昇しても温水に逃げ道がないため，逃がし弁を取り付けます。

● 鋳鉄製温水ボイラーの配管例（開放形）

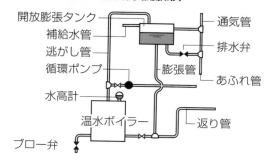

開放膨張タンク
補給水管
逃がし管
循環ポンプ
水高計
ブロー弁
温水ボイラー
通気管
排水弁
膨張管
あふれ管
返り管

補　足

安全低水面
ボイラー形式によっ
て定められている,
ボイラーを運転する
にあたって維持しな
ければならない最低
位の水位のことをい
います。

● 鋳鉄製温水ボイラーの配管例（密閉形）

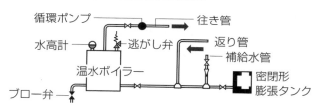

循環ポンプ
水高計
温水ボイラー
ブロー弁
逃がし弁
往き管
返り管
補給水管
密閉形
膨張タンク

チャレンジ問題

問1

難　中　**易**

以下の記述のうち, 正しいものはどれか。

(1) 鋳鉄製ボイラーが高圧になると割れやすくなるのは, 不同膨張を起こすこと
　がおもな原因である。

(2) 鋳鉄製ボイラーはドライボトム形とウェットボトム形の2種類がよく使用される。

(3) 鋳鉄製ボイラーは内部清掃や検査が容易にできる。

(4) 鋳鉄製ボイラーの蒸気暖房返り管には, 高水位事故を防止するためハート
　フォード式連結法が採用されている。

解説

鋳鉄は熱の不同膨張に弱い特性があるため, 蒸気ボイラーでは圧力0.1MPa以
下, 温水ボイラーでは圧力0.5MPa以下, 温水温度120℃以下で使用されます。

解答（1）

3 ボイラー各部の構造

まとめ&丸暗記　この節の学習内容とまとめ

☐	胴およびドラム	細長い円筒形で鋼製ボイラーの中心を占める
☐	継手	鋼板同士のつなぎ目。長手継手（胴の長手方向），周継手（胴の端の円周上に溶接で接続する部分）
☐	鏡板	平鏡板, 皿形鏡板, 半だ円体形鏡板, 全半球形鏡板
☐	平鏡板（平管板）	炉筒煙管ボイラーなどで使用。内部圧力により曲げ応力が発生するため, ステーの補強が必要な場合がある
☐	皿形鏡板	球面殻部, 環状殻部, 円筒殻部からなる
☐	半だ円体形鏡板	強度は皿形鏡板よりも大きい
☐	全半球形鏡板	強度は半だ円体形鏡板よりも大きいが価格も高い
☐	炉筒	丸ボイラー胴内に設けられた内だき式の燃焼室
☐	火室	立てボイラーにおける垂直型の燃焼室
☐	平形炉筒	平らな板を曲げた, 小容量の炉筒煙管ボイラーに使用する炉筒。温度上昇により伸びが大きくなる
☐	波形炉筒	表面が波の形をしている炉筒。モリソン形, ブラウン形, フォックス形がある
☐	ステー	補強部材（管ステー, 棒ステー, ガセットステー）
☐	管ステー	煙管ボイラーや炉筒煙管ボイラーに使用
☐	棒ステー	棒の形状をしたステー
☐	ガセットステー	胴から鏡板に対して斜めに取り付ける
☐	マンホール	ボイラー内に運転員などが入るための穴
☐	伝熱管	水管, 煙管, エコノマイザ管, 過熱管
☐	配管	給水管, 蒸気管

胴とドラム

1 胴とドラムの形状

　鋼製ボイラーの中心を占めるのが，細長い円筒形をした胴またはドラムです。丸ボイラーでは胴，水管ボイラーではドラムといいます。

　胴およびドラムが円筒形であるのは，断面が円になっていることが重要です。たとえば風船に空気を入れると丸く膨らむように，円形だと力が均等にかかるため，同種同厚の材料に対して大きな強度を得ることができるからです。

2 胴とドラムの継手

　胴およびドラムは曲げられた鋼板をつなぎ合わせて作られており，この板同士のつなぎ目を継手といいます。この継手には，長手方向と周方向の2種類があります。

　胴およびドラムは鋼板を円筒状にプレス加工して作られますが，このとき胴の長手方向で溶接によって接続する部分を長手継手といいます。また，胴の端の円周上に溶接で接続する部分を周継手といいます。

　なお，胴およびドラムは，円筒状に巻かれた鋼板の両端を鏡板（P.47-50 参照）で覆って作られます。鋼板の接合部をつなぐ継手には，リベット継手と溶接継手があります。ボイラーでおもに用いられるのはアーク溶接による溶接継手で，強度が求められる重要な個所には突合せ両側溶接が行われるのが原則です。

（P.47-50 参照）

補足

リベット継手

金属製の留め具であるリベットを使用して胴やドラム，鏡板の接合部を締めてコーディングした継手のことです。

溶接継手

溶接棒と母材の間に火花放電を発生させ，光の円弧であるアークによって両者を溶かして接合するアーク溶接によって処理された継手のことをいいます。

アーク溶接の開先

溶接を行う素材に設ける溝のことを開先といいます。アーク溶接の開先は，溶接箇所の断面の形状から，V形，U形，X形，H形などがあります。

●丸ボイラーおよび水管ボイラーの継手

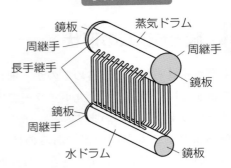

3 胴とドラムに働く応力

　ここでは，胴およびドラムにどのような力が働くのかを見ていきます。ボイラーの胴板には，内部から胴板を外に押し広げようとする圧力Pが働いています。胴板の内部には，このPに対する抵抗力，つまり応力が発生します。この引張応力をσ（シグマ）で表します。

　周方向の応力（σ_θ・シグマシータ）は，継手に対して長手継手にかかる応力です。また，軸方向の応力（σ_z・シグマゼット）は，継手に対して周継手にかかる応力となります。

●周方向（軸方向）と長手方向の応力

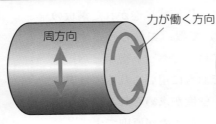

周方向の応力は、長手方向の応力の2倍

●胴およびドラムに働く力

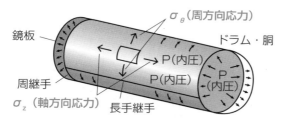

周方向の応力 σ_θ，軸方向の応力 σ_z，内圧 P，胴の内径 D_i，胴の板厚 t であるとき，周方向の応力と軸方向の応力は以下のようになります。

周方向の応力（長手継手にかかる応力）

$$\text{周方向の応力}\sigma_\theta = \frac{\text{周方向に作用する力}}{\text{長手方向の断面積}}$$
$$= \frac{P \times D_i \times L}{2 \times t \times L}$$
$$= \frac{P \times D_i}{2 \times t}$$

軸方向の応力（周継手にかかる応力）

$$\text{軸方向の応力}\sigma_z = \frac{\text{軸方向に作用する力}}{\text{周方向の断面積}}$$
$$= \frac{P \times \dfrac{\pi}{4} \times D_i{}^2}{\pi \times D_i \times t}$$
$$= \frac{P \times D_i}{4 \times t}$$

これより $\sigma_\theta = 2\sigma_z$，つまり周方向の応力 σ_θ は軸方向の応力 σ_z の 2 倍となります。内部応力が原因によるボイラーの破損を防ぐには，周方向の応力に気をつけなければなりません。これとは逆に，軸方向の応力に対する周継手の強さは，周方向の応力に対応する長手継手の 1/2 以上あればよいことになります。

引張応力

外力によって物体が引っ張られるとき，この力に対して部材の内部に生じる力のことを引張応力といいます。

●周方向と軸方向の応力

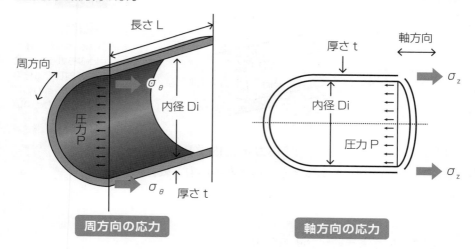

周方向の応力

軸方向の応力

チャレンジ問題

以下の記述のうち, 正しいものはどれか。

(1) 鋼製ボイラーにおいて中心を占めるのが細長い円筒形の胴またはドラムで, 水管ボイラーでは胴, 丸ボイラーではドラムと呼ぶ。

(2) 鋼製ボイラーの胴およびドラムで板同士のつなぎ目を継手といい, 長手方向のものは長手継手, 周方向のものは周継手と呼ぶ。

(3) ボイラーの胴板には, 内部からの圧力Pと, このPに対する引張応力σが存在する。このとき, 周方向の応力 (σ_θ) は継手に対して周継手, 軸方向の応力 (σ_z) は継手に対して長手継手に対してかかる応力である。

(4)) 軸方向の応力に対する周継手の強さは, 周方向の応力に対応する長手継手の2倍となる。

解説

長手方向は胴およびドラムに対して軸に沿う向きであるのに対して, 周方向は胴およびドラムに対して円周の向きに力が働きます。

解答 (2)

鏡板と管板

1 鏡板

胴またはドラムの両端を覆う部分を，鏡板（かがみいた）といいます。煙管ボイラーのように管を取り付ける鏡板は特別に管板といいます。

●鏡板と管板

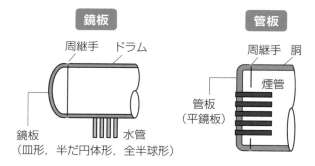

鏡板 — 周継手 ドラム

鏡板
（皿形，半だ円体形，全半球形）
水管

管板 — 周継手 胴

管板
（平鏡板）
煙管

補 足

管板
管板は「くだいた」もしくは「かんいた」と読みます。

2 鏡板の種類

鏡板は，形状の違いにより平鏡板，皿形鏡板，半だ円体形鏡板，全半球形鏡板の4種類に分類されます。

●鏡板の種類

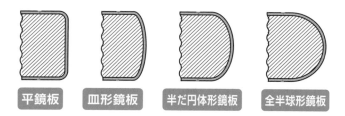

平鏡板　皿形鏡板　半だ円体形鏡板　全半球形鏡板

●平鏡板（平管板）

平鏡板には煙管が取り付けられるため平管板ともいわれており，炉筒煙管ボイラーなどで用いられています。この平鏡板は内部圧力により曲げ応力が発生するので，圧力が高いものや大径のものは補強材であるステー（P.56 参照）によって曲がりを抑える必要があります。

●平鏡板（平管板）のたわみ

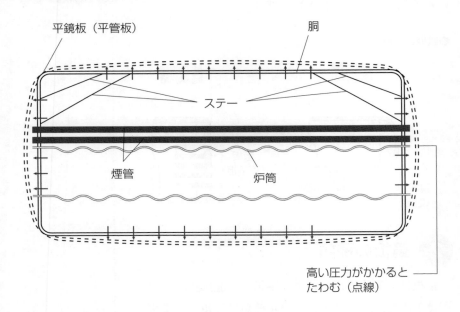

また，管板にはころ広げによって管を取り付けることができます。これは管穴を設けて，ここに煙管を挿入して管を広げる方法ですが，管板の厚さが薄いと密着面積が少なくなり，気密性に難が生じます。管板に管が密着するところは，完全な輪形になっていることが必要なので，一般的には平管板が使われます。平管板は，どの場所であっても必要な厚さを確保することができるからです。皿形や半だ円体形を用いると，胴の中心から離れれば離れるほど，完全な輪形の接触面の厚さが小さくなります。

●ころ広げを用いた煙管の取り付け

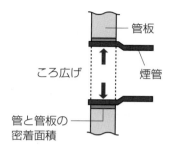

ころ広げ

管板

煙管

管と管板の
密着面積

補　足

ころ広げ
肉厚鋼管を差し込んだあとに管を工具で内部から広げ，密着させる工法です。

殻部
殻部は「かくぶ」と読みます。

●皿形・半だ円体形・全半球形鏡板

皿形鏡板，半だ円体形鏡板，全半球形鏡板はそれぞれ球面の一部からなっています。皿形鏡板は３つの面，半だ円体形鏡板は１つのだ円面，全半球形鏡板は１つの球面です。これらの特徴は，以下の通りです。

①皿形鏡板は球面殻部，環状殻部，円筒殻部からなる。球面殻部は鏡板の頂部の球面，環状殻部は丸みをなしている部分，円筒殻部は胴またはドラムの直線部へとつながるフランジの部分になる

②半だ円体形鏡板は皿形鏡板よりも強度が大きくなる（同一材料，同一寸法の場合）

③３つの強度は，強い順から全半球形鏡板，半だ円体形鏡板，皿形鏡板となる

④一般的に鏡板は皿形鏡板が用いられ，高圧ボイラーでは半だ円体形鏡板や全半球形鏡板が使われる

このように，鏡板は球面状に近づくほど均等に応力が分散するので強度が増していきますが，価格も高くなります。価格を抑えたい場合は平形に近いものを選ぶことになりますが，その分，強度は弱くなります。

●皿形鏡板を構成する3つの曲線

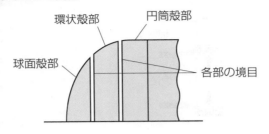

●球面鏡板の強度

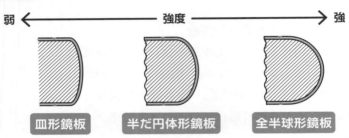

弱 ← 強度 → 強

| 皿形鏡板 | 半だ円体形鏡板 | 全半球形鏡板 |

チャレンジ問題

問1

難　中　**易**

以下の記述のうち，正しいものはどれか。

(1) 胴またはドラムの円周部分を鏡板，煙管ボイラーのように管を取り付ける鏡板は管板という。

(2) 平鏡板には煙管が取り付けられるため煙管板ともいい，内部圧力により曲げ応力が発生するためステーによって補強する。

(3) 管板に管が密着するところは，一般的には平管板が用いられている。

(4) 皿形鏡板は円筒殻部，環状殻部，表面殻部からなっている。

解説

平管板は，どの場所であっても必要な厚さを確保できるためよく用いられます。

解答（3）

炉筒と火室

1 炉筒と火室の違い

　丸ボイラーの胴内に設けられた燃焼室のうち，内だき式のものは炉筒といいます。炉筒煙管ボイラーのように水平に設置されている円筒状のものを指します。また，炉筒は燃焼室として使用されるほかに，燃焼ガスの通路としての役割も果たしています。

　立てボイラーでは燃焼室が垂直となり，一般的にこれを火室といいます。いずれも火炎からの強い放射熱を受けるための伝熱面（水冷壁）となっています。

●炉筒と火室

　炉筒および立てボイラーの火室は，外圧による圧縮応力が生じるため，その圧力から起こる変形から圧かい現象におよぶおそれがあります。これを防ぐために，火室ではアーチ形，炉筒では波形（P.52-53 参照）が用いられたり，平形（円筒状）の場合では一部に波形を用いるなどの伸縮対策を取っています。これは，波形部の高さが高いほど強め輪として優れているためで，圧縮応力に対して強度に優れる波形は，熱による伸縮に対しても順応性があるためです。

補足

圧縮応力
圧縮力（物をつぶす方向の力，引張力の反対）を加えたときに部材内部に生じる力（内力）のことをいいます。

圧壊現象
部材に外部から力が加わったときに，局部的に圧縮されて壊れる現象をいいます。

強め輪
圧力容器に溶接または植え込みボルトなどで取り付けた部品のことで，強め材ともいいます。

2 炉筒の種類

炉筒には平形炉筒と波形炉筒の2種類があります。まずは，平形炉筒とはどのようなものかを見ていくことにしましょう。

●平形炉筒

小容量の炉筒煙管ボイラーに用いられるのが，平形炉筒です。平らな板を曲げているため，ほとんどが同じ径の炉筒となっています。燃焼室の火炎による放射熱により，胴よりも温度が上昇して伸びが大きくなるため，この伸びにはアダムソンリングを間に挟むアダムソン継手（伸縮継手）を使用します。これにより強度を増すことができます。

●平形炉筒

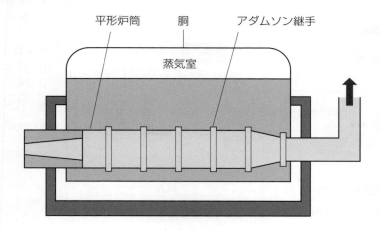

平形炉筒　　　　　　胴　　　　　アダムソン継手

蒸気室

●波形炉筒

波形炉筒は，文字通り表面が波の形をしている炉筒を指します。円筒形に製作したものを熱し，型ロールでプレス加工することで波形を成型しています。この形によって強度が増し，伝熱面積が拡大するなど多くの利点が生まれます。こうしたことから，最近の炉筒煙管ボイラーでは波形炉筒が多く用いられるようになっています。ただし，製作費は割高です。

●波形炉筒

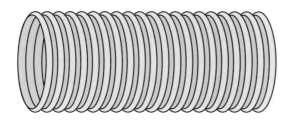

補 足 ▶

アダムソンリング
炉筒の伸縮を吸収する役割を持つ, フランジ間に挿入するリングをアダムソンリングといいます。

波形炉筒の特徴は, 以下の通りです。

① 波形にはモリソン形, ブラウン形, フォックス形があり, 波のピッチや形状, 谷の深さなどに違いがある

●波形の違い

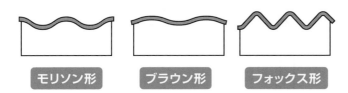

モリソン形　　ブラウン形　　フォックス形

② 波形が強め材の役割を果たすため, 平形炉筒よりも外圧に対する強度が大きくなる
③ 波の形によって平形炉筒よりも伝熱面積を大きくすることが可能となる
④ 熱による炉筒の伸縮は, 波の形によって蛇腹の役割を果たすため吸収することができる

③ 炉筒の伸縮

　燃焼ガスによって加熱された炉筒は，温度が高くなることで**長手方向へ膨張**しようとします。しかし両端は鏡板によって押さえられていて膨張できないので，**炉筒板内部に圧縮応力が発生**します。

　こうしたことから，炉筒の伸縮をなるべく自由にできるよう，鏡板には**ブリージングスペース**を設けます。「息つき間」とも呼ばれるブリージングスペースは鏡板に何も取り付けないスペースで，鏡板の曲げ部分で炉筒の伸びを吸収することができます。

　高い温度になると両端で炉筒を閉じる鏡板の中央部分を押し出すので，炉筒の取り付け部分にはブリージングスペースを設けて，この部分が伸縮できる構造にします。

　なお，胴との伸びの差が吸収できない平形炉筒には，伸縮継手が用いられます。伸縮継手の形状には半円形および台形のものがあり，波形部の高さが高いほど外圧に対する炉筒の補強材としての強度は増します。

●**ブリージングスペース**

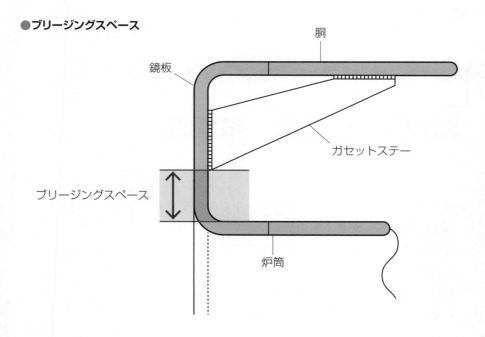

54

問1

以下の記述のうち，正しいものはどれか。

(1) 丸ボイラー胴内の燃焼室のうち，内だき式のものは火室，立てボイラーでは燃焼室のことを炉筒という。

(2) 炉筒や火室は，火炎からの強い放射熱を受けるための伝導面である。

(3) 平らな板を曲げて作られた平形炉筒では，アダムソンリング継手を用いて強度を増している。

(4) 波形炉筒は表面が波の形をしていて，外圧に対する強度が大きいのが特徴である。

解説

波形炉筒は，表面の波の形が強め材の役割を果たすため，外圧に対する強度が大きくなります。

解答 (4)

問2

以下の記述のうち，正しいものはどれか。

(1) 波形炉筒は平形炉筒と比較して伝熱面積が大きくなる。

(2) 波形炉筒の波形には，フォックス形，アリソン形，ブラウン形がある。

(3) 波形炉筒の波形では熱による炉筒の伸縮を吸収できないので，補強材を取り付けなければならない。

(4) 加熱された炉筒は膨張するため，炉筒の伸縮が自由にできるよう，鏡板には補強材を取り付ける。

解説

波形炉筒は，波の形によって伝熱面積を大きくすることが可能となります。

解答 (1)

ステー（補強部材）

1 ステー

　平形炉筒の場合には，炉筒にアダムソン継手（伸縮継手）を設け，平鏡板やそのほかの平板部は圧力への強度が小さいうえに変形しやすいため，**ステー（補強部材）**によって補強します。

　ステーには，**管ステー，棒ステー，ガセットステー**などの種類があります。

●**ステー各種**

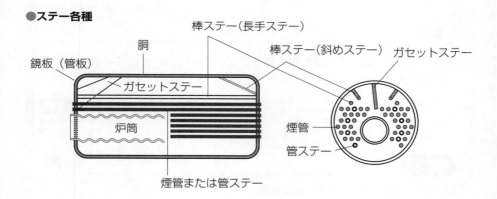

鏡板（管板）　胴　棒ステー（長手ステー）　棒ステー（斜めステー）　ガセットステー　ガセットステー　炉筒　煙管　管ステー　煙管または管ステー

2 管ステー

　煙管ボイラーや炉筒煙管ボイラーに使用されるのが**管ステー**で，管板を鋼管で支える仕組みとなっています。こうした煙管ボイラーや炉筒煙管ボイラーの管ステーには，**肉厚の管**が使われます。管板を支える強度部材になること，そしてボイラーの煙管と同じように伝熱面として扱われることなどがおもな理由です。

　煙管は通常，**ころ広げ**によって管板に取り付けますが，管ステーは管板を支えるため**ねじ込み**や**溶接**によって取り付けるので，管板との保持が強固になります。

溶接によって管ステーを取り付ける場合には，溶接前に軽くころ広げをします。その理由は，管を通すために管板に設置された穴との間に隙間ができないようにする必要があるからです。

補足 ▶

管ステーの材料
管ステーには，肉厚の鋼管を用います。

●管ステーの取り付け方法（ねじ込み・溶接）

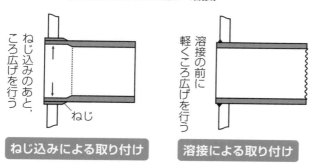

ねじ込みのあと，ころ広げを行う

ねじ

溶接の前に軽くころ広げを行う

ねじ込みによる取り付け　　**溶接による取り付け**

火炎にふれる部分に管ステーを取り付ける場合，端部を縁曲げします。縁曲げをすることで，管ステーの管端が高温燃焼ガスや火炎にふれて温度が上昇し，焼損するのを防ぐことができます。

●煙管の管端部および管ステーの縁曲げ

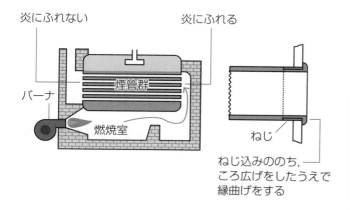

炎にふれない　　　　　炎にふれる

煙管群

バーナ

燃焼室

ねじ

ねじ込みののち，ころ広げをしたうえで縁曲げをする

3 ガセットステー

　ガセットステーは胴から鏡板に対して斜めに取り付けるもので,「ガセット」には補強材の意味があります。斜めの平板を胴と鏡板に渡し,鏡板が曲がらないようにします。そのため,胴とガセットステー,鏡板とガセットステーでは強度が大きめの溶接構造によって取り付ける必要があります。

　炉筒が熱で伸縮すると,鏡板も同様に膨張や伸縮を繰り返します。これを鏡板のブリージング（呼吸作用）といい,ステー取り付け部の割れ（グルービン）が発生しないよう,炉筒とステーの間にはブリージングスペースを設けます。したがって,ブリージングスペースにはガセットステーを溶接しません。

●ガセットステー

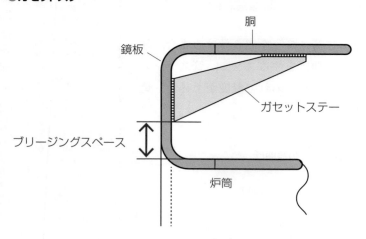

4 棒ステー

　棒の形状をしたステーを棒ステーといいます。このうち,鏡板と胴板の間に設けたものを斜めステー,両鏡板の間（胴の長手方向）に設けたものを長手ステーといいます。斜めステーは溶接を用いて鏡板と胴板に,長手ステーは両端にねじを切ってナットと座金を用いて取り付けます。

●斜めステーと長手ステー

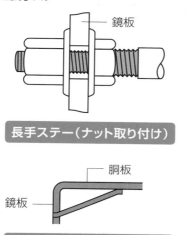

長手ステー（ナット取り付け）

斜めステー（溶接取り付け）

補足 ▶

ブリージング
スペース
ブリージングスペースには，一般的に220〜250mmの空間を設けます。

チャレンジ問題

問1

難　中　易

以下の記述のうち，正しいものはどれか。

(1) 平形炉筒では，平鏡板やそのほかの平板部に補強をする。このときの補強材をステーといい，煙管ステー，棒ステー，ガセットステーなどの種類がある。

(2) 管板を鋼管で支える管ステーを溶接で取り付ける場合には，溶接の前に軽くころ広げをする必要がある。

(3) ガセットステーは胴から鏡板に対して垂直に取り付けるステーのことで，鏡板とステーの間にはブリージングスペースを設ける。

(4) 棒ステーは，両鏡板の間に設ける斜めステー，鏡板と胴板の間に設ける長手ステーの2種類がある。

解説

溶接前に軽くころ広げを行うのは，管を通すために管板に設置された穴との間に隙間ができないようにするためです。

解答 (2)

ボイラー本体における穴

1 穴

ボイラー本体には検査や掃除，運転員が入るために穴を設置します。この穴には**検査穴，掃除穴，マンホール**などがあり，穴がある場所は強度が小さくなるので強め材などで補強します。

2 マンホール

ボイラー内に運転員などが出入りするための穴を**マンホール**といいます。マンホールはほかにも掃除や検査などでも使われます。

ボイラーは内圧で**周方向の応力 σ_θ** が**横方向の応力 σ_z** の２倍となります。短い辺や短径を胴の軸方向に配置することで，穴の長い辺に周方向の応力がかからないように工夫します。

●だ円形の穴の取り付け

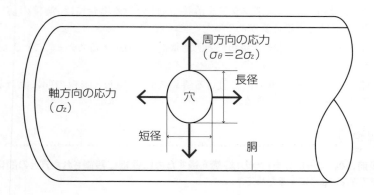

周方向の応力
（$\sigma_\theta = 2\sigma_z$）

軸方向の応力
（σ_z）

長径

穴

短径

胴

● 応力の大小による穴径の選択

応力（σ_z）が小さいため
穴径が長くてもよい

長径の穴（周方向）

$\sigma_\theta = 2\sigma_z$

応力（σ_z）が大きいため
穴径が短い方がよい

短径の穴（軸方向）

補足 ▶

**マンホールの
サイズ**

JIS（日本工業規格）
により，だ円形は直
径375mm以上，短
径275mm以上，円
形は直径375mm以
上と規定されていま
す。

③ 掃除穴および検査穴

　掃除穴は掃除用に用いられるもので，検査穴はボイ
ラー内部の点検用に用いられます。一般的に掃除穴は
円形またはだ円形，検査穴は円形です。

チャレンジ問題

問1　　　　　　　　　　　　　　　　　　　難　中　**易**

以下の記述のうち，正しいものはどれか。

（1）ボイラー本体にある検査穴や掃除穴，マンホールはすべて円形である。

（2）ボイラー本体に取り付ける穴について，胴の軸方向に短い辺や短径を設け
　　るのは，周方向の応力がかからないようにするためである。

（3）ボイラー本体の掃除穴や検査穴はそれぞれ掃除や検査に用いるもので，す
　　べてだ円形で作られている。

（4）ボイラー内に運転員などが出入りする穴をマンホールといい，検査の場合に
　　のみ使われる。

解説

ボイラーには内圧で周方向の応力σ_θが横方向の応力σ_zの2倍になるため，ボイ
ラーに取り付ける穴は周方向の応力を考慮した形にします。

解答（2）

管類と管寄せ

1 ボイラーの管類

　ボイラーの管には，水管，煙管，管寄せなど，さまざまな管類が用いられます。それらボイラーの管類は，大きく分けて伝熱管と配管に分類されます。ここでは，ボイラーの管類に関して見ていきましょう。

2 伝熱管

　伝熱管に分類されるのは，水管，煙管，エコノマイザ管，過熱管です。

●水管
水管ボイラーに用いられるもので，ボイラー水が管の内部を通り，外部は燃焼ガスに接触しています。

●煙管
煙管ボイラー，立て煙管ボイラー，炉筒煙管ボイラーなどに用いられ，燃焼ガスが管の内部を通り，外部はボイラー水に接触しています。炉筒煙管ボイラーでは，熱伝導を向上させたスパイラル煙管が主流となっています。

●スパイラル煙管

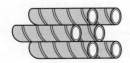
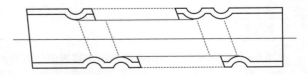

●エコノマイザ管
エコノマイザに用いられるもので，内部はボイラーへの給水が通り，外部は燃焼ガスに接触しています。
●過熱管
過熱器に用いられるもので，内部は蒸気ドラムからやってくる蒸気を過熱し，外部は高温燃焼ガスに接触しています。

3 配管

　流体を送るための管を配管といい，給水管や蒸気管などの種類があります。

●給水管
給水管は，ボイラー水を送るために使用される配管
●蒸気管
蒸気管は，蒸気を送るために使用される配管で，なかでもとくに主蒸気管と呼ばれる蒸気管は，ボイラーから直接ほかの蒸気の使用先または蒸気だめに送るために使用される

4 管寄せ

　水管ボイラーには，おもに管寄せが用いられます。これは多くの管を取り付けてボイラー水または蒸気を多数の水管や過熱管に分配，もしくは集めるものです。
　また，容器の一種となる管寄せには，必要に応じて排水弁，ドレン弁，空気抜き弁や掃除穴，検査穴などの各種弁や穴が設けられます。必要に応じて各種管寄せに設けられる各種弁の例を，以下に示します。

補足 ▶

伝熱管
管外を通過する燃焼ガス，水蒸気，高温水などの高温媒体によって管内を通過する水や蒸気，空気などの低温媒体を加熱するために使用する管のことで，管外に低温媒体，管内に高温媒体の場合もあります。

エコノマイザ
排ガス熱を回収して給水を予熱する装置で，煙道に設置します。重油を燃焼した排ガスに含まれる成分により，低温腐食することがあります。

蒸気だめ
ボイラーからの蒸気を分配する役目を担うものを，蒸気だめといいます。

①水管ボイラーの火炉水冷壁の下部管寄せ → 排水弁

②エコノマイザ下部管寄せ → 排水弁

③過熱器出口管寄せ → ドレン弁，空気抜き弁

● **管寄せの例**

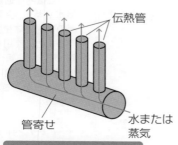

管寄せと伝熱管の接続

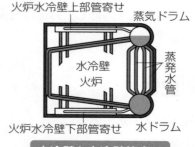

水冷壁と水冷壁管寄せ

チャレンジ問題

問1

難　中　易

以下の記述のうち，正しいものはどれか。

(1) ボイラーの管は伝熱管と配管に分けられ，伝熱管には煙管，エコノマイザ管，過熱管，蒸気管などがあり，配管には水管，給水管などがある。

(2) 水管ボイラーに用いられる水管は燃焼ガスが管の内部を通り，外部はボイラー水に接触している。

(3) 煙管ボイラー，立て煙管ボイラー，炉筒煙管ボイラーなどに用いられる煙管は，ボイラー水が管の内部を通り，外部は燃焼ガスに接触している。

(4) おもに水管ボイラーに用いられる管寄せは，ボイラー水または蒸気を分配，もしくは集める役割がある。

解説

管寄せは多くの管を取り付けることでボイラー水または蒸気を多数の水管や過熱管に分配，もしくは集めます。

解答 (4)

チャレンジ問題

問2

難　中　**易**

以下の記述のうち，正しいものはどれか。

(1) ボイラーの管類は，大きく分けて伝熱管と配管に分類され，水管，煙管などさまざまな管が用いられるが，管寄せは管類には含まれない。

(2) 伝熱管に分類されるのは，水管，煙管，エコノマイザ管，過熱管である。

(3) 過熱管とは過熱器に用いられるもので，内部は蒸気ドラムからくる蒸気を過熱し，外部は低温の過熱ガスに接触している。

(4) 管寄せはおもに水管ボイラーに用いられ，多くの管を取り付けて燃焼ガスまたは蒸気を多数の水管や過熱管に分配のみを行うものである。

解説

伝熱管とは，管外を通過する燃焼ガス，水蒸気や高温水などの高温媒体によって管内を通過する水あるいは蒸気や空気などの低温媒体を過熱するための管です。水管は水管ボイラーに，煙管は煙管ボイラー，立て煙管ボイラー，炉筒煙管ボイラーに，エコノマイザ管はエコノマイザに，過熱管は過熱器に用いられます。

解答 (2)

問3

難　**中**　易

以下の記述のうち，正しいものはどれか。

(1) 流体を送るための管を配管といい，給水管や蒸気管，管寄せなどの種類がある。

(2) 水管ボイラーにおもに用いられる管寄せは，多くの管を取り付けて燃焼ガスを多数の水管や過熱管に集めるものである。

(3) ボイラーから直接，ほかの蒸気の使用先または蒸気だめに送るために使用される蒸気管を主蒸気管という。

(4) おもに水管ボイラーに用いられる管寄せは，ボイラー水または蒸気をひとつの管から水管や過熱管に分配あるいは収集する。

解説

蒸気管は，蒸気を送るために使用される配管です。主蒸気管はボイラーから使用先または蒸気だめに蒸気を送るための配管です。

解答 (3)

第1章　ボイラーの構造と基礎知識　65

4 附属品と附属装置

まとめ&丸暗記 この節の学習内容とまとめ

☐ 圧力計の構造
ボイラーの圧力計として一般的に用いられるブルドン管圧力計は, 管内の圧力変化により扇形歯車を動かして小歯車を通じ指針に伝える仕組みとなっている

☐ 圧力計の取り付け
原則, ボイラーの胴または蒸気ドラムの一番高い場所に取り付ける。サイフォン管を設置する, 垂直に取り付けてその下にコックを取り付けることも重要

☐ ボイラー水の水位測定
事故を未然に防ぐため, 標準水位の把握・維持をする水面測定装置 (水面計) を設置する。ガラス水面計が一般的

☐ ガラス水面計
丸形ガラス水面計, 平形反射式水面計, 平形透視式水面計, 二色水面計, マルチポート水面計の5種類がある

☐ 丸形ガラス水面計
最高使用圧力1.0MPa以下のボイラーに用いる

☐ 平形反射式水面計
平形ガラス裏側に三角溝を付けて金属箱に組み込んだもの

☐ 平形透視式水面計
ガラス2枚を金属枠で押さえ, ガラスの間に水と蒸気を入れて裏側から電灯で照らすため, 水面位置が明確に計測できる

☐ 二色水面計
光学的原理を利用した水面計で, 水面計後部電球と2色のフィルターグラスが配置されている

☐ マルチポート水面計
金属製の箱に小さな丸窓を設置し円形の透視ガラスをはめ込んだ透視式水面計

☐ 験水コック
ボイラーの胴もしくは水柱管に取り付けたコック。最高水位, 常用水位, 安全低水面が確認できるよう3個以上設置する

☐ 流量計
燃料の使用量やボイラーへの給水量などを知る。差圧式, 容積式, 面積式などの種類がある

☐ 通風計
通風力 (ドラフト) を測定する計器で, 計測する場所のガス圧力や空気圧力を大気の圧力と比較して測定する。2方の管の水柱高の差を見て通風力を測定するU字管通風計がある

ボイラーの計測器

1 圧力計の構造

　ボイラー内部の圧力を正確に知ることは，ボイラーの安全運転に必要なことです。そのため，ボイラーには圧力計を取り付けます。この圧力計には，ブルドン管圧力計を用いるのが一般的です。

　平円形もしくはだ円形の扁平な管であるブルドン管は，管内の圧力変化によって短径の方向へ膨張，収縮します。円弧状に圧力が広がることで，扇形歯車を動かし，小歯車を通じて指針に伝える仕組みになっています。

　また，大気圧との差を計測する圧力計に現れる圧力は，大気圧を0としたゲージ圧力となります。したがって，圧力計に表れた圧力に大気圧を加算すると絶対圧力になります。

● ブルドン管圧力計

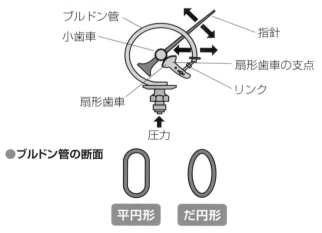

● ブルドン管の断面

平円形　　だ円形

② 圧力計の取り付け

　圧力計は，胴または蒸気ドラムのいちばん高い場所に取り付けるのが原則です。なぜなら，胴または蒸気ドラムの中間に取り付けた場合には，水位が上昇すると圧力計の取り付け位置からボイラー水面までの水頭圧が圧力計に加わるため，圧力表示が不正確になるからです。

　ボイラーに圧力計を取り付ける際は，水を入れたサイホン管などを設置します。これは，蒸気がブルドン管に入ると熱せられて誤差が生じてしまうので，サイホン管に水を入れて防ぐためです。

　圧力計は垂直に取り付け，その下にコックを取り付けることが必要で，ハンドルが管軸と同一方向になったときに開くようにします。これは，ハンドルが振動などにより下がったとしても，コックが閉まることなく，圧力計が正常に作動するようにしておくためです。

●圧力計の取り付け

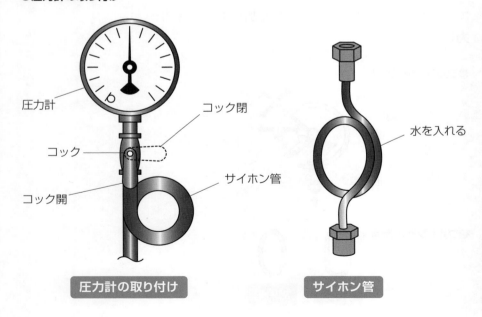

圧力計
コック閉
コック
サイホン管
コック開

圧力計の取り付け

水を入れる

サイホン管

3 水面測定装置（水面計）

ボイラー水の水位を測定することは，事故を未然に防ぐ意味で非常に重要です。ボイラーの水が少なすぎる場合や多すぎる場合には，いずれも事故の原因となるからです。水面測定をすることで標準の位置を把握・維持することができます。このとき使われるのが水面測定装置で，ガラス水面計が一般的に用いられています。また，ガラス水面計の代わりに験水コックを使用することもあります。

ガラス水面計は，上下のコックを通じて胴（もしくは蒸気ドラムまたは水柱管）に連絡し，ガラスを通して水面を知ることができる仕組みとなっています。下のコックはボイラー水，上のコックは蒸気が通って水面計に入り，ボイラーの水位が示されます。

なお，コックは以下の場合に使用します。

①水面計の機能を確認するとき
②ガラス管が破損して新しいガラス管に交換するとき
③ガラス管の汚れなどを掃除するとき

また，水面維持には，複数の水面計で確認しながらあたることが必要です。その理由として，火気や高温の熱源を利用しているボイラーは，規定以下の水位となった場合に使用材料が過熱することで強度が下がります。その結果，最高使用圧力（構造上使用可能な圧力）以下の運転においても管や炉筒の破裂が起こる可能性があるためです。

ボイラー胴あるいは蒸気ドラムの同じ箇所に複数の水面計を設ける場合や験水コック（P.73参照）を併

補足

コック
管軸と同一方向（下向き）に向けると開き，管軸と直角にすると閉まります。

サイホン管
80℃以上の高温蒸気がブルドン管に入らないよう，サイホン管を胴と圧力計の間に取り付けて，中に水を入れておきます。

用して用いる場合は，水面計やそのほかの水面測定装置を円筒形の水柱管を
設けたうえで取り付けます。

　ガラス水面計には，丸形ガラス水面計，平形反射式水面計，平形透視式水
面計，二色水面計，マルチポート水面計の5種類があります。

●丸形ガラス水面計
丸形ガラス水面計は丸形ガラスを袋ナットで固定したもので，最高使用圧力
1.0MPa 以下のボイラーに用いられます。補強されていないガラス自体が
ボイラーの内圧を受けるからで，ガラス管の内径は毛細管現象を防止するた
め 10mm 以上，水面計の取り付けは水面計の最下部の高さがボイラーの安
全低水面と同じになるようにします。

●**丸形ガラス水面計**

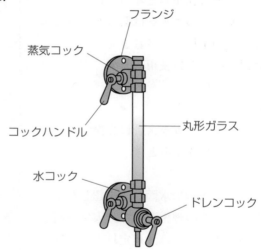

●平形反射式水面計
平形反射式水面計は，丸形ガラスではなく平形ガラスの裏側に三角形の溝を
付けて金属箱に組み込んだものです。水部は黒く，蒸気部は白く見えるのは
それぞれ光の反射と通過作用によるものです。これにより，水と蒸気の境目
である水面がよく分かります。

●平形反射式水面計

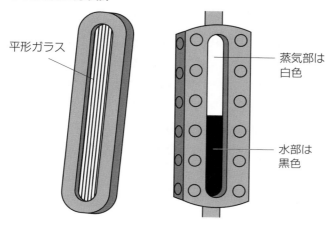

平形ガラス

蒸気部は
白色

水部は
黒色

●平形透視式水面計

平形透視式水面計は，水面の位置をはっきりと表示できるように工夫されています。平形ガラス2枚を3個の金属製の枠で押さえたうえで，ガラス板の間に水と蒸気が入る構造となっています。さらに裏側から電灯で照らすため，水面の位置が明確に計測できるようになっています。

●平形透視式水面計

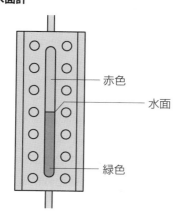

赤色

水面

緑色

●二色水面計

二色水面計は光学的原理を応用したもので，水面計後部に電球と２色のフィルターグラスが配置されています。青緑色のフィルターグラスが見える部分は，光が水とガラスによって屈折されるためで，水部を表しています。赤色のフィルターグラスが見える部分は，光がガラスによって屈折されるためで，蒸気部を表しています。裏側から電気で照らし，赤色と青緑色の光線を通過させる透視式水面計である二色水面計は，平形あるいはマルチポート形の透視式水面計に用いられます。また，明確な水位を表示するため，高圧用のボイラーに使用されます。

●二色水面計

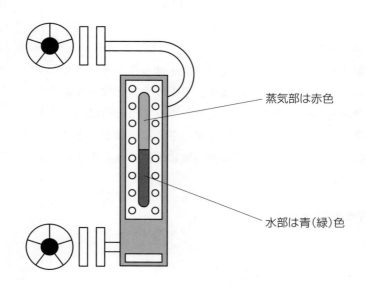

蒸気部は赤色

水部は青（緑）色

●マルチポート水面計

マルチポート水面計は平形ガラスの代わりに，小径の円形ガラスがならべられた透視式水面計です。金属製の箱に小さな丸窓を設置して，円形の透視ガラスをはめ込んだ構造になっています。平形ガラスでは広い面積を持つため高圧に耐えられないので，マルチポート水面計では比較的高圧に耐えられるよう設計されています。

●マルチポート水面計

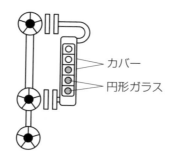

カバー
円形ガラス

補足

差圧式水面計
ボイラー内水面とは
別に設けたU字管内
の水頭圧の差で水面
を知るもので、その
差圧を信号で送信し
て遠隔で水面の監視
をする遠方水面計に
もなります。

光学的原理
光の波長で色が分か
れる原理を、光学的
原理といいます。

④ 験水コック

　ボイラーの胴もしくは水柱管に取り付けたコックを
験水コックといいます。コックを開いて水が出た場合
には、水がその位置に存在していることが分かります。
　験水コックは、最高水位・常用水位・安全低水面が
ガラス水面計の可視範囲で確認できるようにしなけれ
ばなりません。そのため、原則として験水コックは3
個以上設置する必要があります。

●験水コック

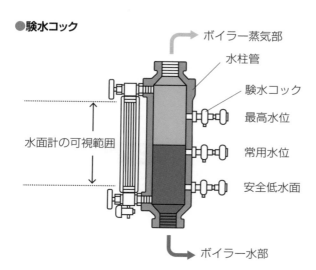

ボイラー蒸気部
水柱管
験水コック
最高水位
水面計の可視範囲
常用水位
安全低水面
ボイラー水部

5 流量計

　燃料の使用量やボイラーへの給水量などを知るための流量計には, 差圧式,
容積式, 面積式などの種類があります。

●差圧式流量計

差圧式流量計は, 流体が流れている管の中にベンチュリ管やオリフィスなど
の絞り機構を入れて流体に抵抗を持たせ, この絞り機構の入口と出口の間に
圧力差（差圧）を生じさせるものです。差圧は流量の2乗に比例するため,
流量が2倍になると差圧は2の2乗, すなわち2×2＝4倍となります。こ
のように, 差圧式流量計は差圧を測定すると流量を知ることができる原理を
利用しているのです。なお, 差圧は, 管に小さな穴をあけたオリフィスプレー
トにより流体通路に絞りを与えるほか, 管自体が絞られたベンチュリ管を使
用して得ることができます。

●オリフィス機構とベンチュリ管

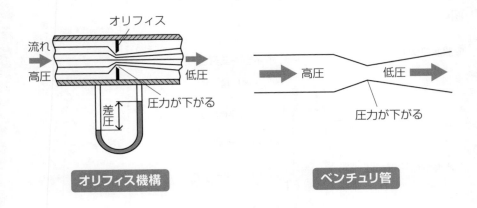

●容積式流量計

円形ケーシングの中にだ円形（オーバル）の歯車を2
個組み合わせた流量計を, 容積式流量計といいます。
ケーシングの中に流体を流すことで歯車を回転させる
仕組みで, 流量が2倍になれば歯車の回転数も2倍と
なります。すなわち, 歯車とケーシング壁との間にあ
る空間部分の量だけ流体が流れ, 流量が歯車の回転数
に比例することを利用しているわけです。

このように容積式流量計では, 歯車の回転数を測定す
ることで流量を求めています。

●**容積式流量計の構造（断面）**

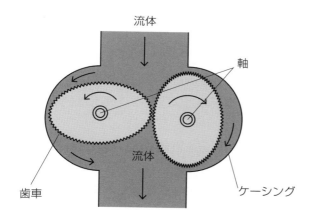

●面積式流量計

面積式流量計は, フロート（浮子）の移動量を測定し
て流量を知ることができるものです。上から下に向
かってすぼまっている垂直のテーパ管内に, 下から流
体を流していくと, このテーパ管内に設置されたフ
ロートが上部へ移動します。これによってフロートと
テーパ管の隙間が大きくなりますが, この隙間の面積
は流量に比例して大きくなるように設計されています。

ベンチュリ管
流量を測定する管で,
くびれ部分では流速
が速まり, 圧力が低
下します。

オリフィス
管路の途中に設ける
流水口で, 通過する
と流速が速まり, 圧
力が低下します。

オーバル
卵形, 長円形および
だ円形を指します。
卵を意味するラテン
語が由来。

面積式流量計は，このフロートの移動量を測定することによって流量を知ることができるのです。

●**面積式流量計の構造**

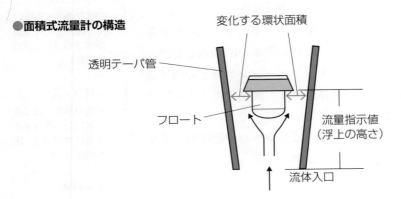

変化する環状面積

透明テーパ管

フロート

流量指示値
（浮上の高さ）

流体入口

⑥ 通風計

通風力（ドラフト）を測定する計器を，通風計といいます。通風は燃焼ガスや燃焼用空気を通過させることで，通風力はこうした気体を通すための力を意味します。通風計は，計測する場所のガス圧力や空気圧力を大気の圧力と比較して測定します。

水などをU字管に入れて，この管の一方を計測場所に挿入し，他方を大気に開放する通風計をU字管通風計といいます。このU字管通風計は，両方の管の水柱の高さの差を見ることで通風力を知ることができます。

●**U字管式通風計**

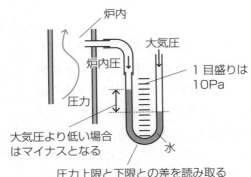

炉内

大気圧

炉内圧

1目盛りは
10Pa

圧力

大気圧より低い場合
はマイナスとなる

水

圧力上限と下限との差を読み取る

問1

以下の記述のうち，正しいものはどれか。

(1) 圧力計はボイラー内部の圧力を正確に知るために必要なものだが，ブルドン管圧力計は一般的には用いられない。

(2) 圧力表示が読みやすいように，圧力計は胴または蒸気ドラムの中間の位置に取り付けるのが原則となっている。

(3) ボイラーの水面測定装置は一般的にガラス水面計を用いるが，代わりに験水コックを使用することもある。

(4) U字管通風計は，両方の管の水蒸気圧の高さの差を見ることで通風力を知ることができる。

解説

ガラス水面計は上下のコックを通じて胴（もしくは蒸気ドラムまたは水柱管）に連絡し，ガラスを通して水面を知ることができます。験水コックはボイラーの胴もしくは水柱管に取り付けたコックのことを指します。

解答（3）

問2

以下の記述のうち，正しいものはどれか。

(1) ボイラーへの給水量や燃料の使用量を知るための流量計の種類は容積式，差圧式，面積式などがある。

(2) 差圧式流量計は，絞り機構の入口と出口の間に圧力差を生じさせる仕組みだが，差圧は流量の2乗に反比例する。

(3) 容積式流量計は，だ円形ケーシングの中に円形の歯車を2個組み合わせたもので，ケーシングの中に流体を流す。

(4) 面積式流量計は，フロートとテーパ管の隙間の面積が流量に比例して小さくなるよう設計されている。

解説

流量計には差圧式，容積式，面積式があること，そしてそれぞれの流量計について仕組みや特色をきちんと理解することは非常に重要となります。

解答（1）

5 安全装置

まとめ&丸暗記　この節の学習内容とまとめ

☐ 安全弁の役割	ボイラーの内部圧力の異常上昇による破裂を未然に防ぐ
☐ 安全弁の様式	おもり式, てこ式, ばね式などがあるが, その中でもばね安全弁がもっとも多く採用されている
☐ 安全弁の構造	ばね安全弁は, 弁棒がばねの力により弁体を弁座に押し下げて気密を保つ構造となっている
☐ ばね安全弁の種類	揚程式ばね安全弁, 全量ばね式安全弁の2種類
☐ 揚程 (リフト)	弁体が弁座から上がる距離
☐ 揚程式ばね安全弁	リフトが小さいため, 吹出し流量は弁座流路面積 (π DL) で制限
☐ 全量式ばね安全弁	リフトが大きく, 蒸気流量も大きくなるため, のど部の面積で吹出し面積が決まる。蒸気流れの制限はのど部面積 ($\frac{\pi}{4} d_t{}^2$) となる
☐ 弁座流路面積	吹出し圧力に達して弁体が弁座から離れてできる隙間の面積をいう
☐ 低水位燃料遮断装置	最低の水位が安全低水面以下になると自動的にバーナの燃焼を停止させて警報表示を出す
☐ 高・低水位警報装置	水位の異常な上昇・下降の際に作動して警報表示を出す

安全弁

1 安全弁の役割

　ボイラーの内部圧力が異常に上昇して破裂することを未然に防ぐための装置が安全弁です。ボイラー内部の圧力が一定限度以上に上昇しようとすると安全弁を開けて蒸気を放出し，圧力上昇を防ぎます。

　ボイラーの安全弁にはおもり式，てこ式，ばね式などがありますが，その中でもばね安全弁が最も多く採用されています。このばね安全弁には，揚程式と全量式の2種類があります。

2 安全弁の構造

　ばね安全弁は，弁棒がばねの力によって弁体を弁座に押し下げ，気密を保つ構造となっています。弁体と弁座が密着していると安全弁が閉じた状態になるので，蒸気の吹出しを止める形になります。

　ボイラーは，圧力が吹出し圧力に達すると，弁座と密着している弁体が蒸気圧力によって上昇し，蒸気が吹き出すようになります。このとき，弁体が弁座から上がる距離を揚程（リフト）といいます。蒸気が吹き出したあと，ボイラーの圧力が下がってくるとばねの力によって弁体が押し下げられて蒸気が吹き出さないように弁体が弁座に密着します。

　安全弁の吹出し圧力の調整は，ばねの調整ボルトを締める（または緩める）ことで，ばねが弁体を弁座に押し付ける力を変更させて行います。

補足

おもり式安全弁
鋳鉄製の円盤形おもりを用いて弁を直接弁座に押し付ける形になっているのが，おもり式安全弁です。現在ではほとんど使われていません。

安全弁の吹出し圧力または**吹始め圧力**と**吹止まり圧力**との差を**吹下がり**といい，その**圧力差（MPa）**もしくは設定圧力との割合を％で表現します。

以下は，安全弁の構造のポイントです。

①ばねの力で弁棒が押し下げられ，弁体は弁座に密着

②揚程（リフト）とは，弁体が弁座から上がる距離

③ばね安全弁は，蒸気圧力が設定圧力になると自動的に弁が開き蒸気を吹き出すが，蒸気圧力が下がると弁が閉じる

④安全弁の吹出し圧力は，ばねの調整ボルトによって，ばねが弁体を弁座に押し付ける力を変えることで調整

⑤安全弁の吹出し圧力あるいは吹始め圧力と吹止まり圧力との差を，吹下がりという

●**ばね安全弁**

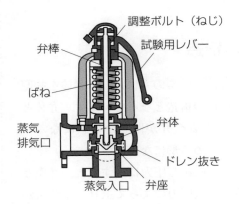

●**安全弁のリフト**

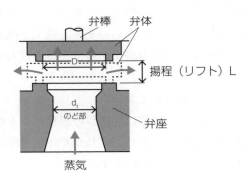

③ ばね安全弁の種類

　ばね安全弁には，揚程式ばね安全弁および全量式ばね安全弁とがあり，両者は蒸気流量の制限構造が異なっています。

　揚程式は弁が開いたときの吹出し面積，つまり吹出し時の蒸気流路面積の中で，弁座流路面積が最小となります。

　弁座流路面積とは，吹出し圧力に達して弁体が弁座から離れてできる隙間の面積を指します。

　全量式は弁座流路面積が，下部にあるのど部面積より大きくなるようなリフトが得られる特徴があります。

　両者の大きな違いは，以下の通りです。

補　足

弁座流路面積
弁座流路面積は，カーテン面積ともいいます。

●揚程式と全量式の比較

安全弁型式	揚程式	全量式
リフト	小さい	大きい
蒸気流れの制限	弁座流路面積	のど部面積

●弁座流路面積

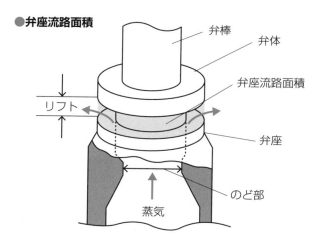

●揚程式ばね安全弁

リフトが小さい揚程式は，のど部の面積よりも弁座流路面積が小さくなります。そのため，吹出し面積は弁座流路面積によるので，蒸気流れの制限は弁座流路面積（πDL）となります。

●揚程式と全量式の各蒸気の吹出し

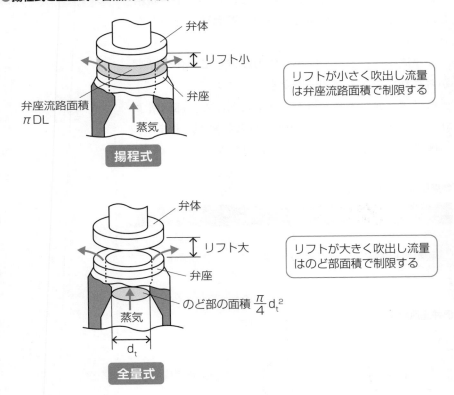

弁体

リフト小

弁座

弁座流路面積 πDL

蒸気

リフトが小さく吹出し流量は弁座流路面積で制限する

揚程式

弁体

リフト大

弁座

のど部の面積 $\frac{\pi}{4}d_t^2$

蒸気

d_t

リフトが大きく吹出し流量はのど部面積で制限する

全量式

●全量式ばね安全弁

全量式は弁座流路面積が弁座と弁体とのあたり面よりも下部における弁座口ののど部の面より十分大きい面積となるので，揚程式のものと弁座口径が同じであれば全量式の方が蒸気流量は大きくなります。全量式は，のど部の面積で吹出し面積が決まります。つまり，蒸気流れの制限はのど部の面積（$\frac{\pi}{4}d_t^2$）ということです。

●**全量式安全弁の各部名称**

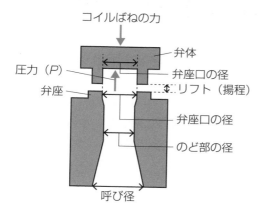

コイルばねの力

弁体

圧力（P）

弁座口の径

弁座

リフト（揚程）

弁座口の径

のど部の径

呼び径

補 足

弁座部ののど部
弁座部ののど部はほ
かに,ノズルともいい
ます。

チャレンジ問題

問1

難　中　易

以下の記述のうち, 正しいものはどれか。

(1) ボイラーの内部圧力が一定限度以上に上昇して破裂するのを防ぐのが安全弁で, その種類にはばね式, てこ式, はかり式がある。

(2) ばね安全弁には揚程式と全量式があり, 蒸気流れの制限に関しては前者はのど部の面積, 後者は弁座流路面積となる。

(3) ボイラーは, 圧力が吹出し圧力に達して弁座と密着する弁体が蒸気圧力により上昇するが, 蒸気が吹き出す際, 弁体が弁座から上がる距離を揚程 (リフト) という。

(4) ばね安全弁の吹出し圧力を調整するには, 最適な状態のばねに交換するのが一般的である。

解説

安全弁の働きは, ボイラーの安全を考えるうえで非常に重要です。圧力が吹出し圧力に達していない, もしくはばね安全弁の働きによってボイラーの圧力が下がった場合には, ばねの力によって弁体が押し下げられて蒸気が吹き出さないように, 弁体が弁座に密着します。

解答 (3)

安全弁の取り付け管台および排気管

1 取り付け管台と排気管

　安全弁が作動すると，多量の蒸気が排気管に瞬時に流れて大気へ放出される仕組みとなっています。したがって，排気管の状態が悪いと周囲に蒸気が充満し，吹き出された蒸気により事故あるいは作業に支障をきたす場合があります。

　蒸気の流れを妨げないように，安全弁の取り付け管台の径は安全弁入口径と同径以上にして，蒸気通路面積を確保するようにします。また，安全弁に無理な力がかからないよう，安全弁軸心から排気管の中心までの距離はなるべく短くして，蒸気吹出し時に安全弁にかかる曲げの力を少なくします。

　排気管内のドレンの滞留は腐食の原因となるため，排気管底部または安全弁箱にドレン抜きを設けます。排気管底部または安全弁箱にドレンが滞留したままだと蒸気の流れが悪くなって安全弁の能力が低下するため，ドレンの排出を妨げる可能性がある止め弁は設置しません。

●安全弁の排気管

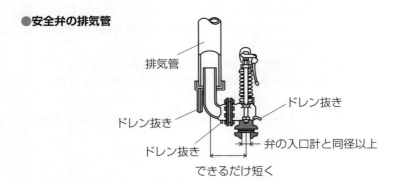

排気管

ドレン抜き

ドレン抜き

ドレン抜き

弁の入口計と同径以上

できるだけ短く

2 低水位燃料遮断装置

　ボイラーの運転中，最低の水位が安全低水面以下になったとき，自動的にバーナの燃焼を停止させて警報表示を出す装置を低水位燃料遮断装置といいます。

3 高・低水位警報装置

　蒸気ドラム内またはボイラー胴の水位が低すぎると伝熱面が焼損する危険があり，高すぎると蒸気の湿り度が増加します。水位の異常な上昇・下降時には，高・低水位警報装置が作動して警報表示を出します。

チャレンジ問題

問1　　　　　　　　　　　　　　　　　　難　中　易

以下の記述のうち，正しいものはどれか。

(1) 安全弁の取り付け管台の径は安全弁入口径と同径かそれ以下にすることで，速やかに蒸気を大気へ放出するようにする。

(2) 蒸気吹出し時に安全弁にかかる曲げの力を少なくすると，安全弁に無理な力がかからない。そのため，安全弁軸心から排気管中心までの距離は長めに設定する。

(3) 排気管底部または安全弁箱にはドレン抜きと止め弁を設けることで，ドレンをスムースに排出することができます。

(4) ボイラーの運転中，最低の水位が安全低水面以下になったときに自動で作動する装置は低水位燃料遮断装置，水位の異常な上昇・下降時に警告表示を出すのは高・低水位警報装置である。

解説

低水位燃料遮断装置，高・低水位警報装置はボイラーの運転中に異常があった際に作動する安全装置の一種です。低水位燃料遮断装置は文字通り低水位時に燃焼を停止させ，高・低水位警報装置は水位の異常な上昇・下降時に警報表示を出します。

解答 (4)

送気系統装置および弁類

まとめ&丸暗記　この節の学習内容とまとめ

☐ 送気系統装置　ボイラーで発生させた蒸気を送り出すシステム

☐ 主蒸気管　ボイラーで発生した蒸気を蒸気使用設備へ送る。配管が長くなるときは伸縮継手を設けて配管の伸縮を吸収する

☐ 主蒸気弁　送気や停止を行うため, ボイラーの蒸気取出し口あるいは過熱器の蒸気出口に取り付ける弁

☐ アングル弁　蒸気の入口と出口が弁内で直角に曲がっている

☐ 玉形弁　蒸気の流れが弁内でS字形となっている

☐ 仕切弁　蒸気が弁内を直線的に流れるため, 全開時の抵抗は小さい

☐ 蒸気逆止め弁　蒸気の流れが逆流しないように止める機能がついている弁

☐ ドラム内部装置　ボイラー胴やドラム内に設置される装置。気水分離器など

☐ 気水分離器　乾き度の高い飽和蒸気を得るため水滴と蒸気の分離装置

☐ 沸水防止管　気水分離器の一種で, 低圧ボイラーの胴またはドラム内に設ける水滴と蒸気を分離する装置

☐ 蒸気トラップ　蒸気使用設備や配管にたまったドレンの自動排出装置

☐ 減圧装置　発生蒸気よりも低い圧力の蒸気が必要な場合や, 使用設備側の蒸気圧力を一定にしたいときに用いる装置

☐ 減圧弁　2次側の圧力が一定になるように弁の開度を調整でき, 一般的に用いられている

☐ オリフィス　配管径よりも小径の穴を開け, 入口(1次側)と出口(2次側)に圧力差を生む。低圧側の使用蒸気量の変動に伴い2次側の圧力が変動する

送気系統の管と弁類

1 送気系統

　ボイラーで発生させた蒸気を送り出すシステムを，送気系統装置といいます。主蒸気管（メーンスチームパイプ），主蒸気弁（メーンスチームバルブ），ドラム内部装置，蒸気トラップ（スチームトラップ），減圧装置などによって構成されています。

補足 ▶

ドレン（復水）
温度が低下して蒸気が水に変化したものをドレン（復水）といいます。

●**送気系統装置例**

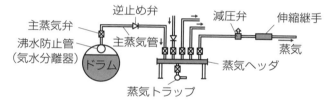

2 主蒸気管

　主蒸気管の役割は，ボイラーで発生した蒸気を蒸気使用設備へ送ることです。配置には，ドレン（復水）がたまらないよう適正な傾斜をつけ，要所に蒸気トラップ（スチームトラップ）を設けます。とくに長い主蒸気管の場合には，蒸気の通り時と停止時の温度差が大きくなるため，配管に大幅な伸縮が発生します。伸縮継手（エキスパンションジョイント）を設けることで，伸縮を吸収できるようになります。伸縮継手には湾曲形，ベローズ（蛇腹）形，すべり（スリーブ）形などがあります。湾曲形は，鋼管を曲げてそのたわみで配管の伸縮を吸収する仕組みで，Ｕ字形とベンド形があります。

● 湾曲形伸縮継手

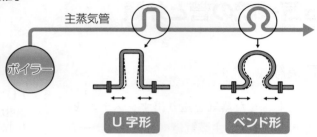

主蒸気管

ボイラー

U字形　　ベンド形

● ベローズ（蛇腹）形伸縮継手　　● すべり（スリーブ）形伸縮継手

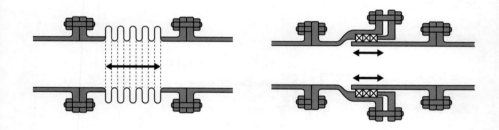

3　主蒸気弁

　送気や停止を行うため，ボイラーの蒸気取出し口または過熱器の蒸気出口に取り付ける弁を主蒸気弁といいます。ボイラーの運転開始時には蒸気圧力が上がるまで主蒸気弁は閉めておいて，所定の蒸気圧力になると開いて蒸気使用設備へ送気します。ボイラーの停止時には主蒸気弁を閉めてボイラー内の残余蒸気を逃さないようにします。

　主蒸気弁にはアングル弁，玉形弁，仕切弁などの種類があります。アングル弁は蒸気の入口と出口が弁内で直角に曲がっているもので，蒸気は弁体の下方から入って横に出るものが一般的です。蒸気の流れは，弁内で直角に曲がることで流れの抵抗が大きくなる特徴があります。ボイラー上部から蒸気が取り出されるため，ボイラーの直上に主蒸気管を設けるときには主蒸気管の曲げは省略できます。

●アングル弁

→ 蒸気出口

蒸気入口

蒸気は直角に流れていく

補足 ▶

玉形弁
玉形弁は一般的に，
グローブバルブとも
いいます。

　玉形弁は蒸気の流れは弁内でS字形となっているため，蒸気入口と出口は一直線上にあるものの抵抗が大きい特徴があります。そのため，直管の配管の途中に設けられることが多くなっています。

●玉形弁

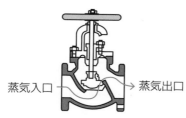

蒸気入口　　　→ 蒸気出口

蒸気はS字形に流れていく

　仕切弁は蒸気が弁内を直線的に流れるので，全開時の抵抗は小さくなります。仕切弁はゲート弁ともいわれる通り，蒸気の流れに直角に弁体がスライドして開閉します。

●仕切弁

蒸気入口　　　→ 蒸気出口

蒸気は直進していく

4 蒸気逆止め弁

　蒸気の流れが逆流しないように止める機能がついている弁を，蒸気逆止め弁といいます。蒸気出口で２基以上のボイラーが同一管系に連絡しているときには，主蒸気弁のうしろに蒸気逆止め弁を設置して，ほかのボイラーから蒸気が逆流しないようにします。蒸気の流れが停止し，下流に圧力がある場合に弁体が左に移動することで，下流からの逆流を防ぐ仕組みです。

● 逆止め弁

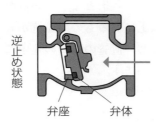

逆止め状態

弁座　　弁体

チャレンジ問題

問 1

難　中　易

以下の記述のうち，正しいものはどれか。

(1) ボイラーには送気系統装置と吸気系統装置の２種類があるが，減圧装置，蒸気トラップ，主蒸気弁，主蒸気管，ドラム内部装置は後者に含まれる。

(2) ボイラーで発生した蒸気を蒸気使用設備へ送る主蒸気管が長くなる場合は，伸縮継手（エキスパンションジョイント）を設ける。

(3) 玉形弁は，弁内で蒸気の流れはＬ字型になっている。

(4) 蒸気の流れが逆流したとき，蒸気の流れに直角に弁体がスライドして開閉し逆流を防ぐ弁を蒸気逆止め弁という。

解説

長い主蒸気管にエキスパンションジョイント（伸縮継手）を設けるのは，蒸気が通るときとそうでないときの温度差が非常に大きく配管にかなりの伸縮が発生するからです。伸縮継手を設けると，この伸縮を吸収することができます。

解答（2）

ドラム内部装置

1 気水分離器および沸水防止管

　ボイラー胴またはドラム内に設置される装置を<u>ドラム内部装置</u>といい，おもなものは<u>気水分離器</u>です。

　気水分離器は，<u>水滴と蒸気を分離</u>する装置で，ボイラーから出る蒸気中の水滴を取り去ると<u>乾き度の高い飽和蒸気</u>に，逆に水滴を取らないと<u>乾き度の低い湿り蒸気</u>になります。ボイラー胴の蒸気室頂部に直接主蒸気管の開口部を設けた場合，水滴が混じった蒸気が取り出されやすくなるため，乾き度の高い飽和蒸気を得られるように気水分離器を蒸気出口部に設けます。

　低圧ボイラーの胴またはドラム内には，気水分離器の一種の<u>沸水防止管</u>を設けます。

　高圧ボイラーの場合には蒸気密度が高く，蒸気と水の密度差が小さいので蒸気から水滴を分離しにくくなります。そこで波板を重ねた<u>スクラバ式気水分離器</u>や，複雑な機構の<u>遠心式の気水分離器</u>などを用います。

●**沸水防止管（気水分離器）**

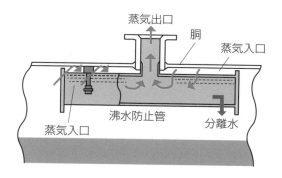

補 足

気水分離器
気水分離器は，サイクロンセパレータともいいます。

② 蒸気トラップ

蒸気使用設備や配管にたまったドレンを自動的に排出する装置のことを,蒸気トラップといいます。ドレンは蒸気が冷やされて水になったものを指し,蒸気トラップは蒸気をなるべく排出せずにドレンだけを排出することができるようになっています。蒸気トラップにはバケット式,フロート式,バイメタル式,ディスク式などの種類があります。

●**蒸気トラップの種類**

種類	仕組み
バケット式	バケットの浮き沈みによってトラップ弁(排出弁)を開閉し,ドレンを排出する
フロート式	ドレンがたまるとフロートが上がって弁を開き,ドレンを排出する
ディスク式	ドレンがたまるとトラップ内にあるディスク弁を押し下げてドレンを排出する
バイメタル式	バイメタルが蒸気とドレンの温度差によって作動する。ドレンがたまると,バイメタルが平板状になって排水弁を開いてドレンを排出する

●バケット式トラップ

バケット天井部のベント穴から蒸気が少しずつ漏れる構造です。バケットに蒸気が入ると浮力により本体上部に移動し,上部の排水弁は閉じます。しかし,ドレンが多く入り込むようになるとバケット内の蒸気がベント穴から排出されてバケットの浮力は失われていき,バケットが下部に移動して排水弁を開いてドレンが排出されます。バケット式はバケットの浮き沈みによりトラップ弁を開閉することでドレンを排出する仕組みとなっています。

●フロート式トラップ

ドレンがたまるとフロート(浮子)が浮力によって上がることで排水弁が開き,ドレンを排出します。バケット式,フロート式はどちらもドレンの温度効果を待たずに排出できる特徴を持っています。

●バケット式　　　　　　　●フロート式

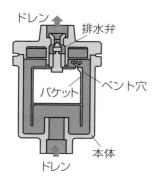

補足

ベント穴
蒸気を抜くためにある通気孔のことを, ベント穴, または単にベントといいます。

●バイメタル式トラップ

膨張係数の高い金属と低い金属を張り合わせたものを, バイメタルといいます。外側に膨張係数の高い金属, 内側に膨張係数の低い金属を張り合わせ, 温度の高い蒸気が入るとバイメタルがふくらんで排水弁を押し上げて閉じる構造です。逆にドレンが多くなるとバイメタルは収縮して排水弁が下がり, ドレンを排出します。バイメタル式はドレンの温度が下がらないと作動せず, 応答が遅れることがある点に注意が必要です。

●バイメタル式

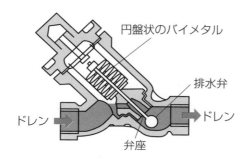

●ディスク式トラップ

ドレンがトラップ内の**ディスク弁を押し上げる力**を利用してドレンを排出します。排出後は上部の変圧室に蒸気が入り，圧力が上がって弁が押し下げられます。可動部分は平板状のディスクのみで，小型軽量の設計が可能です。管にダメージを与えるウォータハンマにも強い特徴があります。

●**ディスク式**

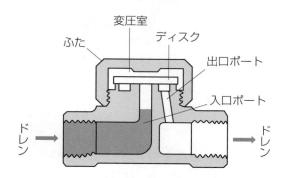

変圧室
ふた
ディスク
出口ポート
入口ポート
ドレン
ドレン

チャレンジ問題

問1

以下の記述のうち，正しいものはどれか。

(1) 水滴と蒸気を分離する気水分離器は，主蒸気管の開口部に設ける。

(2) 大径のパイプ上面の多数の穴から蒸気を取り込んで急速に方向転換させる構造の沸水防止管は気水分離器の一種で，高圧ボイラーの胴またはドラム内に設ける。

(3) 蒸気トラップは，配管や蒸気使用設備にたまったドレンを自動的に排出する装置である。

(4) 蒸気トラップのうち，ウォータハンマに強いのはバイメタル式である。

(解説)

蒸気トラップには，バケット式，フロート式，バイメタル式，ディスク式などの種類があります。それぞれの違いを理解しておきましょう。

解答 (3)

減圧装置

❶ 減圧装置の役割

　発生した蒸気の圧力と使用設備側での蒸気圧力との差が大きく，発生蒸気よりも低い圧力の蒸気が必要な場合や，使用設備側の蒸気圧力を一定にしたいときには，減圧装置を用います。つまり，1次側の圧力の高い蒸気流に圧力損失（抵抗）を与えて圧力を下げ，2次側の低い蒸気圧力にするのが減圧装置ということになります。

　減圧装置には減圧弁を使用するのが一般的で，入口側（1次側）の流量や圧力が一定ではなくても，出口側（2次側）の圧力はほぼ一定にキープされます。

補足 ▶

ダイヤフラム
非金属もしくは金属の弾性薄膜をダイヤフラムといいます。空気圧で動作する，圧力や液面，流量の調整弁として用いられています。

● **減圧装置の構造**

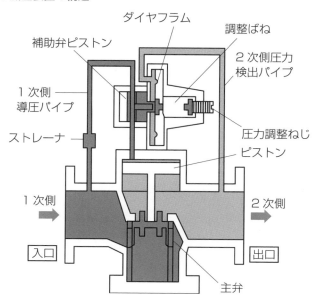

補助弁ピストン
ダイヤフラム
調整ばね
2次側圧力検出パイプ
1次側導圧パイプ
ストレーナ
圧力調整ねじ
ピストン
1次側
2次側
入口
出口
主弁

2 減圧弁

減圧装置には，減圧弁のほかにもオリフィスがあります。このオリフィス
は蒸気流に圧力損失を与えて入口（1次側）と出口（2次側）に圧力差を生
むため，配管径よりも小径の穴を開けた板を設けた簡単な減圧装置です。

基本的にオリフィスによる圧力損失は蒸気流量の2乗に比例します。しか
し，オリフィスの穴の大きさは変更できないので，低圧側の使用蒸気量の変
動にともない2次側の圧力が変動します。ときには1次側の圧力の変動が，
2次側の圧力の変動にも影響します。

こうしたことから，2次側の圧力変動を避けるため，減圧装置は一般的に
減圧弁が用いられます。

減圧弁は，2次側の圧力が一定になるように弁の開度を調整することがで
きる特徴を持っています。

●**減圧弁の取り付け例**

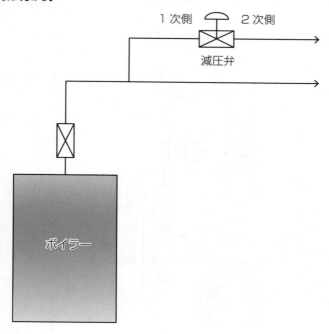

96

問1

以下の記述のうち，正しいものはどれか。

(1) 減圧装置は出口側（2次側）の圧力をほぼ一定にする装置で，使用設備側の蒸気圧力を一定にしたいときや発生蒸気よりも高圧力の蒸気が必要な場合に用いる。

(2) 減圧弁は，入口側（1次側）と出口側（2次側）の圧力をほぼ一定に保持する役割を持っている。

(3) オリフィスは配管径よりも小径の穴を開けた板を設けて蒸気流に圧力損失を与えて入口（1次側）と出口（2次側）に圧力差を生む仕組みとなっており，減圧装置では一般的に用いられている。

(4) オリフィスによる圧力損失は基本的に蒸気流量の2乗に比例するが，低圧側の使用蒸気量が変動すると2次側の圧力も変動する。

解説

オリフィスの穴の大きさは一定であるため，細やかな圧力調整ができない欠点があり，一般的には弁の開度を調整できる減圧弁が用いられています。

解答 (4)

問2

以下の記述のうち，正しいものはどれか。

(1) 発生した蒸気の圧力と使用設備側での蒸気圧力との差が大きく，発生蒸気よりも低い圧力の蒸気が必要，または使用設備の蒸気圧力を一定にしたい場合に減圧装置を用いる。

(2) 減圧装置には減圧弁を使用するのが一般的で，入口側（1次側）の流量や圧力が一定の場合のみ，出口側（2次側）の圧力はほぼ一定にキープされる。

(3) 減圧装置には，減圧弁のみがある。

(4) オリフィスは蒸気流に圧力損失を与えて入口側（1次側）と出口側（2次側）に圧力差を生むため，配管径よりも大きな穴をあけた板を設けた簡単な装置である。

解説

入口側（1次側）の流量や圧力が一定でなくても，出口側（2次側）の圧力はほぼ一定にキープされます。

解答 (1)

7 給水系統装置および吹出し装置

まとめ&丸暗記　この節の学習内容とまとめ

☐ 給水系統装置　　　　　　ボイラーに水を供給する設備

☐ 給水ポンプ　　　　　　　水に圧力を加えてボイラーに送水する設備

☐ デュフューザーポンプ　　遠心ポンプの一種。羽根車の外周部分にある案内羽根（ディフューザ）と渦巻き室で水の速度エネルギーを効率よく圧力エネルギーに変換する

☐ 渦巻ポンプ　　　　　　　案内羽根がないポンプ（低圧用ボイラー用）

☐ 渦流ポンプ　　　　　　　特殊な形をした羽根車が回転し, 少ない吐出量で高い揚程が得られる

☐ インゼクタ　　　　　　　蒸気をノズルから噴射し, その力でボイラーに給水
　（蒸気噴射式ポンプ）　　する装置

☐ 給水加熱器　　　　　　　廃蒸気などでボイラー給水を加熱する装置

☐ 給水弁　　　　　　　　　給水用の止め弁。ボイラーまたはエコノマイザの入口に設置

☐ 給水逆止め弁　　　　　　ボイラー水の逆流を防ぐための弁

☐ 給水内管　　　　　　　　小さな径の穴を数多く開け, 必ず安全低水面よりも低い位置に設置

☐ 吹出し（ブロー）装置　　ボイラーの給水に含まれる不純物が濃縮した沈殿物（スラッジ）を排出する装置

☐ 間欠吹出し装置　　　　　手動で胴底部の吹出し管からボイラー水の吹出しを行う。吹出し弁は仕切弁やＹ形弁を用いる

☐ 連続吹出し装置　　　　　ボイラー運転中, 連続的に少量のボイラー水を吹き出す装置。調節弁で行う

給水系統装置

1 ボイラーの給水系統

ボイラーに水を供給する設備を，給水系統装置といいます。おもな設備としては，ボイラー給水ポンプ，給水内管，給水弁および給水逆止め弁などがあります。

補足

ケーシング
外箱のことを，ケーシングといいます。

●ボイラーの給水系統

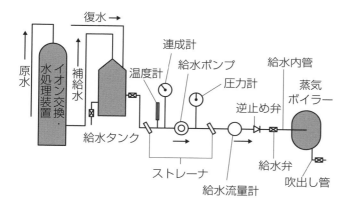

2 給水ポンプ

水に圧力を加えてボイラーに送水する設備を，ボイラー給水ポンプといいます。ボイラー給水ポンプには，一般的に遠心ポンプ（ディフューザポンプ，渦巻ポンプなど）が用いられますが，小容量のボイラーの場合には渦流ポンプが用いられることもあります。

遠心ポンプはケーシング内で羽根車を回転させ，遠心力により水に圧力と速度エネルギーを与えます。

●ディフューザポンプ

ディフューザポンプは遠心ポンプの一種で、**タービンポンプ**ともいいます。羽根車の外周部分に**案内羽根（ディフューザ）**があることに加え、渦巻状の吐出しケーシングである渦巻室により水の速度エネルギーを効率よく圧力エネルギーに変換することができます。案内羽根の段数を増やすとさらに圧力を高めることができるため、高圧ボイラーによく用いられます。

●ディフューザポンプ

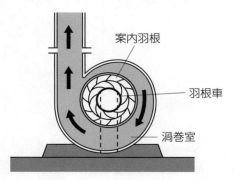

案内羽根

羽根車

渦巻室

●渦巻ポンプ

案内羽根がないポンプは渦巻ポンプといい、羽根車が速度エネルギーを与え渦巻室で圧力エネルギーに変換し、吐出口よりボイラーに送水します。おもに低圧用ボイラーに使用されます。

●渦巻ポンプ

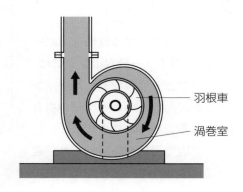

羽根車

渦巻室

●渦流ポンプ（円周流ポンプ）

渦流ポンプは，ケーシング内を特殊な形をした羽根車が回転することで圧力エネルギーを発生させます。この羽根車は円盤状の外周に羽根を有しており，少ない吐出量で高い揚程が得られます。そのため，小容量の蒸気ボイラーなどによく用いられています。

補足 ▶

案内羽根（ディフューザ）
水車の羽根車の周囲に配列された羽のことで，水車に落ちる水の方向や量を調節します。

●過流ポンプ（円周流ポンプ）

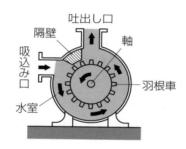

●インゼクタ（蒸気噴射式ポンプ）

蒸気をノズルから噴射する力を利用してボイラーに給水する装置がインゼクタです。水を蒸気の噴射力を活用して吸い上げ，蒸気を冷却して凝縮，水にするときの体積変化によって水の速度を加速，水を圧力に変えて加圧給水します。動力源が蒸気の圧力になるので給水圧力に限界があり，流量の調整が困難なため比較的低圧のボイラーの予備給水設備に利用されます。

●インゼクタ

混合ノズル　吐出しノズル
蒸気
蒸気ノズル
給水出口
給水入口

3 給水加熱器

廃蒸気などを利用してボイラー給水を加熱する装置を，給水加熱器といいます。給水に蒸気を注入する混合方式と，加熱管を用いる熱交換式があり，給水加熱器を使用するとボイラー効率を上昇させることができます。

4 給水弁および給水逆止め弁

ボイラーまたはエコノマイザの入口に設置する，給水用の止め弁を給水弁といいます。この場所には，給水逆止め弁も設けます。ボイラーの運転中に給水ポンプなどが故障して給水圧力がなくなった際，ボイラー水が給水ポンプへ逆流しないようにするためです。

給水弁はボイラー側に設けます。ボイラー水を保有し圧力を保ったままボイラーを停止するときに，給水逆止め弁だけではボイラー水の逆流を完全に閉止できないためです。

また，もし逆止め弁が故障した場合でも，給水弁を閉止すればボイラーの蒸気圧力を残した状態で逆止め弁を修理することが可能になります。

●給水弁と給水逆止め弁の取り付け位置

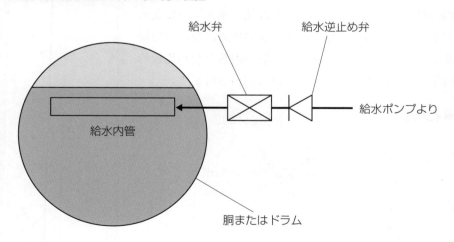

給水弁には，アングル弁もしくは玉形弁を用います。これらは，ともに開度調整が容易であることが特徴です。給水逆止め弁には，スイング式もしくはリフト式を用います。ボイラーからのボイラー水に対して弁座に弁体が押しつけられることで弁が閉まり，逆流を防ぐ仕組みとなっています。

●給水弁と給水逆止め弁

給水弁

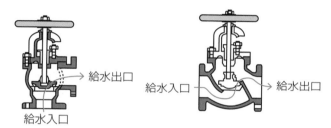

給水逆止め弁

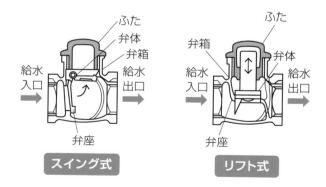

⑤ 給水内管

　給水内管は広範囲に給水できるよう，ボイラー胴もしくはドラムの**長手方向**に配置します。その理由としては，1箇所に低温の給水を行うとその付近だけボイラー水の温度が下がることで不同膨張により水の循環が乱れる恐れがあるためです。

　給水内管は水面上の蒸気部に給水が供給されないように，小さな径の穴を数多く開け，必ず**安全低水面よりも低い位置**に設置します。これは，給水の一部が蒸気で持ち出されないようにするためです。

　給水管内の特徴は，以下の通りです。

①取り付け位置が水面上になると蒸気を冷やしてしまうため，常に取り付け
　位置を水面下とし，安全低水面よりもやや下になるよう取り付けられる
②掃除の際などに取り外すため，取り外しがしやすい構造となっている

●**給水内管**

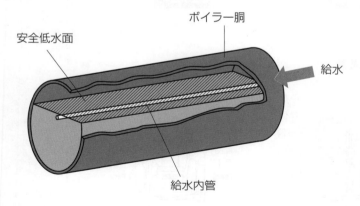

チャレンジ問題

問1

難　中　易

以下の記述のうち，正しいものはどれか。

(1) 給水系統装置はボイラーに水を供給する設備で，給水内管，給水弁，給水逆止め弁，ボイラー排水ポンプなどがある。

(2) デュフューザーポンプは，羽根車が速度エネルギーを与えて吐出口よりボイラーに送水するもので，おもに低圧用ボイラーに使用される。

(3) 蒸気の噴射力を活用して水を吸い上げるインゼクタは，おもに高圧ボイラーに使用される。

(4) 給水弁と給水逆止め弁を取り付けるときは，ボイラーよりも遠い側に給水逆止め弁，近い側に給水弁を取り付ける。

解説

ボイラーの蒸気圧力を残した状態で逆止め弁を修理できるようにするため，ボイラーに近い側に給水弁を取り付けます。

解答（4）

問2

難　中　易

以下の記述のうち，正しいものはどれか。

(1) ボイラー給水ポンプは水に圧力を加えてボイラーに送水する設備のことで，一般的に渦流ポンプなどの遠心ポンプが用いられ，小容量のボイラーの場合には渦巻ポンプが用いられることもある。

(2) 渦流ポンプは羽根車の外周部分に案内羽根があり，加えて渦巻室があるため水の速度エネルギーを効率よく圧力エネルギーに変換できる。

(3) ボイラー給水を加熱する給水加熱器には，混合方式と熱交換式がある。

(4) 給水用の止め弁である給水弁には，アングル弁のみを用いる。

解説

混合方式は給水に蒸気を注入するもので，熱交換式は加熱管を用います。給水加熱器を使用すると，ボイラーの効率が上昇します。

解答（3）

吹出し（ブロー）装置

1 吹出し（ブロー）装置とは

　ボイラーの給水には，不純物が含まれています。蒸気はボイラーの外へ出て行きますが不純物は排出されずに残るため，水中に濃縮されて沈殿物（スラッジ）となります。ボイラー水の中の不純物濃度を下げて沈殿物をたまりにくくすることや，胴またはドラムの底部に吹出し管を取り付けボイラー水を吹き出すことで沈殿物を排出する必要があります。吹出し（ブロー）装置には間欠吹出し装置と連続吹出し装置があります。

●吹出し（ブロー）装置

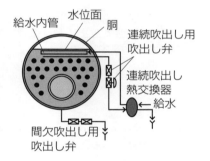

2 吹出し弁（間欠吹出し装置）

　胴底部に設置された吹出し管を利用して手動でボイラー水の吹出しを行う装置を，間欠吹出し装置といいます。吹出し弁は流れが一直線になる仕切弁やＹ形弁を用い，アングル弁や玉形弁は避けます。その理由として，この2つの弁は流体の流れが弁内で変わるので，沈殿物をかむと故障の原因になるからです。

　吹出し弁は一般的に，Ｙ形弁2個あるいはＹ形弁1個と仕切弁1個，あるいはＹ形弁1個と吹出しコック1個を取り付けます。コックは，小容量のボイラーによく用いられます。

●吹出し弁（仕切弁，Y形弁）

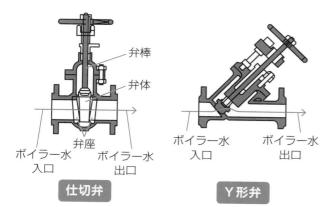

弁棒
弁体
弁座
ボイラー水入口
ボイラー水出口

仕切弁

ボイラー水入口
ボイラー水出口

Y形弁

補足 ▶

スラッジ
ボイラー水の中に存在するマグネシウムやカルシウムなどが加熱により分解されて生じた沈殿物のことをスラッジといいます。スラッジは，ボイラー水の濃縮や弁の故障といった害を引き起こします。

　通常，仕切弁やコックは全閉または全開で使用するため，吹出し量の調整として中間開度が可能なY形弁を使用します。

　弁などが故障してボイラー水が流出するのを防ぐため，最高使用圧力1MPa以上の蒸気ボイラー（ただし移動式ボイラーは除外）は取り付けを工夫します。吹出し弁2個以上，もしくは吹出し弁1個と吹出しコックそれぞれ1個以上を直列に取り付けます。

●吹出しコック

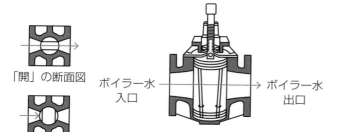

「開」の断面図

「閉」の断面図

ボイラー水入口
ボイラー水出口

●吹出しコックの操作

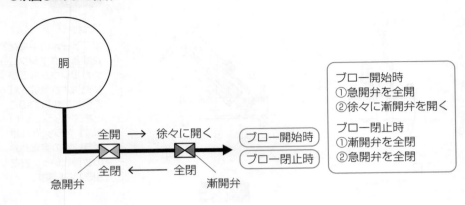

3 連続吹出し

　ボイラー水における不純物の濃度を一定にするために，ボイラー運転中に連続的に少量のボイラー水を吹き出す装置を，連続吹出し装置といいます。

　連続吹出しは調節弁で行い，水面近くには吹出し管と吹出し内管を取り付けます。連続的に吹出し水（ブロー水）とその熱を排出することで，連続的に送られるボイラー給水を熱交換できるため，熱回収が容易になる特徴があります。そのため，大容量のボイラーに多く採用されています。

●吹出し装置の取り付け位置

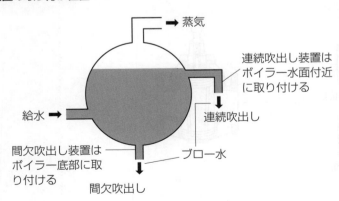

問1

難　中　易

以下の記述のうち，正しいものはどれか。

(1) ボイラーの給水には不純物が含まれるが，胴またはドラム底部に沈殿物を排出する吹出し装置を取り付けているため，ボイラー水中の不純物濃度を気にする必要はない。

(2) 間欠吹出し装置は，胴底部に設置して手動でボイラー水の吹出しを行う。吹出し弁には，Y形弁もしくは仕切弁を用いる。

(3) 弁などの故障でボイラー水の流出を防ぐため，吹出し弁3個以上，もしくは吹出し弁1個と吹出しコック1個以上を直列に取り付ける。

(4) 連続吹出しは調節弁で行い，ボイラー底面に吹出し管と吹出し内管を取り付ける。

解説

アングル弁や玉形弁を使用しないのは，弁内で流体の流れが変わることで沈殿物を噛んでしまい，故障の原因になるからです。

解答 (2)

問2

難　中　易

以下の記述のうち，正しいものはどれか。

(1) ボイラー水中の不純物濃度を限りなく0に近づければスラッジはほとんど発生しないため，排出装置は必要ない。

(2) 移動式ボイラーを除く最高使用圧力1MPa以上の蒸気ボイラーでは吹出し弁2個以上，または吹出し弁1個と吹出しコックをそれぞれ1個以上並列に取り付ける。

(3) 連続吹出し装置を用いると，熱回収が容易になる。

(4) 吹出し装置には，連続吹出し装置と直接吹出し装置がある。

解説

熱回収が容易になるのは，連続的に吹出し水（ブロー水）とその熱を排出することで連続的に送られるボイラー給水を熱交換できるからです。

解答 (3)

8 温水ボイラーと暖房用蒸気ボイラーの各附属品

まとめ&丸暗記　この節の学習内容とまとめ

☐ 温水ボイラーの附属品	水高計, 温度計, 逃がし管, 逃がし弁など
☐ 水高計	温水ボイラーの圧力を測定する計器
☐ 温度計	温水の温度を測定する計器
☐ 温水ボイラーの安全装置	膨張タンク, 逃がし管, 逃がし弁
☐ 膨張タンク	ボイラー水の体積膨張分を吸収する（密閉形, 開閉型）
☐ 逃がし管	開放形膨張タンクで膨張したボイラー水を自動的に膨張タンクへと逃がす
☐ 温水循環装置	蒸気暖房用ボイラーや温水暖房用ボイラーシステムで放熱後に温度が下がった温水や凝縮水を循環させ, ボイラーに給水するシステム（温水循環ポンプ, 凝縮水給水ポンプ, 真空給水ポンプ）
☐ 温水循環ポンプ	温水ボイラーで発生した温水を放熱器に送る役割, または放熱後の温水を再びボイラーに戻すための役割を持つポンプ
☐ 真空給水ポンプ	真空ポンプと給水ポンプによって構成され, 蒸気暖房装置に用いるポンプ
☐ 凝縮水給水ポンプ	凝縮水が自らの重さで凝縮水槽まで自然流下する重力還水方式の蒸気ボイラーで用いられるポンプ

温水ボイラーの附属品

1 温水ボイラー

温水ボイラーにはさまざまな附属品があります。圧力，温度を測定する水高計や温度計のほか，圧力の過昇を防ぐ逃がし管や逃がし弁などが取り付けられます。

2 水高計

温水ボイラーの圧力を測定する計器のことを，水高計といいます。これは蒸気ボイラーにおける圧力計に相当します。水高計の目盛は圧力計と同様のMPa表示が多く，ほかにもm水柱（10m水柱は0.1MPa）で表示する方法があります。

3 温度計

温度計は，温水ボイラーだけでなく圧力ボイラーでも使用されます。一般的に，水高計と温度計が組み合わされた温度水高計が用いられています。

●温度水高計の例（前面図）

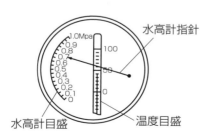

水高計指針

水高計目盛

温度目盛

4 膨張タンクと逃がし管および逃がし弁

温水ボイラーの安全装置には，膨張タンク，逃がし管，逃がし弁があります。膨張タンクはボイラー水の体積が膨張した分を吸収する役目があり，密閉形と開閉形の2種類があります。

逃がし管は膨張したボイラー水を自動的に膨張タンクへと逃がすもので，高所に設置した開放形膨張タンクに直結します。逃がし管は，蒸気ボイラーにおける安全弁に相当します。

密閉形膨張タンクでは膨張した水が開放されないので，逃がし弁は温水ボイラーに直接取り付けます。逃がし弁も，蒸気ボイラーにおける安全弁に相当します。構造は，ばね式安全弁とほぼ同様です。

●逃がし管（開放形膨張タンク連結）

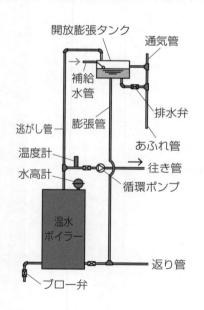

●ボイラーに取り付けた逃がし弁
（密閉形膨張タンク連結）

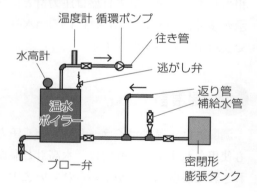

問1

難　中　**易**

以下の記述のうち, 正しいものはどれか。

(1) 温水ボイラーの附属品には温度計, 逃がし管, 水高計, 安全弁などがある。

(2) 温水ボイラーの圧力を測る水高計がm水柱で表示されている場合, 10m水柱は0.1MPaを意味する。

(3) 温水ボイラーの安全装置のひとつに膨張タンクがあるが, 膨張した分のボイラー水を吸収する役割を持つ。その種類には密閉形, 開放形, 半開放形がある。

(4) 逃がし弁は温水ボイラーに直接取り付け, 膨張したボイラー水を自動的に膨張タンクへと逃がす逃がし管は低所に設置する。

解説

水高計は蒸気ボイラーにおける圧力計に相当するもので, MPaもしくはm水柱で表示されます。

解答 (2)

問2

難　中　**易**

以下の記述のうち, 正しいものはどれか。

(1) 温水ボイラーでは, 圧力ボイラーで用いられている温度水高計ではなく, 水高計と温度計を単体で使用する。

(2) 温水ボイラーに用いる逃がし管は, 膨張したボイラー水を膨張タンクへと自動で逃がす。

(3) 温水ボイラーの密閉形膨張タンクでは, 温水ボイラーに直接安全弁を取り付ける。

(4) 水高計は, m水柱ではなくMPa表示のものを使用しなければならない。

解説

逃がし管は蒸気ボイラーにおける安全弁に相当するもので, 高所に設置した開放形膨張タンクに直結するように設けます。

解答 (2)

温水循環装置

1 温水循環装置の役割

　蒸気暖房用ボイラーや温水暖房用ボイラーシステムでは，ボイラーで発生した温水や蒸気を放熱器に送ります。そして放熱後に温度が下がった温水や凝縮水を循環させ，ボイラーに給水します。そのための装置が温水循環装置で，温水循環ポンプ，真空給水ポンプ，凝縮水給水ポンプがあります。

2 温水循環ポンプ

　温水ボイラーで発生した温水を放熱器に送る役割，もしくは放熱後の温水を再びボイラーに戻すための役割を持つポンプのことを温水循環ポンプといいます。

　一般的には温水循環ポンプは送り出し側に設けますが，返り管側に設けることもあります。また温水循環ポンプは通常，軸流ポンプもしくは渦巻ポンプを用い，強制循環式を採用することが多い特徴があります。

●温水循環ポンプ設置例

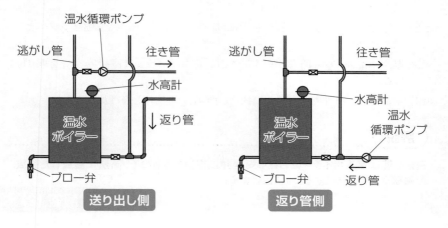

3 真空給水ポンプ

　真空ポンプと給水ポンプによって構成され，蒸気暖房装置に用いるポンプを真空給水ポンプといいます。給水ポンプと真空ポンプは受水槽と一体化しているのが特徴です。

　真空給水ポンプは，まず真空ポンプで受水槽と返り管内を真空にして蒸気の凝縮水を受水槽に吸引，次に給水ポンプで凝縮水をボイラーへと押し込んでいく構造になっています。

補足 ▶

凝縮水
蒸気が水に戻った状態のものを凝縮水といいます。

●**真空給水ポンプ**

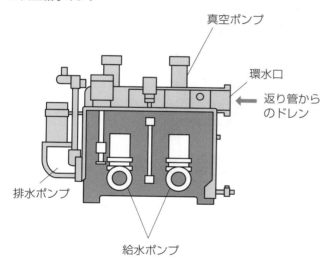

真空ポンプ

環水口

← 返り管からのドレン

排水ポンプ

給水ポンプ

4 凝縮水給水ポンプ

　重力還水方式の蒸気ボイラーには，凝縮水給水ポンプが用いられます。放熱器に送気された蒸気は，放熱器で熱を放散し，復水（密度の大きな凝縮水）となります。

　この凝縮水は自らの重さで凝縮水槽まで自然流下しますが，こうした凝縮水の還元方式が重力還水方式です。凝縮水を凝縮水槽からボイラーへ押し込むために使用されます。

●凝縮水給水ポンプ

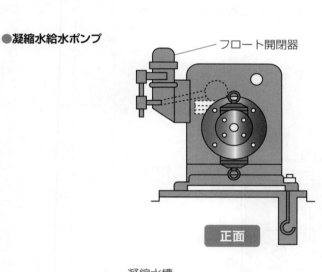

フロート開閉器

正面

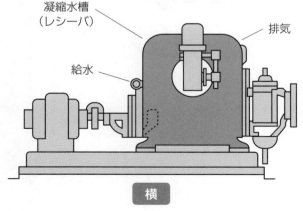

凝縮水槽
（レシーバ）

排気

給水

横

問1

難　中　**易**

以下の記述のうち, 正しいものはどれか。

(1) 蒸気暖房用ボイラーや温水暖房用ボイラーシステム用の温水循環装置には温水循環ポンプ, 凝縮水給水ポンプ, 真空給水ポンプがある。

(2) 温水ボイラーで発生した温水を放熱器に送る, もしくは放熱後の温水を再びボイラーに戻す役割を持つ温水循環ポンプは, 返り管側のみに設ける。

(3) 温水循環ポンプは軸流ポンプもしくは渦流ポンプを用い, 自然循環式を採用することが多いといった特徴がある。

(4) 真空給水ポンプは, 真空ポンプと排水ポンプによって構成されている。

解説

温水循環装置は, 放熱後に温度が下がった温水や凝縮水を循環させ, ボイラーに給水するものです。

解答 (1)

問2

難　**中**　易

以下の記述のうち, 正しいものはどれか。

(1) 真空給水ポンプにおける給水ポンプと真空ポンプは, 受水槽から独立して存在している。

(2) 真空給水ポンプは, 凝縮水を給水ポンプでボイラーへと押し込む前に真空ポンプで受水槽と返り管内を真空にして, 蒸気の凝縮水を受水槽に吸引する。

(3) 蒸気ボイラーにおける重力還水方式とは, 凝縮水を温水循環ポンプで凝縮水槽まで押し込む方法である。

(4) 重力還水方式の蒸気ボイラーで, 凝縮水を凝縮水槽からボイラーへ押し込むために使用されるのは真空ポンプである。

解説

真空給水ポンプの給水ポンプと真空ポンプは受水槽と一体化している構造となっており, 真空ポンプで蒸気の凝縮水を受水槽に吸引したあと, 給水ポンプで凝縮水をボイラーへと押し込む形となっています。

解答 (2)

9 附属設備

　この節の学習内容とまとめ

☐ ボイラーの附属設備	過熱器, エコノマイザ, 空気予熱器, スートブロワ
☐ 附属設備の配置	ドラム側から順に過熱器, エコノマイザ, 空気予熱器を配置する
☐ 過熱器	飽和蒸気の温度をさらに上げて過熱蒸気にする
☐ エコノマイザ	排ガスの余熱を回収して給水の予熱に利用することでボイラー効率を高く保つ
☐ 空気予熱器	煙道ガスの余熱を利用して燃焼用空気を予熱する装置。燃料消費量が少なくて済む一方, 窒素酸化物（NOx）の発生が多く, 通風抵抗が大きいデメリットもある
☐ 鋼管式空気予熱器	管の内部もしくは外側に燃焼ガスを, 反対側には燃焼用空気を通して鋼管を通じて熱交換を行う
☐ プレート式空気予熱器	鋼板の隙間に燃焼ガスと空気を交互に通して熱交換を行う
☐ 回転再生式空気予熱器	燃焼ガスで過熱された伝熱エレメントが回転移動する
☐ スートブロワ	ボイラーの運転中にダストやすすを除去する装置
☐ 回転式スートブロワ	取り付けられた場所で回転しつつ多数の噴射ノズルから蒸気や空気を噴射する。ガス温度が比較的低い部分に使用
☐ 抜き差し式スートブロワ	先端に2個の噴射ノズルを持ち, 回転しつつ前後退しながら蒸気や空気を噴射する。高温ガスが通過する部分に使用

ボイラーの附属設備

① 附属設備の位置

　ボイラーの附属設備でおもなものは過熱器，エコノマイザ，空気予熱器，スートブロワがあります。過熱器は過熱蒸気を作る，エコノマイザと空気予熱器は排ガスの余熱を回収する，スートブロワは伝熱面に付着したすすを取り去るといった役割があります。

　排ガスの余熱を利用する場合，各装置をドラムに近い方から熱量が必要な順に，過熱器→エコノマイザ→空気予熱器の順番で配置します。

　過熱器は，飽和蒸気を加熱して過熱蒸気にするのに大きな熱量が必要なため，燃焼ガス（排ガス）の温度が高いうちに過熱器でガスを利用します。

　過熱器の次にエコノマイザを配置するのは，水と空気を温めるには水の方が熱量を必要とするためです。

　そして最後に，空気予熱器を配置します。

補足

エコノマイザの法令用語
煙道ガスの余熱を利用してボイラーの給水を予熱する設備をエコノマイザといいますが，法令用語では節炭器と表記されます（P.3，5，121参照）。

●附属設備の機能

附属設備名称	過熱器	エコノマイザ	空気予熱器	スートブロワ
機能	高温燃焼ガスを用いて蒸気を過熱	排ガスの余熱を用いてボイラー給水を予熱	排ガスの余熱を用いて燃焼用空気を予熱	伝熱面に付着したすすを取り除く
加熱側	燃焼ガス	燃焼ガス	燃焼ガス	——
被加熱側	蒸気	給水	燃焼用空気	——

2 附属設備の配置順

附属設備は，ドラムに近い側より**大きな熱量が必要なものから順に**過熱器，エコノマイザ，空気予熱器を配置していきます。下図のような水管ボイラーの場合，燃焼ガスの温度が高いうちにこの大きな熱量のガスを過熱器で利用して**飽和蒸気**を**過熱蒸気**にします。このあとはエコノマイザと空気予熱器の順に配置しますが，先にエコノマイザを置くのは水を温める方が空気を暖めるよりも大きな熱量を必要とするためです。

●**水管ボイラーの附属設備の配置順例**

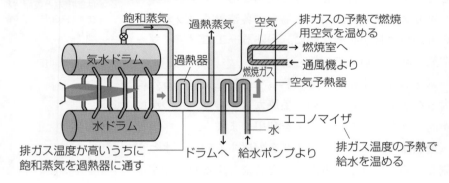

3 過熱器（スーパーヒーター）

過熱器は，蒸気ドラムから出てきた飽和蒸気の温度をさらに上げて過熱蒸気にする役割を持ちます。火炉出口に近い**燃焼ガス温度の高いゾーン**に設けられ，熱効率を上げるだけでなく省エネ化も果たします。

●**過熱器**

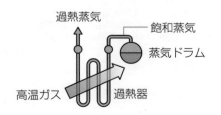

4 エコノマイザ（節炭器）

　排ガスの熱量は，ボイラーの熱損失のうちで最大のものとなります。エコノマイザはこの排ガスの余熱を回収して給水の予熱に利用します。こうすることで，ボイラー効率を高く保つことができます。つまり，ボイラーの排ガスを給水と熱交換することで排ガス温度を下げることがエコノマイザの役割です。ボイラーの排ガス温度が下がると排ガスがボイラー外へ持ち出す熱量が少なくなり，ボイラー効率が向上して燃料が節約できます。

　エコノマイザには鋼管形と腐食に強い鋳鉄管形の2種類があり，管には平滑管とひれ付き管があります。

　エコノマイザを設置すると，燃焼ガスが通過する伝熱面が増えることで通風抵抗が増加します。そのため，通風力を増やす工夫としてファン能力の検討が必要になり，また，通風機の消費電力が増加することがあります。エコノマイザは，燃焼ガス中に生成される硫黄ガスと，排ガス温度や給水温度によって低温腐食を起こすことがあるので注意が必要です。

●エコノマイザの原理

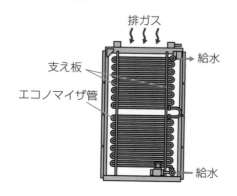

通風
煙道や炉を通して発生する，空気や燃焼ガスの流れのことを通風といいます。

平滑管
外面に何も設けていない管を，平滑管といいます。

ひれ付き管
管の外周にひれを設けた管を，ひれ付き管といいます。

5 空気予熱器（エアプレヒーター）

　燃焼用空気を予熱する装置を，空気予熱器といいます。煙道ガスの余熱を利用するため，ボイラーの排ガス温度を下げることが可能となります。これによりボイラー効率が上昇し，燃料の消費量は少なくてすみます。

　空気予熱器には，エコノマイザと同じように排ガスの余熱を回収して燃焼用空気の予熱を行うものと，蒸気を熱源とするものがあります。この，空気を蒸気で予熱する空気予熱器のことを，蒸気式空気予熱器といいます。

●空気予熱器のメリット

①ボイラーの排ガス温度を下げるため，エコノマイザと同様にボイラー効率が向上する

②炉内に供給される燃焼用空気温度が上がるため，燃焼室温度が上昇し炉内での放射伝熱量が増加することにより炉内伝熱管での熱吸収量が増加する

③燃料の燃焼反応が促進されるため，燃焼状態が良好になる

④空気予熱により高温の空気が燃焼室に供給されるため，水分の多い低品位燃料の燃焼に有効

●空気予熱器のデメリット

①燃焼温度の上昇によって燃料中の窒素分と空気中の窒素分が酸素と結びつき，刺激臭のある有害物質の窒素酸化物（NOx）が生成されやすくなる

②空気予熱器を設けることで通風抵抗が大きくなる

③燃料に含まれる硫黄分と排ガス温度，空気温度との関係で低温腐食を起こすことがある

6 空気予熱器の構造

　燃焼用空気の予熱には，ボイラー排ガスの余熱を利用するためボイラー排ガス温度が低くなり，ボイラー効率は上昇します。低温腐食を防止するには蒸気式空気予熱器を用います。

　空気温度をあらかじめ蒸気式空気予熱器で上げておき，この空気を空気予熱器の空気入口側に供給して，排ガスと接触する空気予熱器の金属温度を上昇させるために使用されます。

　空気予熱器には熱交換式があり，鋼管もしくは鋼板を伝熱面として燃焼ガスの熱を燃焼用空気に伝達します。鋼管式空気予熱器は管の内部または外側に燃焼ガスを，反対側には燃焼用空気を通して鋼管を通じて熱交換を行います。

補足 ▶

空気予熱器の利点
①ボイラー効率が上昇する②燃焼状態が良好になる③燃焼室内温度が上昇して伝熱効果も良好になる④水分の多い低品位燃料の燃焼に有効

●**鋼管式空気予熱器**

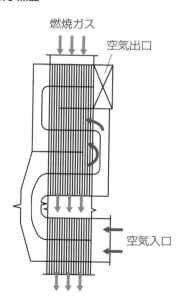

燃焼ガス

空気出口

空気入口

プレート式空気予熱器は，鋼板の隙間に燃焼ガスと空気を交互に通して熱交換を行います。

●プレート式空気予熱器

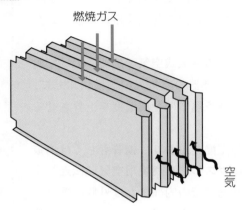

　また，回転再生式空気予熱器もあります。これは，燃焼ガスで過熱された伝熱エレメントが回転移動することで燃焼用空気と接して排ガスの余熱を回収し，空気を予熱する仕組みとなっています。

●回転式（再生式）空気予熱器

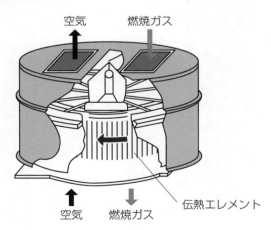

7 スートブロワ（すす吹き装置）

ボイラーの運転中にダストやすすを除去する装置を
スートブロワといい，回転式と抜き差し式があります。

ダストやすすは伝熱面の燃焼側に付着しているの
で，伝熱面上に蒸気もしくは空気を噴射します。ダス
トやすすを取り除くと，燃焼ガス側の通風抵抗の増加
や熱吸収の低下を防ぐことができます。

回転式スートブロワは回転しつつ多数の噴射ノズル
から蒸気や空気を噴射します。抜き差し式スートブロ
ワは一般的に先端に2個の噴射ノズルを持ち，回転し
つつ前進後退をしながら蒸気や空気を噴射します。

補足 ▶

**スートブロワの
操作上の注意点**
①できるだけ最大負
荷よりやや低いとこ
ろで行う②燃焼量の
低い状態で行わない
③1箇所に長く吹き
付けない④ドレンを
十分に抜いておく

チャレンジ問題

問1   難　中　**易**

以下の記述のうち，正しいものはどれか。

(1) ボイラーのおもな附属設備には，エコノマイザ，空気予熱器，スートブロワが
あり，エコノマイザには伝熱面に付着したすすを除去する役割がある。

(2) 附属設備は，ドラム側から遠い順に空気予熱器，エコノマイザ，過熱器を配
置する。

(3) 過熱器は，過熱蒸気の温度をさらに上げて飽和蒸気にする装置である。

(4) 空気予熱器は二酸化炭素が多く発生し，通風抵抗が小さくなることでボイ
ラー効率が落ちるデメリットがある。

解説

**ドラム側からだと過熱器，エコノマイザ，空気予熱器の順番に配置します。これは，
大きな熱量が必要なものから順番に並べる形となっています。**

解答 (2)

10 自動制御

　この節の学習内容とまとめ

☐ ボイラーの自動制御	安定した運転の継続（温度，蒸気圧力，水位を一定に保つ），ボイラー運転の効率化
☐ 自動制御の働き	出力エネルギーが変化する際のボイラー水位や蒸気圧力などの変化量を検出し，許容範囲内になるように入力側の給水量や燃料量を変える
☐ 制御量	ボイラー水位や蒸気圧力を一定範囲内に抑える量
☐ 操作量	制御量のために操作する量
☐ 温水温度を一定に保つ	燃料量および燃焼用空気量を操作する
☐ ボイラー水位を一定に保つ	蒸気発生量に見合う給水量になるよう調整する
☐ 炉内圧力を一定に保つ	誘引ファンで排出ガスを操作する
☐ 空燃比を一定に保つ	燃料量と燃焼用空気量を操作する
☐ 自動燃料制御	燃焼空気量と燃料量操作で蒸気圧力を制御する回路
☐ フィードバック制御	操作で得られた制御量の値を目標値と比較し，その差が小さくなるように調整を繰り返していく制御方法
☐ シーケンス制御	順を追って制御段階を進めていく方法
☐ ボイラーの蒸気圧力制御	オン・オフ式蒸気圧力調節器，比例式蒸気圧力調節器
☐ ボイラーの温度制御	オン・オフ制御もしくは比例制御とオン・オフ制御
☐ ボイラーの水位制御	単要素式，2要素式，3要素式
☐ 水位検出器	ボイラー水位を検出（フロート式，電極式）
☐ 熱膨張管式水位調整装置	熱膨張管（金属管）の性質を利用した水位調整装置
☐ ボイラーの燃焼制御	信号に応じて燃料量を調節し，これにともない燃焼用空気量の加減によって空燃比を最適に保つ
☐ 燃焼安全装置	燃焼が原因で生じるボイラー事故を防止し，さらに自動制御装置の一部として組み入れる制御装置

ボイラーの自動制御

1 ボイラーの自動制御の役割

　ボイラーにおける自動制御は，温度，蒸気圧力，水位を一定に保つことで安定した運転を継続させることが目的です。自動化によりボイラー運転の効率化が実現でき，省力化や燃料の節約が可能となります。

　ボイラーでは，出力エネルギー（温水量や蒸気量など）の変化にともない，温度，水位，蒸気圧力が変化します。こうした動きを一定に保つには，入力エネルギー（給水量や燃料量など）の調整が不可欠です。

　この入出力エネルギーのバランスを保つ操作がボイラー制御で，これらの操作を機械に担当させることが自動制御となります。自動制御にはフィードバック制御とシーケンス制御の2種類がありますが，実質的にはこの2つを組み合わせて運用しています。

●ボイラーに出入りするエネルギー

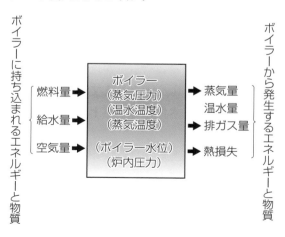

2　制御量および操作量

　ボイラーを安定した状態で運転するには，入出力エネルギーのバランスを取る必要があります。自動制御では，出力エネルギーが変化する際のボイラー水位や蒸気圧力などの変化量を検出し，許容範囲内になるように入力側の給水量や燃料量を変えています。

　このボイラー水位や蒸気圧力を一定範囲内に抑えるべき量を制御量といいます。そのために操作する量は操作量といい，制御量と操作量の組み合わせは以下のようになります。

●制御量と操作量の組み合わせ

	制御量	操作量
①	ボイラー水位（ドラム水位）	給水量
②	蒸気圧力	燃料量および空気量
③	蒸気温度	過熱低減器の注水量または伝熱量
④	温水温度	燃料量および空気量
⑤	炉内圧力	排出ガス量
⑥	空燃比	燃料量および空気量

●ボイラー水位の制御量に対する操作量は給水量（表の①）

ボイラー水位を一定に保つには，蒸気発生量と給水量が一致していることが必要で，蒸気発生量に見合う給水量になるよう調整します。蒸気発生量に対して給水量が少ない（多い）と，ボイラー水位は低下（上昇）します。

●蒸気圧力の制御量に対する操作量は燃料量および燃焼用空気量（表の②）

必要蒸気量が増加（減少）したとき，燃料量が一定である場合は蒸気圧力は下降（上昇）するため，蒸気量の要求量に応じて燃料量を増減する操作で蒸気圧力を一定に保ちます。また，燃焼用空気量の増減操作を行えば燃料量の

増減を一定に保つことが可能となります。つまり，蒸気圧力の制御には，燃料量および燃焼用空気量の操作が必要となります。

●蒸気温度の制御量に対する操作量は，過熱低減器への注水量または過熱器への伝熱量（表の③）
過熱蒸気温度を調整する減温器を過熱低減器といい，蒸気温度を一定に保つには過熱低減器への水の注入量の増減と，過熱度を高めにした蒸気温度を下げる度合いを調節する必要があります。もしくは，過熱器を通る燃焼ガス量を調整することで過熱器での伝熱量を変化させます。

●温水ボイラーの温水温度に対する操作量は，燃料量および燃焼用空気量（表の④）
温水ボイラーで温水温度を一定に保つには，燃料量および燃焼用空気量を操作します。温水使用量が増加すると温水温度が下降しはじめるので，燃料量と燃焼用空気量を増やし，温水使用量が減少した際には温水温度が上昇しないよう燃料量と燃焼用空気量を減らします。

●炉内圧力の制御量に対する操作量は排出ガス量
（表の⑤）
炉内圧力を一定に保つには，誘因ファンで排出ガスを操作します。火炉に燃料用空気を押込みファンで供給，燃焼排ガスを誘引ファンで吸引して炉内圧力を大気圧より少しだけ低く保ちます。

補足 ▶

空燃比
空気と燃料の割合を，空燃比といいます。空気重量÷燃料重量＝空燃比となります。

●空燃比の制御量に対する操作量は燃料量および燃焼用空気量（表の⑥）

空燃比を一定に保つには，燃料量と燃焼用空気量を操作します。燃料量と燃焼用空気量の比である空燃比は，燃料量を変化させたとき，これにともなって燃焼用空気量も変化させる必要があります。

3 自動燃料制御と自動ボイラー制御割

　燃焼空気量と燃料量の操作により蒸気圧力を制御する回路を，自動燃料制御（ACC）といいます。低圧ボイラーの場合には水位，蒸気圧力，炉内圧力など，それぞれに独立した制御回路を設けて操作することが多くなっています。

　一方，高圧大容量ボイラーは蒸発量に比べボイラー内保有水量が少なく，保有水量の安定には燃焼制御と給水制御を同時にする必要があります。そこで各制御回路を結合した自動ボイラー制御（ABC）が用いられます。

チャレンジ問題

問1　　　　　　　　　　　　　　　　　難　中　易

以下の記述のうち，正しいものはどれか。

(1) ボイラーの自動制御は，安定した運転を継続させるために水位，蒸気圧力，温度を一定に保つことが目的である。

(2) ボイラーの自動制御はフィードバック制御のみである。

(3) 温水ボイラーで蒸気発生量と給水量を操作すると，温水温度を一定に保てる。

(4) 燃焼空気量と燃料量を操作して蒸気圧力を制御する回路を自動燃料制御といい，高圧大容量ボイラーには独立した制御回路がよく用いられている。

解説

ボイラーの安定した運転を実現するには，入出力エネルギーのバランスを保つ自動制御が不可欠です。これにより，効率化，省力化，燃料の節約が可能になります。

解答（1）

フィードバック制御

① フィードバック制御とは

　ボイラーには，水位，圧力，温度などを一定に保つ方法としてフィードバック制御があります。これは，操作によって得られた蒸気圧力，温度，水位などの制御量の値を目標値と比較して，その差が小さくなるように調整を繰り返していく制御のことをいいます。

　使用先の蒸気必要量によってボイラーの圧力は変化しますが，目標の蒸気圧力と蒸気必要量の変動によって発生した圧力差がなくなるよう，燃料量と燃焼用空気量を調整して制御します。

　言い換えれば，操作によって得られた制御量の値と目標値との偏差を小さくするために行う制御です。

補足

ACC
Automatic-
Combustion-
Controlの略。

ABC
Automatic-
Boiler-
Controlの略。

偏差
実際の制御量と目標とする制御量との差を，偏差といいます。

●フィードバック制御の基本的な構成

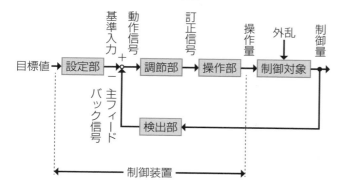

2 フィードバック制御の動作方式

　フィードバック制御の動作方式には，オン・オフ動作（２位置動作），ハイ・ロー・オフ動作（３位置動作），比例動作（Ｐ動作），積分動作（Ｉ動作），微分動作（Ｄ動作）の５種類があります。

●オン・オフ動作（２位置動作）
オン・オフ動作は蒸気圧力制御の場合，燃焼をオンにして圧力を上げていき，設定圧力よりも高くなったところで燃焼をオフに切り替える，つまり燃焼のオン・オフによって圧力を一定に保ちます。ただし，設定圧力でのオン・オフは機械的，電気的に負荷がかかるので，制御量の値方一定の幅をずらして作動させます。この制御量における変化の幅を，動作すき間といいます。この動作すき間が少ないと，オン・オフ動作が頻繁に発生し，制御装置に大きな負荷がかかります。オン・オフ動作は，比較的小容量のボイラー圧力や温度，水位などの制御に用いられます。

●オン・オフ動作の例

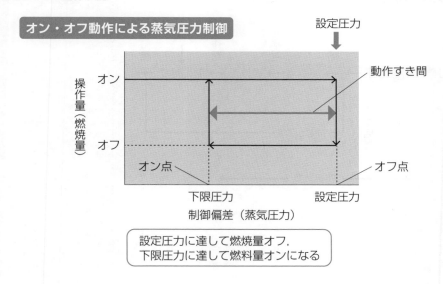

オン・オフ動作による蒸気圧力制御

設定圧力

操作量（燃焼量）

オン

オフ

動作すき間

オン点

オフ点

下限圧力

設定圧力

制御偏差（蒸気圧力）

設定圧力に達して燃焼量オフ，
下限圧力に達して燃料量オンになる

●ハイ・ロー・オフ動作（3位置動作）

設定圧力を2段階に分ける制御方法を，ハイ・ロー・オフ動作といいます。燃焼量を低燃焼，高燃焼に切り替えて燃焼量を調整，さらに圧力が上昇して設定圧力に達したとき，リミットスイッチを用いて燃焼を停止させます。この制御では，高燃焼の状態など操作量が高い（ハイ）状態，低燃焼の状態など操作量が低い（ロー）状態，そしてオフのいずれかの状態になります。たとえば，ある程度高い制御量があるときには，操作量がオフ（0％）の状態とロー（30～50％）の状態でオン・オフとなります。逆にある程度低い制御量しかないときには，操作量はハイ（100％）とローの状態で切り替わります。そのためには2つの動作すき間の設定が必要になります。1つめは操作量がローの状態とオフの状態で制御される制御量の動作すき間，2つめは操作量がハイの状態とローの状態で制御される制御量の動作すき間です。

補足 ▶

フィードバック制御の5つの動作
①オン・オフ動作
②ハイ・ロー・オフ動作
③比例動作（P動作）
④積分動作（I動作）
⑤微分動作（D動作）

●ハイ・ロー・オフ動作の例

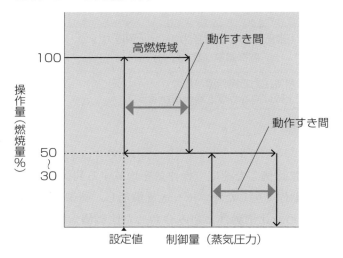

●比例動作（P動作）

偏差の大きさに比例して操作量を増減する制御方法を，比例動作といいます。偏差が少ない（大きい）場合には，操作量の変化量は少なく（大きく）なります。設定値と制御量が少し異なった値で釣り合うようになる制御偏差量（オフセット）が特徴で，一定量に落ち着いた後の制御量と目標値の制御量との間に生じる差ということもできます。この比例動作は，オン・オフ動作が持つ欠点といえる動作すき間を改善する方法として用いられています。

●比例動作の例

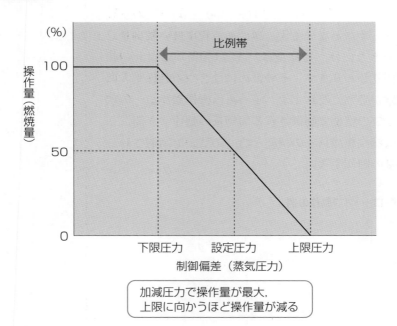

加減圧力で操作量が最大，
上限に向かうほど操作量が減る

●積分動作（Ｉ動作）

制御偏差量（オフセット）に比例した速度で操作量を増減する制御方法を，積分動作といいます。比例動作で生じたオフセットを解消し，制御量と目標値が一致するように働くため，比例動作と組み合わせた比例積分動作（PI動作）として用いられます。

●微分動作（D動作）

偏差が変化する速度（偏差の微分値）に比例して操作量を増減する制御方法を，微分動作といいます。制御結果が大きく変動しないように，外乱などによって現在地が変化しはじめた際には変化の速度に応じて偏差の少ないうちに修正動作を加えます。比例積分動作（PI動作）と組み合わせることで比例積分微分動作（PID動作）として用いられます。制御偏差が変化しない限り動作しないのが特徴です。

補足

P動作
比例動作のことをP動作ともいいますが，比例したという意味の「Proportional」に由来します。

外乱
急激な負荷の変化などをいいます。

チャレンジ問題

問1
難　中　易

以下の記述のうち，正しいものはどれか。

(1) オン・オフ動作は燃焼のオン・オフによって圧力を一定に保つ制御方法で，動作すき間は少ない方が制御装置に負荷がかからない。

(2) ハイ・ロー・オフ動作には動作すき間を設定する必要がない。

(3) 比例動作は，偏差の大きさに比例して操作量を増減する制御方法である。

(4) 微分動作は，偏差の大きさによって操作量を増減する制御方法である。

解説

偏差が少ないと操作量の変化量は少なく，偏差が大きいと操作量の変化量は大きくなります。

解答 (3)

シーケンス制御

1 シーケンス制御とは

　あらかじめ決められた順序を追って制御の各段階を1つずつ進めていく方法を，シーケンス制御といいます。

　所定の条件を満たすことで，次の段階に進むことができる自動制御の安全機能であるインタロックをもとに制御が進められます。所定の条件を満たすということは，逆に考えれば条件を満たさない場合には次には進めないことになります。こうすることで異常状態や誤操作を防いで安全を確保し，また，自動的に安全な方へ変更させることもあります。

　シーケンス制御は，ボイラーの起動や停止などで使用されます。インタロックが作動してボイラーの運転が停止された際に自動リセットが働くと，故障した部分や原因が除去されないまま運転が再開される危険性があります。そのため，異常状態の原因を調査してその原因や故障箇所が修正されたことを運転員が必ず確認しなければなりません。そのあとに手動でリセットし，運転を再開します。こうしたシーケンス制御とインタロックを組み合わせたものを，ロックアウトインタロックといいます。

●シーケンス制御のフロー（プロセス）

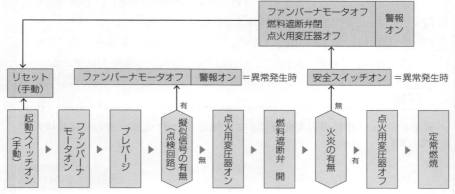

136

② シーケンス制御回路の主要な電気部品

シーケンス制御に用いられる電気部品には，電磁リレー，タイマ，水銀スイッチ，リミットスイッチなどがあります。

●電磁リレー（電磁継電器）

電磁リレーは，接点のオン・オフによる理論回路を構築するための装置です。1組もしくは数組の可動接点および固定接点と，鉄芯に巻かれたコイルを持っています。電流を流すと鉄芯が電磁励磁され，吸着点を引きつけることで接点を切り替えます。

●電磁リレーの構造

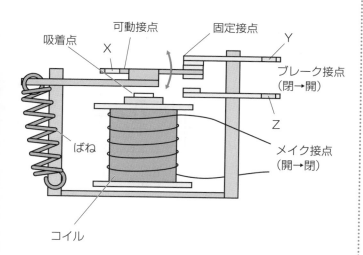

吸着点
可動接点
固定接点
X
Y
ブレーク接点（閉→開）
Z
ばね
メイク接点（開→閉）
コイル

電磁石の通電：X-Z 間がオン
通電が止まる：可動接点がばねの力で戻り X-Z 間がオフ，
　　　　　　　X-Y 間がオン

電磁リレー
電気回路のスイッチング（開閉）を電気信号によって行う装置のことを，電磁リレーといいます。

電磁励磁
電流を電磁石のコイルに流して磁束を発生させることを，電磁励磁といいます。

●タイマ

制御リレーのうち，与えられた入力信号によって，決められた一定時間を経て出力するものを，タイマといいます。

●水銀スイッチ

細長いガラス管内に水銀と棒状の電極用導体を封入したものを，水銀スイッチといいます。このスイッチはガラス管の傾きで内部の水銀が流動，電極を覆うことで電流を流したり，電極から離れて電流を切ったりする役割があります。

●リミットスイッチ

物体の位置検出や位置制御のために使用されるスイッチを，リミットスイッチといいます。リミットスイッチには，おもに機械的変位を利用するマイクロスイッチ，電磁界の変化で位置を検出する近接スイッチの2種類があります。

●水位制御のマイクロスイッチの例

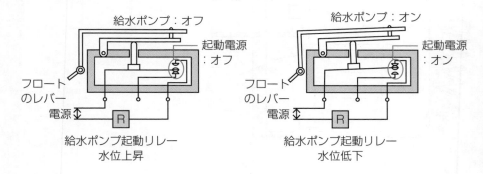

問1

以下の記述のうち，正しいものはどれか。

(1) 制御の各段階を1つずつ進めていくシーケンス制御は，ボイラーの運転中にのみ使用される。

(2) インタロックは，制御結果に応じて進行中の制御動作を継続させるか否かの信号を出して行う連係動作のことを指す。

(3) ロックアウトインタロックは，ロックアウト制御とインタロックを組み合わせた制御方法である。

(4) シーケンス制御用のおもな電気部品には，リミットスイッチ，タイマ，水銀スイッチ，電気リレーなどがある。

解説

インタロックは条件を満たさないと次の段階には進めない仕様になっており，これによって安全を確保しています。

解答（2）

問2

以下の記述のうち，正しいものはどれか。

(1) 電磁継電器は電流を流すと鉄心が電磁励磁され，吸着点を引きつけて接点を切り替える装置である。

(2) 制御リレーのうち，決められた一定時間を経ると入力するものをタイマという。

(3) 水銀スイッチは，電極を覆うことで電流を切ったり，電極から離れて電流を流したりする仕組みとなっている。

(4) リミットスイッチは物体の位置検出や位置制御に用いるもので，電磁界の変化で位置を検出する近接スイッチ，機械的変位を利用するナノスイッチがある。

解説

電磁継電器（電磁リレー）は，1組もしくは数組の可動接点および固定接点と，鉄芯に巻かれたコイルを利用して接点のオン・オフによる理論回路を構築します。

解答（1）

各部における制御

1 ボイラーの圧力制御

　ボイラーの圧力は，蒸気圧力，炉内圧力，重油圧力などによって制御することができます。圧力制御の装置には，オン・オフ式および比例式の蒸気圧力調節器，圧力制限器などがあります。

2 蒸気圧力制御

　ボイラーの蒸気圧力を制御するには，オン・オフ式蒸気圧力調節器や比例式蒸気圧力調節器などの方式の装置を用います。オン・オフ式蒸気圧力調節器は，蒸気圧力の異常上昇を防止するため圧力制限器として用いられます。

●オン・オフ式蒸気圧力調節器（電気式）

オン・オフ式蒸気圧力調節器は，名前の通りオン・オフ動作で蒸気圧力を制御する調節器であり，小容量のボイラーに用いられます。ベローズによって設定した蒸気圧力を検出，圧力の上限でバーナ燃焼をオフに，下限ではオンにすることによって蒸気圧力を制御します。このオン・オフ式蒸気圧力調節器には，動作すき間を必ず設定しなければなりません。燃焼開始時の蒸気圧力を設定圧力として，蒸気圧力がどの程度上昇したときに燃焼を停止するかを決定します。このときの動作すき間は，設定圧力（下限の圧力）と燃焼を停止する圧力（上限の圧力）との差になります。オン・オフ式蒸気圧力調節器では，垂直水平を保ち，振動に影響されないように取り付ける必要があります。手前にはサイホン管を取り付け，その内部には水を入れておきます。これは，高温の蒸気が調節器に侵入することを防ぐことが目的です。また，サイホン管の水が調節器に入らないようにベローズを利用し，圧力をマイクロスイッチに伝達する仕組みとなっています。

●オン・オフ動作の圧力制御の例

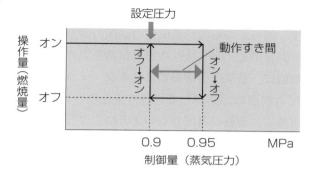

●オン・オフ式蒸気圧力調節器

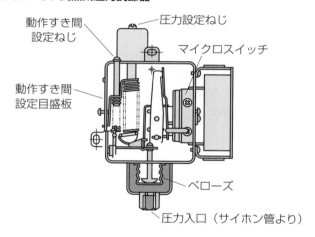

●設定圧力・動作すき間目盛板の例

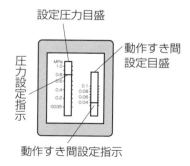

●蒸気圧力制限器

ボイラーの蒸気圧力が異常上昇した際，直ちに燃料の供給を遮断する装置を蒸気圧力制限器といいます。何らかの原因で蒸気圧力が圧力調整範囲の上限を突破したときに燃料遮断弁を閉じ，バーナへの燃料供給を止めることでボイラーを停止します。一般的に，蒸気圧力制限器にはオン・オフ式圧力調節器を用います。この蒸気圧力制限器が動作して燃焼停止となった場合には，圧力が下がったとしても自動的に運転が再開しないようにして，異常状態の原因を突き止める必要があります。

●比例式蒸気圧力調節器

比例式蒸気圧力調節器は中小容量ボイラーに用いられるもので，一般にコントロールモータと組み合わせて比例動作（P動作）によって蒸気圧力を調節する装置です。コントロールモータは，調節器からの操作信号を受けて，燃料量を調節する燃料調節弁と燃焼用空気量を整える空気ダンパの開度を調節します。圧力の設定値と実際の圧力との偏差を検知して，燃焼用空気量と燃料の供給量を増減することで圧力を調整します。

●比例式蒸気圧力調節器

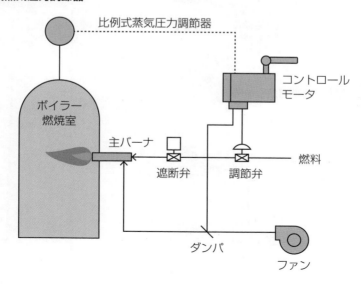

③ 温度制御

　ボイラーの温度は，温水温度，蒸気温度，燃焼用空気温度などによって制御します。おもにオン・オフ制御，あるいは比例制御とオン・オフ制御の組み合わせが用いられ，調節器は電気式や電子式のものが採用されます。

　オン・オフ式温度調節器は，温水ボイラーの温水温度制御，重油の加熱温度制御などに使用されるもので，調節器本体，感温体，そして両者を連結する導管の3つから構成されています。

　調節器本体は，動作すき間設定ダイヤル，マイクロスイッチ，温度設定ダイヤルなどを内蔵しています。

　温度制御は，バーナへの燃料供給をオン（入れる）またはオフ（切る）して制御します。蒸気圧力調節器と同じく，オンとオフを動作させる温度の動作すき間を設定する必要があります。

　感温体は温度の上昇，下降により内部の液体が膨張，収縮することで導管を通じて調節器内のベローズもしくはダイヤフラムを伸縮させます。これにより，マイクロスイッチが開閉します。

　感温体は，ボイラー本体に直接または保護管に入れて取り付けます。保護管に入れるのは，流体が流れているところに挿入した場合，感温体が損傷する危険があるからです。

　また，オンオフ調節器の感温体には，揮発性液体を密封した容器が用いられます。感温体には膨張率の高い揮発性の液体が用いられ，感温体内の液体には通常，トルエン，エーテル，アルコールなどが多く使用されています。

●オン・オフ式温度調節器（電気式）の作動原理

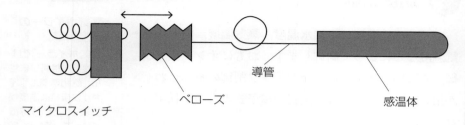

マイクロスイッチ　　ベローズ　　導管　　感温体

感温体を保護管に入れる場合には，保護管の管内に**シリコングリス**などを注入します。これは保護管と感温体とのすき間によって発生する断熱を防ぎ，保護管に伝えられた温度を効率的に感温体へ伝達するためです。

●保護管を用いた感温体

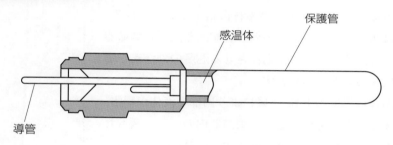

保護管　感温体　導管

オン・オフ式温度調節器のほか，温度調節器には**バイメタル式**，**測温抵抗体**，**熱電対**などがあります。

バイメタル式は，バイメタルによって接点をオン・オフすることで制御します。バイメタルは，**膨張率が異なる2種類の薄い金属板を張り合わせた**ものです。

測温抵抗体は，温度によって**金属の電気抵抗が一定割合で変化する**性質を利用した調節器です。

熱電対は，**金属が持つ固有の熱起電力を活用した**調節器です。材質が異なる2種類の金属の一端を接合して回路を作成し，温度差によって回路中に金属固有の熱起電力を発生させるものです。

4 水位制御

　ボイラーの水位制御はドラム水位を常用水位に保つため，蒸発量に応じて給水量を調節するものです。

　ボイラーに対する給水量が一定のときは，負荷の増加によって蒸発量が多くなると水位は低下します。逆に，負荷の減少によって蒸発量が少なくなると水位は上昇します。ボイラー水位を一定に保つには蒸発量の変化に即して給水量を制御することが必要です。

　ドラム水位の制御方式には，単要素式，2要素式，3要素式の3種類があります。

●**水位制御方式により検出される要素**

制御方式	特徴
単要素式	水位を利用する （フロート式，電極式など）
2要素式	水位，蒸気流量を利用する
3要素式	水位，蒸気流量， 給水流量を利用する

●単要素式水位制御

単要素式では，ドラム水位のみを検出します。水位の変化に応じて給水量を調節するため，構造が簡単で取り扱いが容易なことが特徴です。しかし，負荷変動が激しいと制御が不安定になり，低水位事故の原因となります。単要素式では，フロート式水位検出器，電極式水位検出器，熱膨張管式水位調整装置を使用します。単要素式水位制御には水位偏差に応じて比例制御を行うものや，フロート式水位検出器や電極式水位検出器を用いる場合もあります。しかし，ボイラー水位の変化を検知してから給水を調整するため，大きな負荷変動には制御が追いつかない欠点があります。

●単要素式水位制御

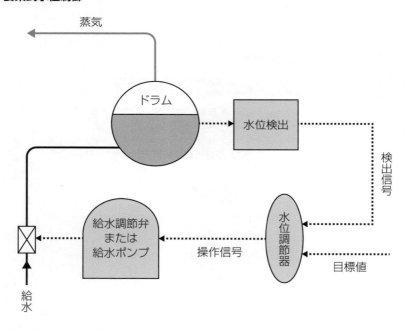

●2要素式水位制御

水位と蒸気流量の2つの要素を検出し，両者の信号を総合して操作部へ伝えます。水位が大きく変化する前に蒸気流量の変化を検出して給水できるため，負荷変動が大きなボイラーでも対応が可能となっています。

●2要素式水位制御

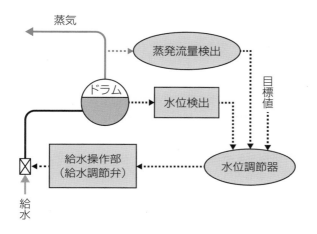

補 足

負荷変動
ボイラーでは蒸気圧力,蒸気使用量,ドラム水位などの変動のことを負荷変動といいます。

低水位事故
水位が低くなって空だきの状態となり,炉筒割れが破裂を発生させることを低水位事故といいます。

●3要素式水位制御

水位,蒸気流量,給水流量の3要素を検出して給水流量を蒸気流量に合わせて調節し,水位を常用水位に保ちます。

●3要素式水位制御

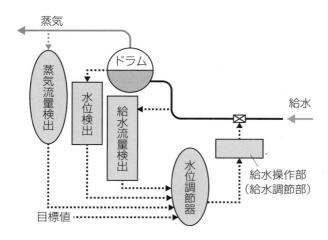

問1

以下の記述のうち, 正しいものはどれか。

(1) オン・オフ式蒸気圧力調節器においては動作すき間を設定するが, このときの動作すき間は, 設定圧力と燃焼を停止する圧力の比になる。

(2) 蒸気圧力制限器は, 蒸気圧力が圧力調整範囲の下限を突破すると動作する。

(3) 比例式蒸気圧力調節器は, 圧力の設定値と実際の圧力との偏差を検知し燃焼用空気量と燃料の供給量を増減する。

(4) 単要素式水位制御で検出するのは, 蒸気流量のみである。

解説

比例式蒸気圧力調節器は, 一般にコントロールモータと組み合わせて比例動作 (P動作) によって蒸気圧力を調節します。

解答 (3)

問2

以下の記述のうち, 正しいものはどれか。

(1) オン・オフ式蒸気圧力調節器は, 名前の通りオン・オフ動作で蒸気圧力を制御する調節器であり, 大容量のボイラーに用いられる。

(2) ボイラーの温度制御には, おもにオン・オフ制御が用いられ, 調節器は電気式のみが採用される。

(3) オン・オフ式温度調節器は, 温水ボイラーの温水温度制御, 重油の加熱温度制御などに使用され, 調節器本体, 感温体とさらにその両者を連結する導管の3つから構成される。

(4) ボイラーに対する給水量が一定のときは, 負荷の増加によって蒸発量が多くなると水位は上がる。逆に, 負荷が下がって蒸発量が減少すると水位は低下する。

解説

調節器本体は, 動作すき間設定ダイヤル, マイクロスイッチ, 温度設定ダイヤルなどを内蔵しています。感温体は, 温度の上昇, 下降で内部の液体が膨張, 収縮して導管を通じ調節器内のベローズまたはダイヤフラムを伸縮させ, マイクロスイッチを開閉します。

解答 (3)

水位検出器および水位調整装置

1 フロート式（浮子式）水位検出器

　水位検出器は文字通りボイラー水位を検出する装置で，フロート式と電極式があります。

　フロート式水位検出器にはフロートチャンバー（フロート室，浮子室）があり，その下部はボイラーの水部，上部はボイラーの蒸気部に連絡しています。ボイラー水位の上昇や下降によってチャンバー内にあるフロートが上下し，リンク機構が連動します。

　ボイラー水位が上昇するとフロートも上昇し，給水ポンプを停止させます。下降した場合はフロートも下降し，給水ポンプを起動します。

　つまり，ボイラーへ供給する給水のオン・オフで水位を制御するものであり，ポンプの起動位置と停止位置の間が水位の動作すき間となります。

補足 ▶

浮子室
フロートチャンバーの別名で，「うきこしつ」と読みます。

●フロート式（浮子式）水位検出器

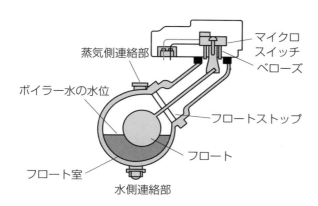

蒸気側連絡部
マイクロスイッチ
ベローズ
ボイラー水の水位
フロートストップ
フロート
フロート室
水側連絡部

② 電極式水位検出器

　複数の長さが異なる電極を検出筒（水柱管）に挿入して，電極に流れる電流の有無で水位を検出する検出器のことを電極式水位検出器といいます。

　検出結果によりボイラー給水ポンプに運転や停止の指令を出すことで，ボイラー水位を調節します。安全低水面以下まで水位が下がった際には，低水位による事故を防止するため燃焼を停止させる指令を出します。

　しかし，蒸気が凝縮して検出筒内部の水の純度が高くなると正常作動しなくなる欠点があります。水に電気が通じるのは水中に不純物が存在するからで，不純物をほとんど含まない蒸気が凝縮した水が検出筒（水柱管）に多くなると導電性が低下し，電気が通じにくくなります。

●電極式水位検出器

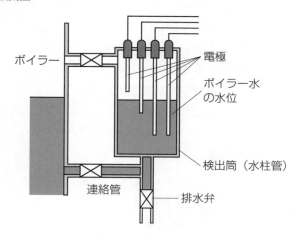

③ 熱膨張管式水位調整装置

　熱膨張管（金属管）が温度変化によって伸縮する性質を利用した水位調整装置のことを，熱膨張管式水位調整装置といいます。膨張係数の大きな材料で作られた熱膨張管は，上端部は蒸気部，下端部は水部に連絡し，膨張管内にボイラー水が入ると水位はボイラー水位と等しくなります。上部は伸縮自

由，下部は固定されている構造で上部の先端にレバーが取り付けられていて給水調節弁に連絡しています。ボイラー水位が下がった場合には，膨張管内の蒸気部が大きくなって膨張管の温度が上がり膨張します。これによりレバーが作動して給水調節弁の開度が増し，水位が上昇します。

　熱膨張管式水位調整装置には水位だけを検出する単要素式と蒸気流量を検出する2要素式があります。ボイラー水位は熱膨張管で検出し，蒸気流量は過熱器出入口の圧力差を検知するか，ベンチュリ管やオリフィスプレートなどで差圧を検出することで求めます。

　熱膨張管式水位調整装置は補助動力が不要で，膨張管の伸縮作用を利用しているので自力式制御装置ともいわれます。

補 足 ▶

**熱膨張管式水位
調整装置**

コープス式水位調節
器ともいいます。

●**熱膨張管式水位調整装置（単要素式）**

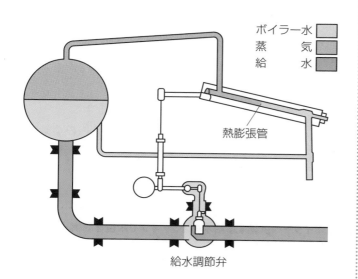

ボイラー水
蒸　　気
給　　水

熱膨張管

給水調節弁

●熱膨張管式水位調整装置（2要素式）

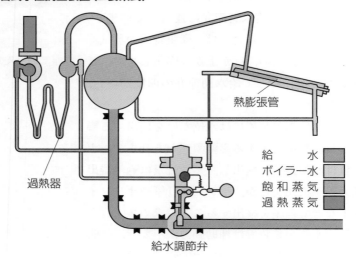

熱膨張管

過熱器

給　　　水　▓

ボイラー水　▓

飽和蒸気　▓

過熱蒸気　▓

給水調節弁

問1

難　中　易

以下の記述のうち，正しいものはどれか。

(1) フロート式水位検出器は，ボイラー水位が下降するとフロートは上昇し給水ポンプを停止させる。

(2) フロート式水位検出器の水位の動作すき間は，ポンプの起動位置と停止位置の間となる。

(3) 電極式水位検出器は，水の純度が高くなるほど検出精度が向上する。

(4) 熱膨張管式水位調整装置では，ボイラー水位が下がると膨張管内の蒸気部が大きくなって膨張管の温度が上がって膨張し，これによってレバーが作動して給水調節弁の開度が減少する。

解説

フロート式水位検出器はボイラーへ供給する給水のオン・オフで水位を制御するため，動作すき間の設定が必要となります。

解答（2）

燃焼安全装置（燃焼制御）

1 燃焼制御

　燃焼制御とは，温水温度調節器などの信号に応じて燃料量を調節し，これに伴い燃焼用空気量の加減によって空燃比を最適に保つための制御です。この制御を行う装置が，燃焼制御装置です。

　燃焼が原因で生じるボイラー事故を防止し，さらに自動制御装置の一部として組み入れる制御装置のことを，燃焼安全装置といいます。安全運転を目的とした制御装置といえます。

2 燃焼安全装置の目的および機能と構成

　燃焼安全装置は，火炎検出器，燃料遮断弁，主安全制御器，各種事故防止用のインタロックを目的とする制限器から構成されています。

　この装置の役割は，火炎検出器や各種制限器からの情報をもとに燃料遮断弁を閉止してボイラーの運転を停止し，ボイラー事故を未然に防止することです。

　ボイラー運転時のバーナ異常消火（失火）やボイラー起動時のバーナの不着火などに際しては直ちにバーナへの燃料供給が停止できるよう，燃焼安全装置には燃料遮断弁を閉止する機能が必要です。

　このような異常状態に陥った場合には，自動リセットはしないようにします。故障が除去されていない状態で再起動されてしまうと事故が発生する危険があるため，必ず原因を解明して故障を除去します。

補足

インタロック
ある一定の条件が整わないとほかの動作ができなくなる機能のことで，安全機構・安全装置の考え方のひとつです。

そののちに，手動操作（リセット）したうえで再起動します。

●燃焼安全装置の基本的な構成

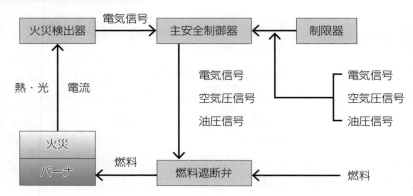

3 主安全制御器

　主安全制御器は出力リレー（負荷リレー），フレームリレー，安全スイッチで構成されており，燃焼安全装置の中で最も重要な役割を担っています。

　主安全制御器の役割は，自動的にボイラーの燃焼を開始し，ボイラーおよびその燃焼に問題がなければ燃焼を持続し，そうでない場合はバーナへの燃料を遮断して運転を停止することです。

●主安全制御器の構成

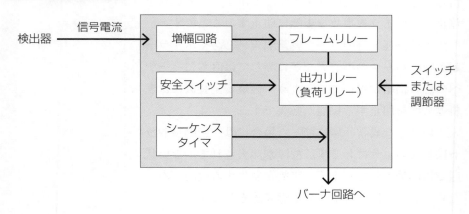

●出力リレー

出力リレー（負荷リレー）は，起動（停止）信号を受けて関連機器の起動（停止）指令を出します。起動（停止）スイッチをオンにするか，圧力や温度などの調節器からバーナ起動（停止）信号が出ると，まず出力リレーが作動し，バーナモータ，点火用燃料弁，点火用変圧器（点火トランス）などに電気信号が送られ，バーナを起動（停止）します。

●フレームリレー

フレームリレーは，火炎検出器からの信号を受けて火炎の有無を確認し，次の動作に移る，もしくは停止する指令を出します。

●安全スイッチ

安全スイッチは，火炎を一定時間内に検出されなければ点火が失敗したと見なしてボイラーの起動を停止します。遅延動作形タイマであり，バイメタルタイマ，電子式タイマ，モータタイマなどの種類があります。安全スイッチが作動した場合には，機械的作動保持機構により，出力リレーの再起動を止めて自動復帰しない機構となっています。バーナの再起動には人為的に安全スイッチを解除する必要があります。

4　火炎検出器

　バーナから火炎を検出する装置を，火炎検出器といいます。火炎の有無や強弱を検出して，電気信号に変換します。ボイラーの起動時には，火炎がないことを確認しシーケンス制御で起動します。もし運転中に火炎が消失したときには，燃焼安全装置はバーナに対する燃料供給を遮断してボイラーの運転を停止します。

　火炎検出器は，燃料の種類や燃焼方式，燃焼量などを考えてフォトダイオードセルや硫化鉛セルなど，適切なものを選ぶ必要があります。

●フォトダイオードセル

受光面の明るさによって電流が変化するもので，光があたると電気が生じる性質を利用しています。そのため，輝度が低いガスバーナの火炎ではなく，油バーナの火炎に用いられます。

●硫化鉛セル

火炎のちらつき（フリッカ）を検出します。光があたるとその強さによって硫化鉛の抵抗値が変化する性質を利用しており，おもに蒸気噴射式バーナに用いられます。

●整流式光電管

光がアルカリ金属の薄膜に照射されたときに，その金属面から光電子を放出する現象を利用して火炎を検出します。油燃焼向きで，ガス燃焼には不向きです。

●紫外線光電管

感度がよく安定しているのでほとんどの燃料の燃焼炎の検出に用いられています。火炎の放射光が持つ紫外線を感知し，封入された不活性ガスをイオン化させ放電電流を流して信号を送ります。

●フレームロッド

火炎の導電作用を用いて炎の有無を判断します。これ
は，火炎に一対の電極を挿入し，電圧をかけると，火
炎があると電流が流れ，そうでない場合は電流が流れ
ないという性質を利用しています。高温の火炎によっ
て焼損しやすいため，おもに点火用ガスバーナに用い
られています。

5 燃料遮断弁

　ボイラーに異常が発生した際，閉止してバーナへの
燃料供給を止めてボイラー運転を停止する役割を持っ
た弁を，燃料遮断弁といいます。

　燃料配管系のバーナ付近に設ける自動弁で，軽質燃
料油やガス燃料が用いられるボイラーに対しては，燃
料遮断機構を二重に設けることが望ましいとされてい
ます。

6 燃料調節弁

　燃料調節弁は，蒸気圧力または温水温度を検出した
信号をコントロールモータへ送り，燃焼量の増減を調
節します。燃料調節弁は，燃料遮断弁と直列に設けら
れています。

補足

硫化鉛
硫化鉛は，赤外線の
入射によって電気抵
抗が減少する性質を
持っています。

導電作用
電気を通す性質のこ
とを，導電作用とい
います。

軽質燃料油
軽質燃料油は，灯油
やＡ重油などが含ま
れます。

7 点火装置

点火装置はボイラーに点火する装置で，直接点火またはパイロット点火の2種類が主流です。直接点火はスパーク式の火花放電で主バーナに直接点火します。パイロット点火はパイロットバーナの火炎で点火します。

●点火装置のパイロットバーナ

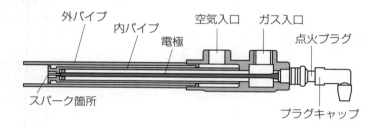

外パイプ　内パイプ　電極　空気入口　ガス入口　点火プラグ

スパーク箇所　プラグキャップ

チャレンジ問題

問1

難　中　易

以下の記述のうち，正しいものはどれか。

(1) 燃焼安全装置は安全運転を目的とし，燃焼が原因で生じるボイラー事故を防止するために設けられるが，安全を第一に考え自動制御装置には組み入れない。

(2) 燃焼安全装置は，燃料遮断弁，主安全制御器，各種事故防止用のインタロックを目的とする制限器，燃料消火器などで構成されている。

(3) ボイラーが異常状態（異常消火，ボイラー起動時のバーナの不着火など）に陥った際には，自動リセットしないようにする。

(4) 主安全制御器はフレームリレー，安全スイッチ，入力リレーで構成される。

解説

原因を解明せずに自動でボイラーを再起動した場合，事故につながる危険性があるため，ボイラーの異常状態に対しては必ず原因を解明し，故障を除去してから手動操作（リセット）したうえで再起動します。

解答 (3)

第 2 章

ボイラーの
取り扱いに関する
基本的な知識

1 ボイラーの運転および操作

まとめ&丸暗記　この節の学習内容とまとめ

☐ ボイラーの取り扱いの注意点
ボイラーを正しく扱い災害を未然防止，燃料の経済的使用で大気汚染や公害防止，予防保全で寿命延長

☐ 点火操作の注意点
順序と正確さが重要

☐ 油だきボイラーの点火操作
①燃料油を加熱する②煙道ダンパを開ける③噴霧空気用バルブを開ける④点火用火種をバーナの先端に近づける⑤燃料弁を開ける

☐ ガスだきボイラーの点火操作
油だきボイラーとほぼ同じだが，ガス漏れやガス圧力の点検，十分な換気などが必要

☐ 自動制御による点火
プレパージ（点火前換気）／点火（イグニッション）／主バーナ点火を自動的に実行する

☐ ボイラーのたき始めにおける取り扱い
燃焼量を急激に増やさない／ボイラー本体の不同膨張を防ぐ／常用水位の維持／冷たい水からたき始める場合はゆっくりとたき上げる／鋳鉄製ボイラーの割れに注意する

☐ 圧力上昇時のおもな取り扱い
空気抜き弁は最初に開，空気が完全に抜けたら閉とする／圧力計を見ながら燃焼を加減する／主蒸気配管のウォータハンマに注意する

☐ 運転中の取り扱い
ボイラーの水位と圧力を一定に保ち，常に燃焼の調節に気をつける

☐ ボイラーを緊急停止する手順
①燃料の供給を止める②炉内・煙道の換気（ポストパージ）③主蒸気弁を閉じる④水位を十分に確保する⑤ダンパは開放した状態を保持する

☐ ボイラー水位異常のおもな原因
水面計の閉そく／水面計の監視不良／ボイラー水の漏れ／蒸気の急激な大量消費／給水温度の過昇

ボイラー取り扱い上の基本事項

1 取り扱いの基本事項

　ボイラーの取り扱いとは，燃料を燃焼室内で燃焼させて発生させた熱を，ボイラー内部の水に伝えて温水を作ることです。そのため，燃焼によって炉内ガスが爆発する，高圧によってボイラーが破裂するといった危険が常につきまといます。こうした危険を避けるには，ボイラーの正しい操作，日常の点検，保守が重要です。

　ボイラーを正しく取り扱い，燃料が持つ熱エネルギーを有効活用できればボイラーの性能を十分に引き出し，ばい煙などを減少させることで公害を防止することもできます。

　そのためには，年間や日常の保全計画や運転計画をしっかりと立てて管理していく必要があります。さらには，ボイラーの正しい運転操作の基準となる作業標準を定めることが重要です。

2 取り扱いの注意点

　ボイラーの取り扱いには，以下のような心構えが必要です。

①ボイラーを正しく扱い，未然に災害を防ぐ
②完全に燃料を燃焼させ，燃料の経済的な使用を図る
③ばい煙などの排出ガスによる大気汚染や公害を防ぐ
④ボイラーの予防保全を行い，寿命を長く保つ

3 運転開始前の準備

　日常運転において，運転開始前には以下の項目について点検を行う必要があります。

●**点検を行う装置と内容**

装置	点検内容
圧力計，水高計	指針は0になっている／サイホン管に水が入っている／連絡管途中にある止め弁の開閉状態は正常である
ばね安全弁	調節，整備は完全に行われている／排気管もしくは配水管の取り付け状態は正常である／ばね安全弁は決められた目印よりも軽めに締め付けてある
水面測定装置	連絡管の途中の止め弁の開閉状態は正常である／2組の水面計の水位は同一になっている／ガラス水面計のコックが軽く動く強さでナットを締めている
逃がし弁	凍結対策は十分になされている／閉そくしていない
主蒸気弁	一度開いてから軽く閉じている
空気抜き弁	蒸気が発生するまで開いている
吹出し装置	起動前に吹出しを行っている／グランドパッキン部に増し締めできる余裕がある
給水系統	自動給水装置の機能は正常である／水量は十分にある／給水管途中の止め弁の開閉状態は正常である
ダンパ	ダンパを全開にして換気を十分に行っている
燃焼装置	燃焼は適正である

問1

難　中　**易**

以下の記述のうち, 正しいものはどれか。

(1) 高圧ボイラーではボイラーの破裂等の危険があるが, 低圧ボイラーではガス爆発やボイラーの破裂はまったくないので安全である。

(2) ボイラーの取り扱いでは, 毎日の保全計画や運転計画がしっかりしていれば年間計画については不要である。

(3) ボイラーの取り扱いで必要な心構えは, ボイラーの予防保全によって寿命を長く保つ, ボイラーを正しく扱い災害を未然に防ぐ, 燃料の経済的な使用により大気汚染や公害を防ぐことである。

(4) サイホン管に水が入っていなくても, 運転開始前であれば問題はない。

解説

設問に出てきた3つの心構えは取り扱いの基礎であり, 重要です。

解答（3）

問2

難　**中**　易

以下の記述のうち, 正しいものはどれか。

(1) ボイラーの運転開始前に行う点検の装置と内容において, 高圧計および水圧計では指針が0になっており, サイホン管に水が入っている状態であればよい。

(2) ボイラーの運転開始前に行う点検の装置と内容において, 逃がし弁では閉そくしていなければ凍結対策は必要ない。

(3) ボイラーの運転開始前に行う点検の装置と内容において, 給水系統では水量が十分であるかのみ確認すればよい。

(4) ボイラーの運転開始前に行う点検の装置と内容において, ダンパを全開にして換気を十分に行っている状態とする。

解説

ボイラーの日常運転において, 圧力計・水高計・ばね安全弁・水面測定装置・逃がし弁・主蒸気弁・空気抜き弁・吹出し装置・給水系統・ダンパ・燃焼装置の各装置の運転開始前点検は必ず行うことが必要です。

解答（4）

点火操作

1 点火操作の注意点

　日常運転での起動前準備終了後の点火操作では，順序と正確さが重要です。点火前には，炉内の換気や通風は十分か，空気と燃料の挿入準備が整っているか，ボイラー水位は正常かを確認します。正しく行わないと炉内爆発やバックファイヤ（逆火）（P.187参照）などが発生するので，注意が必要です。

2 油だきボイラーの点火操作

　空気噴霧式バーナを使用する油だきボイラーの手動操作による点火は，以下の5段階のステップで行います。なお，バーナが2基以上あり，上下に配置されている場合には下方から先に点火します。

①燃料油を加熱する
噴霧状態を良好にするため，燃料油がB重油もしくはC重油の場合には燃料油を加熱する（起動前準備操作）

②煙道ダンパを開ける
煙道ダンパを開けてファンを起動したら，ダンパを全開にして燃焼室内と煙道を空気で換気（プレパージ）し，未燃ガスを追い出す。こうすることで，炉内爆発を防止できる。そののち，ダンパの開度を点火位置とする

③噴霧空気用バルブを開ける
噴霧空気用バルブを開けることで燃料が上手く噴霧されるようになる

④点火用火種をバーナの先端に近づける
点火棒（点火用火種）に点火し，前方下方に差し入れることでバーナに着火

しやすくなる

⑤燃料弁を開ける

火種を差し入れたあと，燃料油弁を開きバーナに点火
する。最初に燃料弁を開けてしまうと，炉内に滞留し
た未着火の燃料が点火によって爆発的燃焼を起こす危
険があるため，燃料弁は必ず火種を差し入れたあとで
開ける

●油だきボイラーの手動点火操作

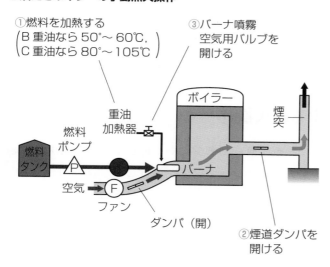

①燃料を加熱する
$\left(\begin{array}{l}\text{B重油なら50°〜60℃,}\\\text{C重油なら80°〜105℃}\end{array}\right)$

③バーナ噴霧
空気用バルブを
開ける

ボイラー

重油
加熱器

燃料
ポンプ

燃料
タンク

P

空気

F

ファン

バーナ

ダンパ（開）

煙突

②煙道ダンパを
開ける

**バックファイヤ
（逆火）**

たき口から火炎が突
如炉外に吹き出る現
象を，バックファイヤ
（逆火）といいます。

噴霧状態

着火性を良好にする
ため，燃料油を微粒
化するのに必要な粘
度にすることを噴霧
状態といいます。

3　ガスだきボイラーの点火操作

　ガスだきボイラーの点火方法は，油だきボイラーとほぼ同様ですが，ガスは爆発の危険が大きいので，点火の際には以下の点に注意が必要です。

①コックおよび弁はガス漏れ検知器や検出液（石けん水など）を塗布して，ガス漏れの有無を点検する
②ガス圧力を点検し，適正かつ安定していることを確認する。ガス圧力が低下していると短炎となり，着火遅れから逆火を引き起こすおそれがある
③点火用火種は，なるべく火力が大きなものを使う
④換気を十分に行う
⑤着火後に燃焼が不安定な場合には燃料供給を直ちに止める

4　自動制御による点火操作

　自動制御による点火では，ボイラー制御盤にある押しボタンを利用して起動します。起動スイッチを入れるとシーケンスが進行して，プレパージ（点火前換気），点火（イグニッション），主バーナ点火を自動的に実行します。

①プレパージ（点火前換気）：ファンが起動してダンパを全開（プレパージ位置）にし，自動的にプレパージを行う
②点火（イグニッション）：プレパージ時間が経過すると，ファンは運転したままで，ダンパは低燃焼（点火）位置に設定される
③主バーナ点火：点火用変圧器によって高圧電流を作り電気火花（スパーク）を発生させ，点火バーナまたは主バーナに点火する

　主燃料制限時間内に，直接あるいは点火用バーナによって主バーナに着火しない場合は，点火操作を中断します（点火操作の打ち切り）。これは，未着火の燃料から気化した未燃ガスが炉内に滞留するのを防止するために行います。

このほか，ハイ・ロー・オフ動作による制御の場合には，燃料量と風量が少ない低燃焼域で点火します。また，燃料の種類や燃焼室負荷の大小に応じて，燃料弁を開いてから 2 〜 5 秒の点火制限時間内に着火させることも重要です。点火制限時間は主バーナの遮断弁が開の状態で主バーナが着火するまでに許される時間の上限です。

補足 ▶

石けん水
スヌープともいい，ガス漏れの点検では継手部分などに塗布します。

⑤ 自動制御運転油だきボイラーの不着火原因

　自動制御のシーケンスには，安全に起動を行うための一定条件が整わないと起動しないインタロックが組み込まれています。そのため，油だきボイラーが自動制御運転で着火しなかった場合には，その原因として以下のいずれかの状態が考えられます。

●水位が低い
ボイラー運転後に安全低水面以下になり，ボイラーが破裂する危険性があります。

●燃料圧力が低い
燃料が不安定になり失火の危険性があります。

●燃料温度が低い
噴霧状態の悪化で失火する危険性があります。一般に加熱温度は B 重油では 50 〜 60℃，C 重油では 80 〜 105℃となります。

●ダンパ開度が点火位置でない
風量が多すぎ，火炎が吹き消えるおそれがあります。

●**ボイラー起動時におけるシーケンス**

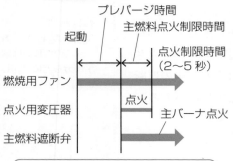

直接点火の場合
点火用バーナを用いず，主バーナに
点火装置から直接点火する

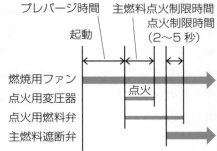

点火用バーナを使用する場合

チャレンジ問題

問1　　　　　　　　　　　　　　　　　　　　難　中　**易**

以下の記述のうち，正しいものはどれか。

(1) ボイラーの点火操作でもっとも重要なのは，迅速に操作を行うことである。

(2) 空気噴霧式バーナを使用する油だきボイラーの手動操作での点火は①燃料油を加熱する②煙道ダンパを開ける③噴霧空気用バルブを開く④点火用火種をバーナ先端に近づける⑤燃料弁を開くという5段階で行い，バーナが2基以上，上下に配置されている場合には上方から先に点火する。

(3) ガスだきボイラーの点火方法は油だきボイラーと同様だが，ガス漏れやガス圧力の点検，火力が大きな点火用火種の使用，十分な換気が必要である。

(4) 未着火の燃料から気化した未燃ガスが炉内に滞留する危険は，考慮する必要はない。

解説

ガスだきボイラーは点火の際にガス爆発の危険が大きいため，このような点検や換気を十分に行う必要があります。また，着火後に燃焼が不安定な場合には燃料供給を直ちに止めなければなりません。

解答（3）

蒸気発生および圧力上昇開始時の取り扱い

① たきはじめの注意点

ボイラーのたきはじめの注意点は，以下の通りです。

●燃焼量を急激に増やさない

たきはじめは燃焼ガスの流れが偏ることがあり，急激
に燃焼量を増やすとボイラー本体の温度が不均一にな
るおそれがあります。

●ボイラー本体の不同膨張を防ぐ

燃焼量の急増は，ボイラー本体の耐圧部温度に偏りが
生じ，ボイラー本体の熱膨張が不均一になる不同膨張
が発生します。割れ（クラック）のほか，水管や煙管
の取り付け部，継手部からの漏れの原因になります。

●水位が上昇するので常用水位を維持する

ボイラー水の温度が上昇すると水が膨張し，気泡が発
生して水位が上昇します。吹出しによって常用水位を
維持します。

**●冷たい水からたきはじめる場合には，最低 1 ～ 2
時間かけて徐々にたき上げる**

ボイラーの種類や大きさにより，点火後に所定の蒸気
圧力まで上昇させるのに必要な時間は異なります。た
とえば，保有水量の大きな低圧ボイラーで冷水からた
きはじめる際には 1 ～ 2 時間かけて徐々に圧力を上
げていくことで不同膨張を防止します。

補足

**ボイラーの急激な
燃焼による弊害**
①ボイラー本体の不
同膨張を起こす
②割れ（クラック）や
グルービング（P.238
参照）の原因となる

●鋳鉄製ボイラーの割れに注意する

鋳鉄はもろく延びにくいため，起動時の温度上昇が早すぎると割れるおそれがあります。また，停止時に水で急冷した場合も同様です。

2　圧力上昇時の取り扱い

　ボイラーに点火すると，ボイラー各部が常温・大気圧から高温・高圧へと変わり，状態が不安定になるので以下の点に注意する必要があります。

①ボイラーのたきはじめは十分な時間をかける
②蒸気圧力が上昇しはじめたら空気抜き弁を閉じてふた取り付け部などの漏れを確認し，圧力の上昇度合いによって燃焼量を加減する
③水位の動きを注視し，圧力が上昇しはじめたら水位面計の機能試験をする
④蒸気圧力がある程度上昇したら送気を開始し，ウォータハンマに注意する

　ボイラー内部に蒸気が発生しはじめたときには，圧力や温度が変化しているため以下のように適切な操作を行う必要があります。

●空気抜き弁は最初に「開」とし，空気が完全に抜けたら「閉」とする

ボイラー水面より上に存在する空気とボイラー水に含まれる空気泡をすべてボイラー外へ排出するため，空気抜き弁を点火時は「開」とし，蒸気圧力が0.1〜0.2MPaに上がったら「閉」とします。

●圧力計を見ながら圧力の上昇度合いに応じ燃焼を加減する

圧力計の機能の良否は，圧力計の背面を指先で軽く叩くなどで確認します。

●圧力計が機能していない可能性があるときは，圧力計の下部コックを閉じて予備の圧力計に取り替える

圧力が加わっている場合でも，圧力計は交換するようにします。

●水面計の水位がわずかに上下している水面計は正常に機能している

ボイラー水から気泡が発生するとボイラー水の中を上昇するので水面が上下に揺れ，水面計もその動きに反応してわずかに上下します。水面計に反応がない場合は，連絡管の弁やコックが閉じている可能性があるため機能試験が必要となります。

●2組の水面計の水位が等しいことを確認する

ボイラーに設けられている2組の水面計は，両者の水位が等しくなっていることを確認するのに用いられます。等しくない場合は異常な状態なので，機能試験が必要です。

●整備直後のボイラーにおけるふた取付け部は，昇圧中・昇圧後に増し締めを行う

整備直後に使用するボイラーは，使用時では整備時の温度よりも高くなるためボルトの伸びなどによって漏れが発生することがあります。

●蒸気の送りはじめは主蒸気管のウォータハンマに注意する

ある程度蒸気圧力が上昇したら蒸気を送り込む側の主蒸気管，蒸気だめなどにあるドレン弁を全開にし，主蒸気管を少し開いて配管を暖めます。バイパス弁が主蒸気弁に設けられている場合は，先にバイパス弁を開いて蒸気を送り，配管が暖められたら主蒸気管を段階的に開くとウォータハンマを防ぐことができます。なお，主蒸気弁は全開状態になったら，弁の焼き付きを防ぐため必ず少し戻しておきます。

増し締め
すでに締結されているボルトやナットを，もう一度締め込むことをいいます。

問1

以下の記述のうち, 正しいものはどれか。

(1) ボイラー本体の不同膨張を防ぐには, なるべく早めに燃焼量を増やすことが必要である。

(2) ボイラーのたきはじめでは, またボイラー水が蒸発していないので, 水位を気にする必要はない。

(3) 低圧ボイラーで冷水からたきはじめる場合は, 水の温度が低いため, 急に圧力を上げても問題はない。

(4) 鋳鉄製ボイラーはもろく延びにくいため, 温度上昇や下降が早すぎると割れる危険がある。

解説

鋳鉄製ボイラーはもろいうえに延びにくい性質を持っているので, 温度上昇や下降が早すぎると割れてしまいます。

解答 (4)

問2

以下の記述のうち, 正しいものはどれか。

(1) ボイラーの圧力上昇時に水面計が上下に動いているのは, 水面計の故障が原因である。

(2) 整備直後のボイラーを使用する際は, マンホールや掃除穴などの取り付け部は昇圧中および昇圧後に増し締めをする。

(3) ボイラーにある2組の水面計のうち, 1組は故障したときの予備として設けられている。

(4) 圧力計の背面を指先で軽く叩くことは, 故障の原因になるので行ってはならない。

解説

整備時の温度よりもボイラー内部の温度が上昇するため, ボルトの伸びなどが原因の漏れが発生する可能性があります。

解答 (2)

運転中の取り扱い

1 運転中の取り扱いのポイント

　ボイラーの運転において重要なことは，ボイラーの水位と圧力を一定に保ち，常に燃焼の調節に気を付けておくことです。自動制御するだけでなく，きちんとボイラーの運転状況を監視しておかなければなりません。また，伝熱面のスートブロー（すす吹き）も重要です。

2 水位の維持

　ボイラーの破損防止と安全運転において，水位は安全低水面よりも低くしないことが重要です。安全低水面よりも水位が下がってしまうと，炉筒および煙管が過熱されてボイラーが圧かいする危険があります。

　したがって，常に水位を監視することに加えて水面計の機能試験が励行されています。

補足

圧かい
外部からの圧力に耐えきれず，円筒の一部が押しつぶされることを圧かいといいます。

●安全低水面

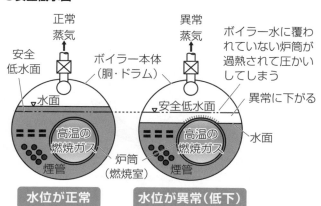

水位が正常　水位が異常（低下）

ボイラーは，種類ごとに安全低水面の位置が決まっています。

立てボイラー	火室最後部より75mm上部
立て煙管ボイラー	火室天井面から煙管の長さの1/3上部
炉筒ボイラー	炉筒最後部（フランジ部を除く）より100mm上部
炉筒煙管ボイラー	煙管が炉筒上面より高い場合，煙管最上面より75mm上部
水管ボイラー	構造に応じて定められている

●各種ボイラーの必要安全低水面

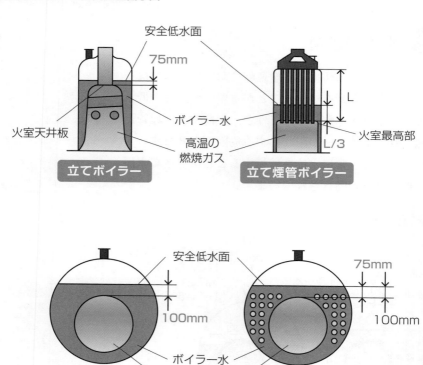

3 圧力および燃焼の維持と調節

　ボイラーは，負荷の変動に対応して燃焼量を増減させることで，圧力を一定に保つ仕組みとなっています。

　負荷（蒸気使用量）が増えるとボイラーの圧力が下がるため燃焼量を増やし，逆に負荷が減るとボイラーの圧力が高くなるため燃焼量を減らします。

　燃焼量を増やす際には，常に燃料よりも空気量を多くして不完全燃焼を防ぐようにする，つまり負荷が増えたら空気量を先に増やしてから燃料を増やすようにします。負荷が減った場合には，燃料を先に減らしてから空気を減らすようにします。

　ただし，燃焼には適切な空気量があります。空気量が過多になると燃焼に使用されなかった空気が暖められて排ガスとして放出されるため，熱損失によりボイラー効率が悪くなります。空気量が過小の場合には不完全燃焼でばい煙が発生します。

　燃焼に必要な酸素量は燃料量によって決まり，燃焼に使用されなかった酸素は排ガス中に残るため，排ガス中の酸素量がわかれば空気が過多（不足）であるか否かが判明します。

　一般的にボイラーの適正な燃焼は，排ガス中の酸素量が $2 \sim 5\%$ 程度の場合です。炎の色や形によっても判断可能ですので，炎の状態も監視しておきます。

　油だきボイラーの場合には，燃焼状態をチェックし，安定した燃焼ができるように調節します。

補足

燃焼調節上の注意点

①燃焼の急激な増減をしない②無理だきをしない③燃焼量は[空気量]→[燃焼量]の順に増やす④燃焼量を減らす場合は[燃焼量]→[空気量]⑤ボイラー本体やれんが壁に火炎を直接衝突させない⑥炉内を高温度に保つ⑦燃焼ガス計測器のCO2，COまたはO2の値から燃焼用空気量過不足を判断⑧燃焼用空気量は炎の形や色でも判断できるため炎の状態を常に監視

空気量による炎の色の変化

・適量→橙色
・不足→暗赤色
・過剰→輝白色

燃焼状態	火炎の色および状態	煙
空気適量	オレンジ色（薄いだいだい色）の火炎で炉内の見通しがきく	発生しない
空気不足	暗赤色の火炎で炉内は見通しがきかない	発生
空気過多	輝白色で短い火炎で炉内は明るい	発生しない

　また，火炎の色や形だけでなく，流れの方向も監視する必要があります。火炎がボイラー本体やれんが壁にふれると火炎が急冷されて未燃分が底部に付着したり，火炎が伝熱管にふれて焼損したりすることがあります。

　このほか，ボイラー火炉内が大気圧よりも若干低い負圧の場合には，不要な空気が炉内に侵入して炉内温度が下がらないようにします。これは，燃焼室の温度はなるべく着火温度以上の高温に保つことが，火炎を安定させるためのポイントになるからです。

　一方，燃焼室の圧力が高い加圧燃焼ではケーシングや断熱材の損傷により燃焼ガスが漏出しないようにする必要があります。

4 　伝熱面のすすの除去（スートブロー）

　ボイラー伝熱面に付着したすす（スート）を清掃するために蒸気や圧縮空気を吹き付ける（ブロー）ことを，スートブローといいます。

　すすがボイラーの伝熱管などに付着すると熱が十分に伝達されずに排出されるため，熱損失によってボイラー効率が悪化します。さらにすすが燃焼ガスの通過流路にたまると燃焼ガスが流れにくくなり，通風損失が増えるといった問題が発生します。

　すす吹き器であるスートブロワには電動式と手動式があり，水管ボイラー，過熱器，エコノマイザ，空気予熱器に使用します（煙管ボイラーでは使用し

ません）。

　スートブローにおけるおさえておくべきポイント
は，以下の通りです。

●スートブローは最大負荷よりも少し低いところで実施
する
最大負荷でボイラーが運転されているときは，ファン
はほぼ100%の能力で動作しています。そのため，スー
トブローによって排ガス量が増えると，ファンが過負
荷（オーバーロード）に陥る危険があります。

●スートブローの回数は負荷の程度，燃料の種類，蒸
気温度などの諸条件を考慮する
ボイラー燃料にはすすが発生しやすいもの（C重油や
石炭）があります。また，低負荷運転による不完全燃
焼でもすすが発生しやすくなります。スートブローの
回数はボイラーの排ガス温度の上昇程度や通風損失の
増加程度を見ながら判断していきます。

●燃焼量が安定している状態で行う
燃焼量が低い状態で行うと，排ガス量の変化が大きく
なって通風の乱れから火炎が吹き消えるおそれや，す
すが排出されずにボイラー底部にたまってしまうこと
があります。

●スートブロワからドレンを十分に抜いたうえで行う
蒸気または圧縮空気（噴射媒体）中にドレンが含まれ
ている状態では，吹き出されたドレンにより伝熱管の
外面が浸食され，穴があくことがあります。

補足

スートブロー
実施の判断
①排ガス温度②燃料
の種類③負荷の程度
④加熱蒸気温度など
で判断する

● 1 箇所に長く吹き付けないようにする

長時間同じ場所に吹き付けると，伝熱管に穴があいたり，減肉することがあります。

5 ボイラー水の吹出し（ブロー）

　蒸気ボイラーのボイラー水は，添加された清缶剤が蒸発とともに残留し，濃縮してきます。そのため，適宜吹出し（ブロー）を行いキャリオーバなどを防ぐ必要があります。吹出しの作業は，圧力のある熱水を外部に排出するため，操作には細心の注意が必要です。

　吹出しには，胴の底部に設けた吹出し弁を操作する間欠吹出しと，ボイラー運転中に行う連続吹出しがあります。

　間欠吹出しは，1 日 1 回実施することが機能確認のため望ましいとされています。底部に滞留したスラッジの排出に効果があるのは，運転前（蒸気圧力がある場合）と運転停止時に実施する場合です。運転停止ができない場合には，蒸気負荷が軽いときに圧力をある程度低下させたうえで行います。

　吹出し作業では同時にほかの作業はしない，2 以上のボイラーについて 1 人で同時にブロー作業を行わないなどの規則があります。このほか，注意すべき点は以下の通りです。

①水冷壁の吹出し運転中に行わない（ボイラー水の循環を乱すため）
②鋳鉄製ボイラーは運転中に行わない
③ボイラー水の濃縮度合いによって回数を変更する
④温水ボイラーでは，ボイラー水に酸化鉄やスラッジが混入した場合を考慮して必要に応じてボイラー休止中に吹出しを行う
④吹出し弁の操作者が水面計の水位を見ることができない場合には，水面計の監視者と一緒に合図しながら行うと安全

問1

難　中　**易**

以下の記述のうち, 正しいものはどれか。

(1) ボイラーの運転では, 起動から規定の燃焼温度に達するまでの時間と燃焼から停止までの時間をいかに短くするかが重要となる。

(2) ボイラーの安全低水面よりも水位が下がると, ボイラーが圧かいする危険がある。

(3) 炉筒ボイラーの安全低水面は, 炉筒最高部 (フランジ部を除く) より75mm上部となる。

(4) 立てボイラーの安全低水面は, 火室天井面から煙管の長さの1/3上部となる。

解説

ボイラーの安全低水面よりも水位が下がると, 炉筒および煙管が過熱されてしまうので危険な状態となります。そのため, 安全低水面よりも水位を低くしないことがボイラーの破損防止と安全運転において重要です。

解答 (2)

問2

難　**中**　易

以下の記述のうち, 正しいものはどれか。

(1) ボイラーの燃焼量を増やす際には常に燃料よりも空気量を多くすることが重要である。ただし, 空気量が過多の場合には熱損失によりボイラー効率が悪くなり, 過小の場合にはばい煙が発生する。

(2) 油だきボイラーで火炎が輝白色, 炉内が明るい場合は空気が不足している。

(3) ボイラーの運転では, 水位と火炎の色や形だけを調節しておけば問題はない。

(4) スートブロワはボイラー伝熱面に付着したすすを取り除くもので, 電動式と手動式があり, エコノマイザ, 空気予熱器, 煙管ボイラーなどに使用する。

解説

空気量が過小だと不完全燃焼により, ばい煙が発生します。排ガス中の酸素量が2〜5%程度が一般的なボイラーの適正な燃焼であり, 安定した燃焼ができるように監視や調節が必要です。

解答 (1)

運転中の障害への対策

1 ボイラー運転中に発生する障害

　ボイラー運転中に障害が発生した場合には，各障害によって必要な対応が異なるため，まずはボイラーを非常停止します。ボイラー運転中に生じる障害のおもなものには以下がありますが，①③⑤はとくに重要です。

①ボイラー水位の異常
②自動制御によるボイラーの異常停止
③キャリオーバ
④２次燃焼および燃焼ガス漏れ
⑤バックファイヤ（逆火）
⑥ガス爆発ならびに油漏れによる火災
⑦炭化物（カーボン）の発生
⑧火炎中の火花の発生
⑨異常消火

　ボイラーの障害による緊急事態は，日頃から正しく保守管理を行っていれば，部品などの経年劣化から起こるトラブルぐらいで，ほぼ発生することはありません。しかし，障害の原因となるものを知っておくことは必要です。

2 燃焼中の断火および滅火のおもな原因

　以下は，ボイラー燃焼中に火が消える（断火，滅火）のおもな原因です。

①水圧や蒸気圧力の上がりすぎ
②火炎検出器や油ポンプの故障
③水位の下がりすぎ

④油中に含まれていた水，空気，ガスが過多

⑤停電（によって油が流れない）

⑥バーナの噴油口，ストレーナの詰まり

⑦油が高粘性で燃料が未供給

　こうしたことが原因で断火や滅火が発生した際は，以下の処置を行います。

●断火や滅火が発生した際の処置

手動運転の場合は，まず最初に燃料弁を閉じます。自動運転の場合では，インタロック装置が働いて電磁弁が閉じ，自動的に運転が停止されます。このとき，ボイラーに発生した問題の原因を調べてその問題が解決すれば，手動により再点火を行います。異常消火によって運転が停止した場合，消火後の自動での復帰はあり得ません。異常が起きた原因を必ず究明し，問題を解決したうえで再点火は手動動作で行います。

3　ボイラーの水位異常

　ボイラーの水位は，高すぎる（高水位）または低すぎる（低水位）ときに異常が発生します。高水位の場合には，吹出しによって水位を適正に保ちます。

　一方の低水位では，水位が安全低水面以下の状態で燃焼が継続され空だき状態となり，火炎にふれる炉筒や煙管などに圧壊や膨出が発生し，破裂が生じたりします。

　ボイラー水位が異常低下するおもな原因は，以下の通りです。

補足

ストレーナ

網状の器具で，液体燃料内のゴミなどを取り除くろ過器のことをストレーナといいます。

膨出

ボイラー本体の火炎に触れる部分が過熱されたことで，内部の圧力に耐えられずボイラー本体などが外側へ膨れ出ることを膨出といいます。

●水面計の閉そく

不純物によってボイラーと水面計（もしくは水位検出器）の接続配管が閉そくすると上手く検出できなくなり，適正な給水が行われず水位が低下します。

●水面計の監視不良

自動制御装置の整備点検の不良や汚れによって水面計の水位を誤認する，監視を怠ったことなどが原因で水位が低下することがあります。

●ボイラー水の漏れ

ボイラー水が漏れていると給水が不足し，ボイラー水が減少します。吹出し装置の閉止不完全や水管・煙管などの損傷がおもな原因です。

●蒸気の急激な大量消費

給水能力を超えて多量に蒸気が使用されると給水が追いつかなくなり，水位が低下します。

●給水温度の過昇

給水が高温になると給水ポンプの中で水の一部が蒸発，気泡が発生してポンプで圧力をかけても泡が気体のまま圧縮され，水を適切に加圧できなくなります。これにより，ボイラー水が減少します。

　このほか，自動給水装置や低水位燃料遮断装置の不作動，給水ポンプの故障，給水弁の開け忘れ，給水内管の詰まりなども原因となります。

4 ボイラーの低水位時の措置

　ボイラーの水位が安全低水面以下になったときは，すぐに以下の5つの措置を行う必要があります。

①燃料の供給を止めて燃焼を停止する（空だき防止）

②ダンパを全開にして換気する（炉の冷却）
③主蒸気弁を閉じて送気を中止する（水位低下防止）
④給水は状況により判断（急冷却による破損防止）
⑤鋳鉄製ボイラーはどんな場合でも給水しない

　炉を自然冷却しながら給水して水位を上昇させますが，急冷によりボイラーが損傷する場合があるので注意が必要です。水位低下直後の場合は給水しても問題ありませんが，水面の高さが不明もしくは水がなくなった部分が燃焼ガスと接触している場合には給水は避けます。鋳鉄製ボイラーは急冷すると割れやすいので，どんな場合でも給水はしないようにします。

5　自動制御でのボイラーの異常停止・起動不能

　自動制御でのボイラーの異常停止や起動不能に関しては，以下の原因が考えられます。

●火炎検出機構の問題
回路や検出器の故障，受光面が汚れていて火炎が検出できない場合などがあります。

●インタロック機構の問題
ガス圧，低水位，通風圧などがあります。

●電気回路や点火装置の問題
点火用変圧器の不良や電極間でスパークが発生しないなどがあります。

補足

異常事態発生への
対応まとめ
①燃料供給の停止
②炉内・煙道の換気
　（ポストパージ）
③蒸気弁を閉じる
④水位の十分な確保

6 キャリオーバ

　ボイラー水中に浮遊・溶解している水滴や固形物が，ボイラーで発生した蒸気に混ざってボイラーの外へ運び出される現象を**キャリオーバ**といいます。おもに**プライミング**や**ホーミング**によって引き起こされます。

●プライミング（水気立ち）

蒸気流量の急増や水の沸騰によってドラム内の水面が激しく上下して，水面から水滴が蒸気と一緒に飛散する現象です。

●ホーミング（泡立ち）

ボイラー水の沸騰によって水面付近が泡立ち，泡の層を形成して蒸気と一緒に外に運び出される現象です。

●プライミング

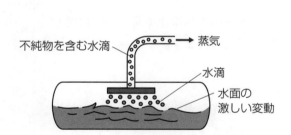

不純物を含む水滴　　蒸気　　水滴　　水面の激しい変動

●ホーミング

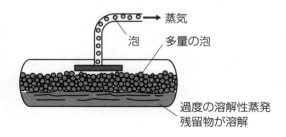

蒸気　　泡　　多量の泡　　過度の溶解性蒸発残留物が溶解

キャリオーバのおもな発生原因と，引き起こされる障害は，以下の通りです。

●キャリオーバの発生原因
①高水位または蒸気取出し口と水面の位置が近い
②蒸気負荷が過大
③ボイラー水が過度に凝縮した
④ボイラー水が油脂，不純物，浮遊物を多く含む
⑤急に蒸気弁を開いて送気した

●キャリオーバにより引き起こされる障害
①過熱器内に水滴が入り，過熱器を破損する
②水面が激しく上下し，水面計の水位を確認しにくい
③急激に水位が低下して低水位事故を起こしやすい
④蒸気管内に水滴が入り，ウォータハンマを起こす
⑤自動制御装置に障害をもたらす

7 ウォータハンマ

急に蒸気弁を開いて蒸気管内のドレン（復水）がある場所に送気すると，蒸気が冷えたドレンに触れて一気に凝縮して蒸気体積がほぼゼロ（真空状態）になります。この真空部分にドレンが引っ張られて管の曲部にぶつかり，強い衝撃音と振動が発生します。これをウォータハンマといいます。こういった場合，以下のような予防策を講じます。

①蒸気管を保温する
②蒸気管内のドレンを送気前に除去する
③蒸気弁は急激ではなく徐々に開くようにする

キャリオーバ発生時の処置
①主蒸気弁をしぼって負荷（蒸気の消費量）を下げ，水面計が安定するのを待つ②ボイラー水を一部吹き出して新しい水を入れることを繰り返し，ボイラー水の不純物濃度を下げる③水質試験を実施し，異常がある場合は水を入れ替える④水位が高すぎる場合は燃焼を一時中止し，沸騰がおさまってから常用水位まで吹き出しを行う

キャリオーバ処置後の対応
細い管などが詰まっていることがあるため，安全弁の吹出し試験や水面計の機能試験および圧力計の連絡管を吹かすといった対応が必要です。

④蒸気弁を少し開いて蒸気を少量通し暖管操作を行う

⑤蒸気配管はドレンがたまらない先下がり構造とし，ドレン抜きやスチームトラップを設ける

●ウォータハンマ

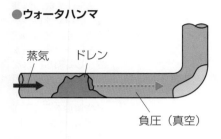

蒸気　ドレン

負圧（真空）

冷えたドレン（水の塊）に蒸気がふれると一気に凝縮し，蒸気体積がほぼゼロ（真空）となる。その真空部分にドレンが引っ張られて衝突が起こり配管内に衝撃を与え，衝突の際には衝撃音を伴う。流水の急激な変化により，流体の運動エネルギーが圧力エネルギーに変換されることで起こる

チャレンジ問題

問1

難　中　易

以下の記述のうち，正しいものはどれか。

(1) ボイラー燃焼中に断火や滅火が生じたときには，まず最初にドレンを抜いて管の通りをよくしてから運転を停止する。

(2) ボイラー運転中に異常事態が発生した場合，緊急の運転停止は①燃料の供給を止める②炉内・煙道の換気を行う（ポストパージ）③蒸気弁を閉じる④水位を十分確保するの手順で行い，ダンパは開放した状態を保持する。

(3) キャリオーバとは，水滴や固形物が蒸気に混ざってボイラーの外へ運び出される現象で，ボイラー水が不純物を多く含むことや低水位などがおもな原因である。

(4) ウォータハンマ予防には，ドレン抜きやスチームトラップなどでドレンがたまらないようにし，早く送気できるように蒸気弁を急いで開くことが重要である。

解説

①燃料の供給停止により燃焼をストップし，②炉内・煙道の換気を行い（ポストパージ），③蒸気弁を閉じて送気を中止し，④水位を十分確保します。なお，鋳鉄製ボイラーはどんな場合でも給水してはいけません。

解答（2）

異常燃焼と異常消火および非常停止措置

① バックファイヤ（逆火）

　突然，火炎がたき口から逆に吹き出してくる現象を
バックファイヤ（逆火）といいます。バックファイヤ
のおもな原因は，以下の通りです。

●炉内の通風力が不足している
煙道のダンパ開度が不足していると，炉内の通風力が
不足してバックファイヤが発生します。

●点火の際に着火が遅れた
着火が遅れると炉内に燃料が大量にたまってしまうた
め，点火時にバックファイヤが発生します。

●空気よりも燃料を先に供給した
燃料を先に供給すると，空気が供給されていないため
着火に時間がかかり，供給された燃料が着火しないま
ま炉内にたまることでバックファイヤが発生します。

●点火用バーナの燃料圧力が低下した
点火用燃料の圧力が低い場合には，点火用火炎の大き
さが不十分で着火が遅れ，供給された燃料が着火しな
いまま炉内にたまりバックファイヤが発生します。

●複数のバーナを有するボイラーで，燃焼中バーナの
火炎を利用して次のバーナに点火した
主バーナと点火バーナの距離と比べて隣接したバーナ

補　足 ▶

逆火
「ぎゃっか」と読みま
す。炎が逆流するこ
とをいいます。

の距離が大きいと，火炎の影響を受けて着火できない場合があり，より多くの燃料を投入することになりバックファイヤの発生につながります。

2 2次燃焼

　未燃ガスが燃焼室以外の過熱器群，水管群，煙道などで再び燃焼する現象を2次燃焼といいます。おもに不完全燃焼が原因で，空気予熱器の焼損や水の循環を乱すこともあります。

3 いきづき燃焼

　油バーナ燃焼において，火炎が大きくなったり小さくなったりして不安定な状態にあることをいきづき燃焼といいます。重質油の加熱温度が高すぎることや，燃料油に水分が多く混入していることがおもな原因です。

4 火炎中の火花

　重油燃焼中に，火炎に火花が生じることがあります。これは，バーナ不良で噴霧が上手くいっていない，バーナの故障や調節不良，通風力が強すぎる，燃焼油の圧力や油温が適正ではないことがおもな原因です。燃焼中の油滴が火花に見えるのは，噴霧不良により油滴が大きくなりすぎることで，着火から燃え尽きるまでの時間が長くなるからです。

　また，バーナの故障や組み立て不良，摩耗によって重油噴出孔が大きくなり油滴が大きくなった場合でも，火花が発生します。さらに，通風力が強く空気が多すぎると油滴と空気の混合状態が悪くなり，油滴が微粒子化せずにそのまま炉内に送られて火花が発生します。

　このほか，燃焼油の圧力や油温が不適正でも燃料の噴霧状態の悪化により油滴が大きくなり火花が発生します。

5 火炎の偏流

　火炎が偏って流れることを，火炎の偏流といいます。ノズル先端のチップ（ノズルチップ）の出口付近または内面の汚れ，バーナ取り付け位置の不良，バッフルの損傷，耐火材やバーナタイルの損傷などがおもな原因です。

6 火炎の衝突

　ボイラーの伝熱面に火炎が衝突すると，ボイラーの破損や膨出を引き起こします。火炎が衝突するのは，噴霧角度が適正でない，空気量が少なく燃焼量が過大である，燃焼室と燃焼装置（バーナ）が上手く適合していない場合などが理由として考えられます。

7 カーボンの生成

　炉内やバーナ周辺にカーボンの固まりができると，伝熱効果の妨げや詰まりを引き起こします。カーボンとはコークス状の炭化物で，バーナチップの汚れ，摩耗，油圧や油温が低すぎることなどにより生成されます。

補足 ▶

ガス爆発
未燃ガスの急激な燃焼によって強烈な爆風が生じ，炉壁などを爆破飛散させる現象をガス爆発といいます。未燃ガスが多い状態で点火されたとき，一瞬で引火して爆発します。

バッフル
バッフルとは，流速や流れ方向を変えることで，流体中の浮遊微粒子を分離する板をいいます。

8　不完全燃焼

　燃焼用空気が不足したり，油の噴霧粒子が大きすぎると，不完全燃焼を起こします。不完全燃焼はばい煙やすすを生じ，大気汚染の原因になります。

9　異常消火

　油だきボイラーで運転中に突然消火（異常消火）したときには，以下のような原因が考えられます。

①燃焼用空気量が多すぎる
②燃料油弁を絞りすぎている
③油ろ過器の詰まり
④燃料油の温度が低すぎる
⑤燃料油にガスや水分が多く含まれている

10　障害発生時のボイラーの非常停止手順

　ボイラーの運転中に突然異常事態が発生し，ボイラーを緊急停止するときには以下の手順で進めなければなりません。

①燃料の供給を停止する
②炉内・煙道の換気を行う（ポストパージ）
③主蒸気弁を閉じる
④水位を十分に確保する
⑤ダンパは開放した状態を保持する

　ボイラーの異常事態発生で緊急停止を行なう際は，最初に燃料を遮断し，炉内・煙道の換気を行って炉内爆発防止の措置を取ります。続いて再起動時に安全水位以下にならぬよう給水をし，必要な水位を確保します。

●非常停止の手順

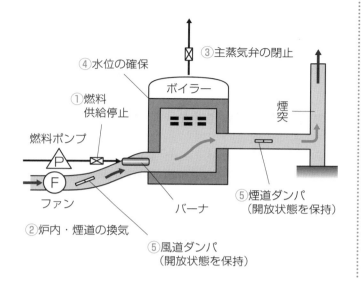

④水位の確保

③主蒸気弁の閉止

ボイラー

①燃料
供給停止

燃料ポンプ

ファン

②炉内・煙道の換気

煙突

バーナ

⑤煙道ダンパ
（開放状態を保持）

⑤風道ダンパ
（開放状態を保持）

補足

通常または異常
消火時のポイント

・燃料弁を閉じて燃
　焼を止める
・十分な換気（ポスト
　パージ）を行い未
　燃ガスを排出する

チャレンジ問題

問1

難　中　易

以下の記述のうち, 正しいものはどれか。

(1) 点火用バーナの燃料圧力が急に高くなると, バックファイヤが発生する。

(2) 燃料を空気よりも先に供給したとき, バックファイヤが発生する。

(3) いきづき燃焼のおもな原因は, 燃料油に空気が多く混入していることと重質
　　油の加熱温度が低すぎることである。

(4) 重油燃焼中に火花が生じるおもな原因は, バーナ不良, バーナの調節不良,
　　通風力が弱い, 燃焼油の圧力や油温が適正でないことである。

解説

空気よりも燃料を先に供給すると着火に時間がかかり, その間に供給された燃料
が炉内にたまってバックファイヤが発生します。

解答 (2)

2 使用を停止する際の取り扱い

まとめ&丸暗記　この節の学習内容とまとめ

☐ ボイラーの運転停止の手順
①燃料の供給停止②炉内と煙道の換気③給水④蒸気弁の閉止⑤ドレン弁を開ける⑥ダンパの閉止

☐ 自動制御での運転停止の手順
①制御盤上のスイッチを操作②バーナ燃焼が消火してファンが停止, ポストパージが終了③給水装置を手動操作に切り替えて給水し, 給水弁と主蒸気弁を閉める

☐ 石炭ボイラーの点火
移動を止めたストーカに石炭, 上に薪を置いて薪に点火し石炭に火移りさせる

☐ 石炭ボイラーの燃焼量の調整
ストーカに載せた石炭の厚さとストーカの送り速度で単位時間あたりの石炭供給量を変更

☐ 石炭ボイラーの非常停止時の措置
燃料の供給の停止と同時にストーカを止め, ドラム水位をしっかりと確保

☐ 石炭ボイラーの運転停止操作
ボイラーの停止操作を行いつつ, 埋火の準備を進める。埋火をしない場合はストーカ上にある燃料をすべて燃やしきる

☐ 埋火 (まいか)
燃焼中の石炭の上に湿った石炭, そしてその上に湿った灰をかぶせて火種として保存する

☐ 作業終了時の点検項目
作業終了時における蒸気圧力の数値とボイラー水位／弁, コックから蒸気や水が漏れていないか／配管, ポンプ, 弁から燃料が漏れていないか／ボイラーの取り扱い記録は記入したかなど

ボイラーの運転停止操作

1 運転作業終了時の注意

　ボイラーの運転作業を停止する場合には，おもに以下の点に注意します。

① 蒸気の使用先に連絡し，作業終了時までに必要な蒸気を残して運転を停止する
② れんが積みのボイラーでは，れんがの余熱で圧力上昇が発生しないことを確かめて主蒸気弁を閉じる
③ ボイラー水は上位水位より少し高めに給水し，給水後は主蒸気弁と給水弁を閉じて主蒸気管などのドレン弁は開いておく
④ ボイラーの圧力を急に下げることやれんが積みを急に冷やさないようにする
⑤ 他ボイラーの蒸気管と連絡の場合，連絡弁は閉じる

2 運転作業終了の操作手順

ボイラーの運転作業は，以下の手順で終了し爆発を防止します。

① 燃料を供給停止する
② 炉内と煙道を換気する（ポストパージ）
③ 給水して圧力を下げる
④ 蒸気弁を閉じる
⑤ ドレン弁を開ける
⑥ ダンパを閉じる

補足 ▶

電源のオフ（切）操作
ボイラーの運転停止作業が終わったら，必要な電源以外はすべてオフにします。燃料の使用量，給水量，燃料の残量などを記録し，作業は終了します。

3　自動制御での運転停止

自動制御の場合に運転を停止するには，以下の手順で行います。

①運転を停止するため，制御盤上のスイッチを操作する
②バーナ燃焼が消火し，ファンが停止，ポストパージが終わる
③給水装置を手動操作に切り替え，常用水位より少し高めに給水して給水弁と主蒸気弁を閉める

4　ポストパージ（換気）

　ボイラーの運転終了時に行う換気をポストパージといいます。ボイラー消火後にこの換気作業を行うことで，炉内および煙道内の未燃ガスを排除し，ボイラー内の未燃ガスによる爆発を防止します。

チャレンジ問題

問1

難　中　**易**

以下の記述のうち，正しいものはどれか。

(1) ボイラーの運転作業を停止するには，蒸気の使用先に連絡してから作業終了時までに必要な蒸気を残し，ボイラー水はすべて抜く。
(2) ボイラーの運転停止作業に必要なのは燃料の供給停止，炉内と煙道の換気などで，ポストパージは不要である。
(3) ポストパージとは，残留未燃ガスの外部排出のため空気送入することである。
(4) ボイラーの運転停止後は，速やかにボイラーの圧力を下げ，れんが積みのボイラーではれんが積みを急冷する。

解説

未燃ガスを外部へ排出するポストパージは，炉内に残っている未燃ガスによる爆発防止のために行います。ボイラーの運転終了時に行う重要な作業のひとつです。

解答（3）

石炭だきボイラーの運転と停止操作

1 石炭だきボイラーの取り扱い

石炭だきボイラーは油やガスとは異なり，停止や燃焼量の調整方法，消火後の再点火に工夫が必要です。

●点火
ストーカを利用した石炭だきボイラーの点火方法は，ストーカに載せた石炭の上に薪を置きます。

●燃焼量の調整
ストーカ燃焼における燃焼量は，ストーカに載せた石炭の厚さ（炭層の厚さ）とストーカの送り速度で単位時間あたりの石炭供給量を変更して調整します。

●非常停止の場合の措置
非常停止の際，燃料の供給の停止と同時にストーカを止めます。ファンを止めるとストーカ上の石炭燃焼は停止しますが，燃焼中の石炭や加熱された耐火材などが燃焼室内に存在しています。そのため，この熱がボイラー水に伝わって蒸発は継続します。

●ボイラーの運転停止操作
ボイラーの停止操作を行い，埋火（まいか）の準備を進めます。石炭の供給停止後，埋火をしないときはストーカ上の燃料をすべて燃やしきります。

補足 ▶

ストーカ（火格子）
多くのすき間を持つ部品をストーカ（火格子）といい，この上に石炭などの固体燃料を載せ，下から空気を吹き上げて燃焼させます。

●埋火（まいか）

石炭だきボイラーの運転を一次停止するとき，次回に起動する手間を省略するため火がついた石炭の燃焼を止めて火種として保存することを埋火といいます。まず燃焼中の石炭をストーカの手前に集め，次に湿った石炭でその上を覆います。最後にさらにその上に湿った灰を載せることで燃焼が進行しないようにします。これで火種が長時間保存でき，次回点火が楽になります。

2 石炭だきボイラーの運転停止

　石炭だきボイラーの運転停止には，一時休止と運転停止の2種類があります。一時休止と運転停止では，行われる作業が異なりますので，それぞれの作業や手順については，以下の通りです。

●一時休止

一時休止では，火種を残す埋火を行います。このとき，炉内温度を下げておくと炉が燃え出す危険性は低下します。同時に，ダンパを少し開いて炉内や煙道内に未燃ガスがたまらないようにすることも大切です。

●運転停止

運転停止の場合には，一般的な運転停止の手順に従います。埋火をしない場合は，送風によって燃料を完全に燃焼させます。埋火をするときには火層の燃え具合を見て火種となる箇所を残すようにします。また，ストーカを用いた燃焼方式では埋火の前に炉内温度を下げる必要があります。

3 作業終了時の点検項目

　作業が終了したときには，以下の項目を点検する必要があります。

①ボイラー本体の電源スイッチはオフになっているか
②給水弁，排水弁，コックなどから蒸気や水が漏れていないか

③れんがの余熱で燃焼室内の圧力が上昇していないか

④作業終了時の蒸気圧力数値とボイラー水位の確認

⑤蒸気弁から蒸気漏れはないか

⑥暖房専用ボイラーでは，ドレンを回収し，真空ポンプを停止したか

⑦石炭だきボイラーの場合，燃焼室より運び出した灰の処理は完全か，また，灰の周囲に可燃物はないか

⑧油配管，バーナチップ，ガス配管，ポンプ，弁などから燃料が漏れていないか

⑨室内の状況について整理整頓がされているか

⑩ボイラーの取り扱い記録は記入したか

チャレンジ問題

問1　　　　　　　　　　　　　　　　　難　中　易

以下の記述のうち，正しいものはどれか。

(1) 石炭だきボイラーは，止まっているストーカに石炭を載せ，その上に直火をくべることで点火する。

(2) ストーカ燃焼では，ストーカの送り速度とストーカに載せた石炭の厚さで単位時間あたりの石炭供給量を変更することで燃焼量を調節する。

(3) 石炭だきボイラーの非常停止は，燃料供給とファンの2箇所だけを停止する。

(4) 石炭を火種として保存する埋火は，石炭をストーカの手前に集めるが，湿った灰がかからないようにする。

解説

ストーカ上の炭層の厚さ（石炭の厚さ）とストーカの送り速度を用いて燃焼量を調節することがポイントになります。

解答（2）

3 附属品および附属装置の取り扱い

まとめ&丸暗記　この節の学習内容とまとめ

☐ 圧力計	蒸気ボイラーで使用。圧力計の最高目盛は最高使用圧力の1.5～3倍
☐ 水高計・温度水高計	温水ボイラーで使用
☐ 圧力計（水高計）の試験	圧力試験機による試験もしくは比較試験
☐ 水面測定装置	正しい水位を知るため機能が正常な状態を常に保つ
☐ 水面計の機能試験実施時期	水面計の吹出し弁からのブローにより毎日1回以上，もしくは水面計の表示に異常がある場合に実施
☐ 安全装置	安全弁，逃がし弁・逃がし管
☐ 安全弁の故障と原因	蒸気漏れ／設定圧力でも動作しない故障
☐ 吹出し装置	手動または自動的にボイラー水を排出する装置
☐ 蒸気ドラム	不純物が水の中に濃縮される→不純物を排出
☐ 間欠吹出し	スラッジやスケール片などを排出する
☐ 連続吹出し	常時ブロー弁を開けておいて連続的に吹出しを行う
☐ 水冷壁の吹出し	間欠吹出し用の吹出し弁と併用する
☐ 給水装置	定期的な清掃／給水弁や給水逆止め弁は分解整備／復水混合タンク内の給水温度は上げすぎない
☐ ディフューザポンプの起動手順	①吐出し弁を全閉し，吸込み弁を全開②ポンプを起動③吐出し弁を徐々に開く④負荷電流が適正であることを電流計で確認
☐ 燃料油用遮断弁	電磁弁が用いられる。正常時の燃焼中は通電状態で開，停止時または異常時では遮断弁が閉まる
☐ 燃料油用遮断弁の故障と原因	電磁石に関するもの／遮断弁自体に関するもの

圧力計と水高計

1 圧力計および水高計とは

　圧力計は計器内に直接蒸気が入ると誤差が出やすくなるので丁寧に扱います。圧力計の最高目盛は，最高使用圧力の 1.5 ～ 3 倍で，最高使用圧力の指示が中央真上にきて見やすいため通常は 2 倍程度のものを用います。最高使用圧力の指示は赤，常用圧力は緑など別の色を使用します。圧力のみを示す圧力計は蒸気ボイラーで使用し，水高計や温度水高計は温水ボイラーで使用します。

2 取り扱いと注意点

　圧力計の取り扱いと注意点は，以下の通りです。

①温度が 80℃ 以上にならないよう注意し，ボイラーとの連絡管として使用するサイホン管には水を満たしておく。ブルドン管内に 80℃ 以上の蒸気が直接入ると，誤差が生じやすくなる
②圧力計（水高計）のサイホン管の垂直部にはコックを取り付ける。管軸とコックのハンドルが同一方向のときに開通する構造とする
③圧力計（水高計）の最高目盛は，最高圧力の 1.5 ～ 3 倍のものでなければならないが，通常は 2 倍程度のものを用いる
④最高使用圧力の指示は赤，通常圧力は緑など別の色を使用する

補足

水高計
水高計は圧力のみを示します。

温度水高計
温度水高計は圧力と同時に温水温度を示します。

⑤圧力計（水高計）の周囲は照明によって見やすくし，目盛盤のガラスはきれいにしておく

⑥圧力計（水高計）がボイラー本体から遠く，長い連絡管を用いなければならない場合は，本体近くに止め弁を設置する。止め弁は全開にして施錠するか，もしくはハンドルを外しておく

⑦使用中の圧力計が機能不全に陥った場合に取り替えて比較できるよう，検査済の正確な予備の圧力計を1個常備しておく

⑧圧力が0のときに残針がある場合，故障している可能性があるため新しいものと交換する

●**圧力計（水高計）の取り扱いと管理**

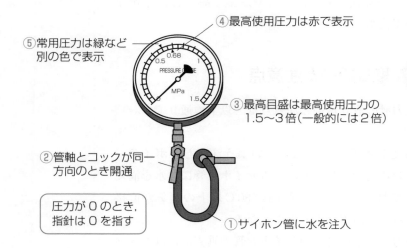

⑤常用圧力は緑など別の色で表示

④最高使用圧力は赤で表示

③最高目盛は最高使用圧力の1.5〜3倍（一般的には2倍）

②管軸とコックが同一方向のとき開通

圧力が0のとき，指針は0を指す

①サイホン管に水を注入

3 圧力計（水高計）の試験

　圧力計（水高計）には圧力試験機による試験と，試験機により合格した試験専用の圧力機を用いる比較試験の2種類があります。どちらかの試験方法を用いて，次のいずれかのタイミングで行います。

①ボイラーの性能検査時

②ボイラーの長期休止後に使用するとき

③安全弁の実際の吹出し圧力と調整した際の圧力が異なる場合

④プライミングやホーミングが圧力計に影響をおよぼしたと考えられるとき

⑤圧力計の指針や動きをチェックし，機能に疑念が持たれた場合

補足

性能検査

ボイラー検査証（原則有効期間1年）の更新を受けるために必要な検査を，性能検査といいます。

チャレンジ問題

問1

難　中　易

以下の記述のうち，正しいものはどれか。

(1) 温水ボイラーでは圧力計を，蒸気ボイラーでは水高計もしくは温度水高計を使用する。

(2) コックは圧力計（水高計）におけるサイホン管に対して水平部に取り付け，管軸とコックのハンドルが反対方向のときに開通するようにする。

(3) ボイラー本体から圧力計（水高計）が遠い場合でも，近い場合と同じ状態で設置する。

(4) 圧力計（水高計）の試験には比較試験と圧力試験機による試験の2種類が存在する。

解説

比較試験は試験機により合格した試験専用の圧力機を用います。試験は2つのうち，どちらかを選択して行います。

解答 (4)

水面測定装置

1 取り扱いと注意点

　ボイラー内の正しい水位を知るために重要な水面測定装置は，常に機能が正常な状態を保たなくてはなりません。そのため，以下のような点に注意する必要があります。

①原則として水面測定装置は2個設置し，その比較で異常を知る。両者の水位が異なる場合やボイラー運転中に制止している場合は，水面測定装置の故障が考えられる

●ボイラーに2個設置された水面計の例

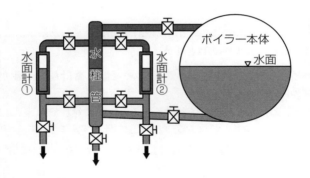

②ボイラーのたきはじめはボイラー水の膨張による水位の上昇を確認する。水位が動かない場合は，弁またはコックが閉じているもしくは水面測定装置の故障が考えられる

③ガラス面は常に清浄にし，明かりを十分に採る。水位がよく見える状態を保つことが重要

④分解，整備が不可欠。水面計のコックは使用してい
るると漏れやすくなるので，6カ月毎に分解，整備を
必ず行う

⑤水面計の機能試験は毎日行う。たきはじめに圧力が
あるときは点火直前，圧力がない場合は圧力の上が
りはじめに行うようにする

⑥水側連絡管が煙道内を通る場合は断熱処理をする。
断熱処理としては，耐火材が用いられる

⑦ボイラーと水柱管との連絡管の中で，水側連絡管は
水位の変動ではなく単に水が左右に移動するだけな
のでスラッジなどがあると詰まりやすくなる。この
ため，水側連絡管は水柱管に向かって上がり勾配の
配管にする

●**水側連絡管**

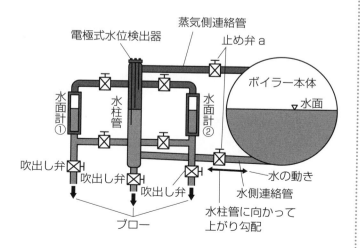

補足

水柱管
下部から水，上部か
ら蒸気が侵入するボ
イラーと水面測定装
置の間に設ける立て
管です。

⑧水柱管に水面計が取り付けられている場合，水柱管の連絡途中にある止め弁Aを全開にしたまま札掛けをするか，ハンドルを取り外しておく。ボイラー本体と水柱管の間にある止め弁Aは水面計などのメンテナンス用に設置してあるため，誤って閉じないようにする

●**水面計および水柱管**

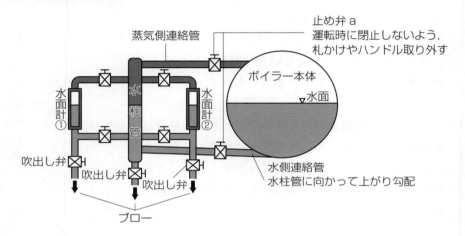

⑨水柱管に水面計が取り付けられている場合，水柱管下のブロー管から毎日1回ブローを行い水側連絡管のスラッジを排出する。流れがない水柱管には，スラッジがたまりやすくなっているため，毎日1回はブローによって水側連絡管のスラッジを排出するようにする

2　水面計の機能試験実施時期

　水面計の機能維持のため，機能試験を行います。水面計の吹出し弁からのブローにより毎日1回以上，または水面計の表示に異常がある場合に実施します。

　吹出し弁からのブローは，ボイラー内の圧力でボイラー本体から水面計に至る配管や弁，コックに詰まりがあった場合に原因になるスラッジなどを吹き飛ばし，水面計の表示を正常にします。

　機能試験の実施時期は，残圧がある場合にはボイラーのたきはじめ前か，圧力が上がりはじめたときです。ボイラー内に圧力がない場合は，ボイラー水の吹出しができないため水面計の機能試験は実施できません。

　また，2組の水面計の水位に差があるときやホーミングやプライミングを生じたとき，取り扱い担当者が交代して次の者が引き継いだとき，ガラス管の取り替えや補修，水位の動きが鈍くて水位が正しいか分からないときなどにも実施します。

3　水面計の機能試験

　ボイラー水と蒸気の吹出しによって管路の詰まりがないことを確認する機能試験では，コックの取り扱いに注意が必要となります。

　一般的なコックと異なり，水面計連絡管のコックは運転時にはハンドルの向きがすべて下方になるよう，管軸とハンドルの向きが直角方向になった場合に開くように作られています。これは，水面計の周辺はボイラー運転時には振動が大きいので，通常のコックと同様の作りにしていると振動によってコックが下がり，

補足

水側連絡管
水柱管とボイラーを連絡する管を，水側連絡管といいます。

閉じてしまう危険性を考慮してのことです。

　通常運転時は，水柱管と水面計は連結していなければなりませんので，蒸気コックと水コックは「開」となっています。また，ドレンコックはハンドルが下向きの状態が「閉」となります。

4　水面計の機能試験の操作順序

　水面計の機能試験は，以下の手順で実施します。なお，水面計のコックはハンドルが管軸と直角方向で「開」になるため，試験を実施する際は取り扱いに十分注意して行います。

① 水コックと蒸気コックを閉じ，ドレンコックを開いてガラス管内の水を出す
② 水コックを開いて水だけをブローし，水側通路の掃除を行う。水の噴出状態を見ながら水コックを閉じる
③ 蒸気コックを開いて蒸気だけをブローし，蒸気通路の掃除を行う。蒸気の噴出状態を見ながら蒸気コックを閉じる
④ ドレンコックを閉じたあと蒸気コックを少しずつ開き，水コックも開く。ドレンコックの閉め忘れは低水位の原因になるので，閉じていることを必ず確認する
⑤ ガラス管内の水位上昇に注意する。水位の戻りが遅いときは，水側の通路に障害があるので，原因を取り除いてから再度機能試験を行う

　水面計は運転中に機能の点検は特例を除き，原則 1 日に 1 回以上行うことが義務付けられています（P.348 参照）。

●水面計のブロー

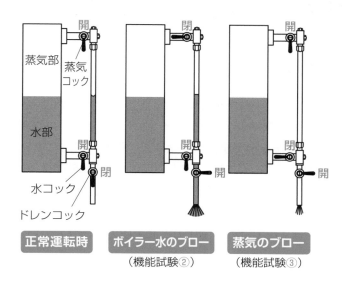

蒸気部
蒸気コック
水部
水コック
ドレンコック

| 正常運転時 | ボイラー水のブロー
（機能試験②） | 蒸気のブロー
（機能試験③） |

補足

水面計のコック
水面計のコックは運転時にコックがすべて管軸と直角方向になったときに開くようになっているため, 取り扱いには十分な注意が必要です。

チャレンジ問題

問1

難　中　**易**

以下の記述のうち, 正しいものはどれか。

(1) 水面測定装置は2個設置し, 1個は予備としているため用いることはほとんどない。

(2) 水面計の機能試験は, 毎月の月初めに実施するようにする。

(3) 水側連絡管の配管は, 水柱管に向かって上がり勾配にする。

(4) 水面計の機能試験は, 残圧があってもなくてもボイラーをたきはじめて圧力が上昇したときである。

解説

水側連絡管はスラッジなどがあると詰まりやすいため, 上がり勾配にする必要があります。

解答 (3)

安全弁と逃がし弁および逃がし管

1　安全弁の取り扱いと注意点

　過度な圧力上昇によるボイラーの破裂を防ぐため，法令では安全装置の設置が義務づけられています（P.370 参照）。蒸気ボイラーには安全弁，温水ボイラーには逃がし弁・逃がし管または安全弁が安全装置の役割を果たします。

　安全弁や逃がし弁は規定の圧力に調整し，正確に作動するよう機能維持に努める必要があります。安全弁の取り扱いで重要なものは，以下の通りです。

①安全弁が蒸気を吹いた際は，圧力計の指示圧力と設定圧力が一致していることを確認する

②設定圧力でも安全弁が吹かない場合，試験用レバーを動かして蒸気を吹かせ，再び設定圧力で吹くか確認する。正しく動作しないときは，分解整備あるいは交換をする

③安全弁が蒸気漏れを起こした場合はばね式安全弁のばねを締め付けず，試験用レバーを動かして弁と台座のあたりを変更する。それでも漏れるときは，分解整備もしくは交換を行う

2　安全弁の故障とその原因

　安全弁における故障のおもな原因には，蒸気漏れと設定圧力でも動作しない故障の2種類があります。

●蒸気漏れの原因

①弁と弁座との接触部分にゴミや傷などによってすき間ができ，蒸気が外に漏れている

②腐食により，ばねの力が弱くなっている

③弁の中心から荷重が外れている

●蒸気漏れの処置

①傷を取り表面を滑らかになるようすり合わせて弁体と弁座を密着させる

②ゴミや異物が噛み込まれていないか確認する

③弁体と弁座の中心をそろえる

④試験用レバーを動かして弁体と弁座の間にあるゴミを吹き飛ばす

●**ばね安全弁の構造**

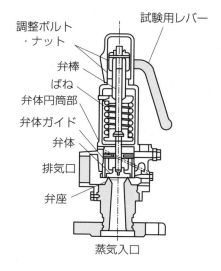

●作動しない場合の原因

①ばねの締めすぎで吹出し圧力になっても作動しない

②弁棒が曲がって弁棒通路に強く接触している

③弁脚と弁座の間が狭すぎる

●作動しない場合の処置

①調整ボルトでばねの押しつけ力を緩める

②曲がりを調整して円滑に動くようにする

③熱膨張で密着した弁脚と弁座のすき間を調整する

補足

吹出し圧力
圧力を次第に上げたときに蒸気が吹き出す最低の圧力のことです。

3 安全弁の調整と試験

安全弁は，最高使用圧力以下で作動するように調整したうえで，それぞれ
に試験を実施します。

●ばね安全弁
ばね安全弁の場合は，以下の4つの手順で試験を行います。

①調整ボルトを定位置に設定する
②圧力を上昇させると安全弁が作動して蒸気が噴き出し，圧力が下がると弁
　が閉じるため，吹出し圧力と吹止まり圧力を確認する
③設定より吹出し圧力が低い場合は，圧力を設定圧力の80％程度まで下げ
　て調整ボルトを締めながら吹出し圧力を上昇させる
④設定圧力になっても安全弁が作動しないときは，直ちにボイラーの圧力を
　設定圧力の80％まで下げて調整ボルトを緩め再び試験する

●てこ式安全弁
設定圧力以下の位置からおもりを少しずつ遠ざけて設定圧力にします。

●安全弁が2個以上ある場合
1個を最高使用圧力以下で作動するよう調整したときは，もうひとつの安全
弁を最高使用圧力の3％増し以下で作動するよう調整可能です。

●過熱器用安全弁・エコノマイザの安全弁（逃がし弁）
「過熱器」→「本体」→「エコノマイザ」の順番に吹き出すようにして，過
熱器の焼損を防止します。また，エコノマイザの安全弁はボイラー本体の安
全弁より高い圧力に調整します。

●最高使用圧力の異なるボイラーが連結している場合
各ボイラーの安全弁は最高使用圧力のもっとも低いボ
イラーに合わせます。

●安全弁の手動試験
手動試験は，最高使用圧力の 75%以上の圧力で実施
します。

補足

てこ式安全弁
てこの原理を使用し
た安全弁をてこ式安
全弁といいます。お
もりの重さと位置を
調整し，吹出し圧力
を設定しています。

吹止まり圧力
圧力を次第に下げた
ときに蒸気の吹き出
しが止まる最高の圧
力のことです。

チャレンジ問題

問1

難　中　易

以下の記述のうち，正しいものはどれか。

(1) 安全弁が蒸気を吹いたときは，きちんと動作しているので圧力計を確認する
必要はない。

(2) 安全弁の蒸気が漏れる場合，おもな原因はすりあわせが上手くいっていな
い，ばねの力が弱くなっている，弁と弁座との接触部分に何らかの理由です
き間ができていることなどである。

(3) 安全弁が作動しない場合，おもな原因は弁棒が曲がり弁棒通路に強く接触
している，弁脚と弁座の間が広すぎる，ばねが強すぎるなどである。

(4) 安全弁の手動試験は，最高使用圧力の80%以上の圧力で実施する。

解説

**すりあわせは，傷を取って表面をなめらかにして弁体と弁座が密着するようにする
方法です。**

解答 (2)

吹出し装置

1 吹出し装置とは

　吹出し装置の働きは，ボイラー水中の不純物の濃度を一定にするため，手動または自動的にボイラー水を排出することです。

●ボイラー水の吹出し

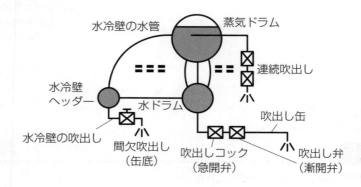

2 吹出し装置の取り扱いと注意点

　蒸気ドラムでは常に水が蒸発しているので，ボイラーでは不純物が水の中に濃縮されていきます。こうした不純物はボイラー下部にたまるので排出します。この作業がボイラー水の吹出しで，そのための装置が吹出し装置です。吹出しには間欠吹出し，連続吹出し，水冷壁の吹出しの３種類があります。

●間欠（缶底）吹出し
間欠吹出しでは，ボイラー水をかき混ぜずにボイラー底部にたまった軟質のスラッジ（かま泥）やスケール片などを排出することが重要となります。吹出し装置とその配管，弁類の内部はスラッジがたまるので，適宜吹出しを実施します。間欠吹出しの際には，以下の点に注意します。

①間欠吹出しはボイラーの運転前，運転を停止したとき，ボイラー運転の負荷が低いときに実施する

②1人で2基以上のボイラーの吹出しはしない

③操作者が直接水面計の水位を見ることができないときは，水面計の監視者と共同で実施する

④締め切り装置が直列に2個設けられている場合は，第1吹出し弁（急開弁），第2吹出し弁（漸開弁）の順に弁を開く

⑤密閉配管系統で使用する温水ボイラーでは吹出しを実施しない

⑥給湯用温水ボイラーでは，酸化鉄，スラッジなどの沈殿物を考慮してボイラーの休止中に実施する

⑦鋼製蒸気ボイラーでスラッジやスケールが大量生成される場合は，運転中でも適宜吹出しを行う

⑧鋳鉄製蒸気ボイラーの運転中の吹出しは禁止

⑨吹出しを行っているときは，ほかの作業をしない

⑩吹出し装置は，スケールやスラッジなどで詰まる場合があるため，適宜吹出しを行う

●連続吹出し

ボイラー運転中に常時ブロー弁を開けておいて，連続的に吹出しを行うのが連続吹出しです。吹出し量は，ボイラー水の濃度を一定に保つように調節します。

●水冷壁の吹出し

ボイラーには，水冷壁ヘッダーにも吹出し弁が設けられています。この弁は，ボイラー停止時にボイラー水を円滑に排出するための間欠吹出し用の吹出し弁と併用されます。ボイラー運転中にスラッジの吹出しのために用いてはなりません。

問1

難　中　易

以下の記述のうち，正しいものはどれか。

(1) ボイラーでは不純物が水の中に濃縮されるため，ボイラー水の吹出しが必要となる。これは，密閉配管系統で使用する温水ボイラーであっても同様である。

(2) 間欠吹出しを終了する際は，締め切り装置が直列に2個設けられている場合では第1吹出し弁を閉じてから第2吹出し弁を閉じる。

(3) 鋼製蒸気ボイラーでスラッジやスケールが大量生成されるおそれがある場合は，運転中でも適宜吹出しを行う。

(4) 水冷壁ヘッダーには，ボイラー運転中にスラッジの吹出しができる吹出し弁が設けられている。

解説

鋼鉄製蒸気ボイラーでは，運転中の吹出しは可能ですが，鋳鉄製ボイラーでは禁止されています。

解答 (3)

問2

難　中　易

以下の記述のうち，正しいものはどれか。

(1) 炉筒煙管ボイラーの吹出しは，ボイラーを停止する前，運転を開始したときのみに行う。

(2) 鋳鉄製温水ボイラーは，配管のさびまたは水中のスラッジを吹出す場合以外にも，随時吹き出しを行う。

(3) 鋳鉄製蒸気ボイラーの吹出しは，必ず運転中に行う。

(4) 吹出し弁が直列に2個設けられている場合には，先に第1吹出し弁を開き，次に第2吹出し弁を開いて吹き出しを行う。

解説

吹出し弁が直列に2個設けられている場合の操作順序は，先に第1吹出し弁（急開弁）を開き，次に第2吹出し弁（漸開弁）を徐々に開きます。閉止するときの順序は，第2吹出し弁を閉じてから第1吹出し弁を閉じます。

解答 (4)

給水装置

1 給水装置の取り扱い上の注意

給水装置の取り扱い上の注意点は，以下の通りです。

①給水タンクは定期的に清掃し，給水で泥やゴミなどの不純物が混入しないようにする

②スケールによってふさがりやすい給水内管の穴は，取り外して掃除ができる構造とする

③給水弁や給水逆止め弁は，故障や漏れを防止するため分解整備をしてゴミやスケールなどを取り除く

④復水混合タンク内の給水温度は高すぎないようにする（給水装置の給水能力の低下を招くため）

⑤保有水量の少ないボイラーでは，とくに圧力計を給水ポンプの吐出し側に設けて給水圧力の点検を行う（給水系統の異常を早めに予知するため）

2 ディフューザポンプ

ディフューザポンプの点検から運転までは，以下の点と手順に従います。

●点検および運転準備
ディフューザポンプの点検と運転準備の方法です。

①グランドパッキンシール式の軸では，パッキンを少量の水が滴下する程度に締め，なおかつ締めしろが残っていることを確認する

補足

復水混合タンク

回収した復水に加えて，ボイラー用水の混合水をためておくためのタンクが復水混合タンクです。

グランドパッキンシール

軸封部（スタフィングボックス）に挿入して，接触面厚手内部流体を封印するものをグランドパッキンシールといいます。

②メカニカルシール式の軸では，水漏れがないことを確認する

③運転前にポンプ内およびポンプ前後の配管内の空気を抜いておく

④軸受けの湯室と給油の状態が適正であることを確認する

●起動および運転

空運転で起こる内部焼き付け防止のため，手順に従って起動します。

①吐出し弁を全閉し，吸込み弁を全開にする

②ポンプを起動する

③吐出し弁を徐々に開ける

④負荷電流が適正であることを電流計で確認する

●ディフューザポンプの起動手順

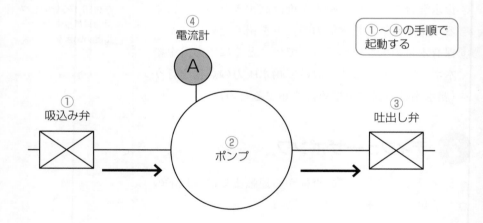

④
電流計

A

①～④の手順で
起動する

①
吸込み弁

②
ポンプ

③
吐出し弁

●停止

ディフューザポンプを停止させるには，以下の手順で進めます。

①吐出し弁を徐々に絞り閉止する

②ポンプを停止させる

③吸込み弁を閉じる

3 インゼクタの起動と停止

インゼクタの起動と停止の手順は，以下の通りです。

●起動
①水を吸い込む
②蒸気を通す

●停止
①蒸気を止める
②水を止める

補足 ▶

メカニカルシール
リングの二重構造
（軸方向に動くリング
と動かないリング）に
よって液体の漏れを
制限するものを，メ
カニカルシールとい
います。

チャレンジ問題

問1

難　中　易

以下の記述のうち，正しいものはどれか。

(1) 給水タンクは定期的に清掃する必要があるが，給水内管の穴は大きめに設定しておけば清掃しなくても問題はない。

(2) 復水混合タンク内の給水温度は，高いほど給水装置の給水能力を高めることができる。

(3) 保有水量の少ないボイラーでは，圧力計を給水ポンプの吸込み側に設けておくと給水系統の異常を早めに予知できる。

(4) ディフューザポンプの運転は「吐出し弁を全閉→吸込み弁を全開→ポンプを起動→吐出し弁を徐々に開ける→負荷電流が適正か電流計で確認」の手順で行う。

解説

運転において手順は非常に重要です。間違えないようにしっかりと覚えましょう。

解答 (4)

自動制御装置

1 ボイラーの自動制御装置

　ボイラーの自動制御装置は，多種多様な機器からもたらされたボイラーの圧力，水位，温度，流量，排ガスなどの情報を分析して制御を行います。そのため，こうした機器に異常がないか点検する必要があります。なかでも，異常時に燃料供給を急きょ停止する燃料油用遮断弁（電磁弁）が故障すると，燃料が漏れてガス爆発など大きな災害を引き起こすことがあります。

2 燃料油用遮断弁

　一般的に燃料油用遮断弁には，電磁弁が用いられます。電磁弁は電磁石（コイル）の力で弁体（可動コア）が開閉しますが，コイルに通電すると電磁力によって弁体が上がり「開」状態となります。停電や電磁弁の故障が発生するとコイルの磁力がなくなり，弁体はばねの力によって「閉」状態となり燃料油の供給を遮断します。

　正常時の燃焼中は通電状態で「開」，停止時または異常時では遮断弁が閉まるというフェールセーフの仕組みが働いています。

●燃料油用遮断弁の開閉動作

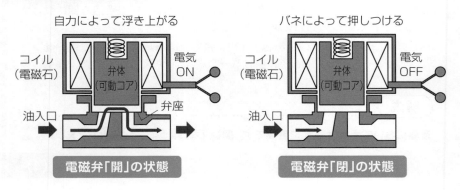

218

　燃料油用遮断弁が故障する原因には，電磁石と遮断弁自体に関するものの2種類に分けられます。

　電磁石関連の故障では，配線の遮断，電磁コイルの燃焼があります。

　遮断弁自体の故障では，噛み込み，ばねの折損による不作動などがあります。

チャレンジ問題

問1

難　中　易

以下の記述のうち，正しいものはどれか。

(1) 燃料油用遮断弁は多種多様な機器から構成されるが，重要なのは水位，温度，流量，排ガスの有無を調べる機器で，燃料油用遮断弁の重要度は低くなっている。

(2) 燃料油用遮断弁は，正常時の燃焼中で「閉」，異常時で「開」となる。

(3) 燃料油用遮断弁の故障のうち，電磁石に関するものは，一般的には起こり得ない。

(4) 燃料油用遮断弁の故障のうち，遮断弁自体に関するものは異物の噛み込みやばねの折損や張力低下などがある。

解説

異物が弁体と本体の弁座部分に噛み込んだり挟み込んだりすることですき間ができて燃料が漏れる，ばねの折損や張力低下で弁がきちんと閉じないといった問題が発生します。

解答 (4)

4 ボイラーの保全管理

　この節の学習内容とまとめ

□ ボイラーの保全	ボイラーの日常的な使用に支障がないよう予防措置を行うこと（年間保全計画／日常保全計画）
□ 年間保全計画	①定期整備（1・3・6カ月ごとに区分した分解整備計画を作成して実施）②月例点検（日常保全計画の点検，試験項目について毎月1回，詳細な点検と記録を実施）
□ 日常保全計画	日常での使用に際して，一定の時間や間隔を決めて点検，試験，計測，記録を計画的に実施
□ ボイラーの清掃	内面＝ボイラー水の循環障害の防止／外面＝灰の堆積による通風障害の除去
□ 伝熱管外面の清掃	伝熱管外面に付着したすす汚れなどを除去
□ 酸洗浄	ボイラー内面に付着したスケールを酸で溶かして除去する方法
□ アルカリ洗浄	ボイラー本体に給水後，アルカリ水溶液を投入して加熱，自然循環または強制循環によって洗浄する方法
□ ボイラーの休止中の保存方法	乾燥保存法（休止期間が3カ月以上の長期に渡る場合や，凍結の恐れがある場合）／満水保存法（休止期間が3カ月程度以内または緊急時の使用に備えて休止する場合）
□ ボイラーの検査	行政官庁もしくは，登録検査機関による検査および定期自主検査
□ ボイラー工作の良否判断のための水圧試験	最高使用圧力の1.5倍の圧力で実施
□ 設置ボイラーの異常調査のための水圧試験	最高圧力または常用圧力の1〜1.1倍程度の圧力で実施する

ボイラーの保全

補足 ▶

1 ボイラーの保全の実施

ボイラーの日常的な使用に支障がないよう予防措置を行うことを，ボイラーの保全といいます。使用によるボイラーの劣化や汚れによる効率低下，ボイラーに起因する災害などを防止することで，安全かつ効率的，長時間ボイラーを運転することができます。

ボイラーの保全は，年間保全計画と日常保全計画の2つに大別されます。

①年間保全計画
定期整備：1年に1回実施される性能検査をもとに，損傷や劣化具合を使用条件や重要度などで1・3・6カ月ごとに区分した分解整備計画を作成して実施
月例点検（定期自主点検）：日常保全計画の点検，試験項目について毎月1回，詳細な点検と記録を実施し整備や部品交換などを行う

②日常保全計画
日常での使用に際して，一定の時間や間隔を決めて点検，試験，計測，記録を計画的に実施

2 ボイラーの清掃

水管ボイラーは長い間運転しているとガス側（伝熱管の外面）にはすすや灰が，水側（伝熱管の内面）にはボイラー水中の不純物によりスケールが付着しま

ボイラー清掃の目的
ボイラー内面のスケールやスラッジ，外面のすすなどの付着を定期的に除去しますが，これはボイラー効率低下を防ぐために行う重要な作業です。

す。これらは伝熱面を汚損し，ボイラーの効率を低下させボイラーの伝熱を妨げる原因となります。こうしたことから，定期的な伝熱管内外面の清掃が必須となります。とくに性能検査の前には，受験準備のために伝熱管の内外面をしっかりと清掃します。

　内面清掃ではボイラー水の循環障害の防止，外面清掃では灰の堆積による通風障害を除去することが重要となります。

●ボイラーの内面および外面のおもな清掃対象物

	清掃対象物	清掃対象物の状態
ボイラーの胴内（内面）	スケール	伝熱面に固着
	スラッジ	軟質沈殿物として堆積
燃焼室，伝熱面（外面）	すす，灰	不完全燃焼によって付着

●伝熱管に付着したすすとスケール

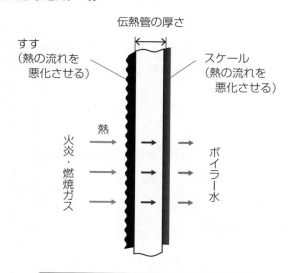

スケールの付着で伝熱管が高温になり過熱・膨出するおそれがある

3 清掃時のボイラーの冷却方法

　清掃の際には，使用中のボイラーを停止し，高温高圧の状態から大気圧で常温状態になるまでゆっくり温度・圧力を下げます。ボイラー本体の温度を急激に下げてはいけません。

　ボイラーの冷却は，以下の手順で進めます。

①ボイラーの水位を常用水位に保つように給水を継続し，徐々に蒸気の送り出しを減少させる
②燃料の供給を停止する
③石炭だきの場合は炉内の燃料をすべて燃え切らせる
④ポストパージを行い，ボイラー炉内の可燃性ガス（未燃ガス）を排除したのちファンを停止する
⑤自然通風の場合，ダンパを半開きにしてたき口と空気口を開き，炉内を冷却する
⑥ボイラーの圧力が0であることを確かめて給水弁と蒸気弁を閉じ，空気抜き弁およびそのほかの蒸気室部の弁を開いて空気を送り込み，ボイラー内部が真空になることを防止する
⑦排水のフラッシュ（再蒸発蒸気）防止のため，ボイラー水の温度が90℃以下になってから吹出し弁を開きボイラー水を排出する

4 伝熱管内面の清掃の重要性

　ボイラー水側（伝熱管内面）の清掃は，ボイラー水中の不純物によって管内面に付着したスケール，堆積したスラッジなどを除去することが目的です。こうしたスケールやスラッジは，熱伝導率が小さいので伝熱

循環障害
スケールによって熱効率が低下し，水の比重差が小さくなって発生する障害のことを循環障害といいます。

通風障害
灰が堆積して炉内圧と大気圧との差が小さくなって発生する障害を，通風障害といいます。

フラッシュ（再蒸発蒸気）
高圧高温の水が大気圧にさらされた際，蒸気になる現象をフラッシュといいます。

が悪くなって熱交換量が減少，排ガス温度が上昇することでボイラー効率を低下させます。

　管内面に付着したスケールには断熱効果があり，付着した場所の温度を上げることで管の過熱を生じます。これにより，焼損（割れ，破裂，膨出）などを起こす危険性が高まります。また，管内面にスケールが付着すると管の内径が細くなるので，ボイラー水が循環しにくくなり，過熱が発生して伝熱管が損傷するおそれがあります。

　一方，スラッジは堆積した場所の下が腐食しやすくなります。さらに，スラッジがボイラー本体と水面計をつないでいる連絡管で詰まると水位が正しく表示されず，低水位となりボイラーが破裂する危険があります。

5　伝熱管外面の清掃の目的

　燃焼ガス側（伝熱管外面）の清掃は，伝熱管外面に付着した重油の燃焼などによって生じたすすなどの汚れを除去することが目的です。

　一般的に，水管の外面の汚れにはスートブロワを用いますが，除去しきれない場所についてはボイラー停止時に清掃を行います。煙管ボイラーの煙管内面の清掃も，ボイラーを停止してから清掃します。

　すすは熱伝導率が小さく，管に付着すると伝熱を阻害し，ボイラー効率を低下させます。また，すすや灰が伝熱管に衝突してボイラーの下に落下，煙道中に堆積することがあります。こうした積み重ねによって煙道内ではガスの流れる流路が狭くなり，通風障害が発生します。そうなると，排ガスの通風損失が大きくなります。

　さらに，灰やすすに亜硫酸ガスなどが付着すると，伝熱管外面に腐食が発生することがあります。こうした外部腐食には，ガス側低温部の腐食とガス側高温部の腐食の2種類があります。

6 ボイラー内部を清掃する際の注意点

補足 ▶

ボイラー内に入って清掃する際は，以下の点に注意します。

①マンホールのふたを外す際は，内部に残圧がないか，あるいは真空になっていないか確認する

②ボイラーの内部を十分に換気して酸素不足にならないようにする

③ほかのボイラーと連結している配管の弁は確実に遮断し，高圧の水や蒸気，排ガスなどの逆流を防ぐ

④ボイラー内に作業者が入る場合，必ず外部に監視者を置く

⑤照明用電灯は安全ガード付きのもの，移動用電線はキャブタイヤケーブルなど絶縁効力および強度のあるものを使用する

内面清掃後の点検
①内部に人や工具類の置忘れがないかを確認する②ガスケット接触面の凸凹を点検し，パッキンは良質で薄手のガスケットをできる限り幅広くあてる③腐食や損耗を点検し，腐食や損耗があればその程度を記録しておく

7 酸洗浄（化学洗浄）

ボイラー内面に付着したスケールを，酸（塩酸など）で溶かして除去する方法を酸洗浄といいます。洗浄方法は，ボイラーの外部に3〜10%の濃度の塩酸を入れた仮設タンクを設け，加熱器によって酸液の温度を上昇させて循環ポンプで循環洗浄を行います。このとき，薬液によるボイラーの腐食を防ぐため，腐食抑制剤（インヒビタ）を添加します。

これは，酸はスケールを効率よく除去できる反面，スケールが付着していない金属部分が腐食して水素が発生することがあるためです。

酸洗浄中は水素ガスの発生により爆発するおそれが

あるので，排出場所を注意し，ボイラー周辺は火気厳禁とします。以下は，酸洗浄の手順です。

①前処理（シリカ分を多く含む硬質スケールの場合は薬液で膨潤させる）
②水洗（①の薬液を洗い流す）
③酸洗浄（酸液を循環させる）
④水洗（③の薬液を洗い流す）
⑤中和防せい処理（除去しきれなかった酸液を炭酸ソーダなどで中和）

●酸洗浄時の循環例

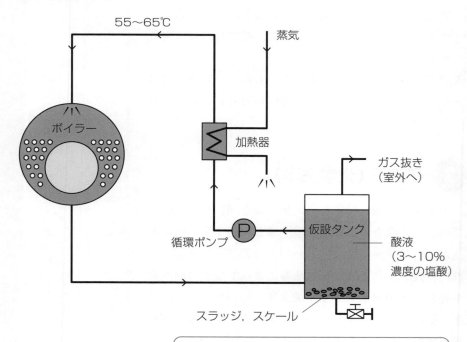

55～65℃

蒸気

ボイラー

加熱器

ガス抜き
（室外へ）

循環ポンプ

P

仮設タンク

酸液
（3～10％
濃度の塩酸）

スラッジ，スケール

ボイラー外部に仮設タンクを設けて酸液を満たし，酸液の温度を上げて循環洗浄を行う

問1

以下の記述のうち, 正しいものはどれか。

(1) ボイラーの保全は年間保全計画と日常保全計画に大別され, 前者は定期整備と性能検査, 後者は日常使用に際しての点検, 試験, 計測などがある。

(2) 水管ボイラーは運転によって伝熱管の外面にはスケール, 内面にはすすや灰が付着する。

(3) ボイラーの冷却では, ボイラーの水位を常用水位に保つように給水を継続し, 徐々に蒸気の送り出しを減少させ, ボイラー本体の温度を急激に下げてはならない。

(4) 酸洗浄の手順は①前処理②酸洗浄③水洗④後処理となる。

解説

ボイラーの清掃の際には, 使用中のボイラーを停止し, 高温高圧の状態から大気圧で常温状態になるまでゆっくり温度・圧力を下げなければいけません。

解答 (3)

問2

以下の記述のうち, 正しいものはどれか。

(1) ボイラー内に入って清掃する際にマンホールのふたを開けるときは, 残圧がないか, 真空になっていないか確認する。

(2) ボイラー内に入って清掃する際は, ボイラーを確実に停止すれば換気の必要はない。

(3) ボイラー内に作業者が入って清掃する際にボイラー内に入る場合, 作業者1名のみで実施しても問題はない。

(4) ボイラー内に入って清掃する際は, ほかのボイラーと連結している配管の弁を確認しながら作業をする。

解説

圧力が残ったままふたを開けると, 蒸気やボイラー水が吹き出して危険なため, 必ず残圧がないか, 真空になっていないかを確認します。

解答 (1)

新設や修繕後のボイラーの使用前措置

1 新設ボイラーの使用前の措置

　新設または修繕済のボイラーを初めて使用するときは，全体を清掃し，各部を確実に点検する必要があります。ボイラーの製造や修繕の過程で付着した油脂，ミルスケールは熱伝達率の低下，腐食，過熱などさまざまな問題の原因となります。そこでアルカリ洗浄によってボイラー内部を清浄化します。

2 アルカリ洗浄（ソーダ洗浄）

　ボイラー本体に給水後，アルカリ水溶液（水酸化ナトリウムなど）を投入して加熱，自然循環または強制循環により洗浄する方法を，アルカリ洗浄といいます。アルカリ水溶液によって油脂やペンキ，ミルスケールなどを除去します。加熱用のたき火は耐火材の乾燥もできますが，急激な燃焼は亀裂の原因となるので避けます。以下は，アルカリ洗浄の手順です。

①水圧試験ののち，漏れがないことを確認する
②ボイラー内外面を点検して，油脂分や異物などは極力取り除いておく
③ボイラー本体へ給水し，アルカリ水溶液を投入する
④ボイラー水をたき火して加熱，循環させて洗浄する
⑤洗浄中はボイラー水のブローを繰り返して，循環水も浄化する
⑥ブロー毎に不足したボイラー水を給水，薬品も濃度を見て補給する
⑦洗浄終了後消火し，密閉状態で自然冷却する
⑧ボイラー水の温度が65℃以下になったら，ブローによって薬液を排除する
⑨ボイラー内部をきれいに洗浄する

3 使用する薬剤

アルカリ洗浄の薬品は，いくつかの薬品を組み合わせ，さらに亜硫酸ソーダ（脱酸剤）を混ぜます。

● 使用薬剤およびその特徴

使用薬剤	特徴
水酸化ナトリウム（苛性ソーダ）	タンパク質を激しく分解する特徴を持つ。一般的な炭酸ナトリウムよりも苛烈な性質を持つことから，苛性ソーダともいう
炭酸ナトリウム（炭酸ソーダ）	油脂の乳化，タンパク質の分解ができる。水に溶けやすい特徴を持ち，水溶液はpH11.2（1%，24℃）のやや強いアルカリ性
リン酸ナトリウム（第三リン酸ソーダ）	強いアルカリ性を示す

チャレンジ問題

問1　　　　　　　　　　　　難　中　易

以下の記述のうち，正しいものはどれか。

(1) 新設または修繕済のボイラーのアルカリ洗浄は，必ずしも必須ではない。

(2) アルカリ洗浄の手順の前半では，①水圧試験ののち漏れがないことを確認②ボイラー内外面を点検③ボイラー本体へ給水，アルカリ水溶液を投入④ボイラー水をたき火して加熱，循環させて洗浄する。

(3) アルカリ洗浄の手順の後半では，⑤洗浄中はボイラー水のブローを繰り返し，循環水も浄化⑥ブロー毎に不足したボイラー水を給水，薬品も濃度を見て補給⑦洗浄終了後消火し，密閉状態で自然冷却⑧ボイラー内部をきれいに洗浄⑨ボイラー水温度65℃以下で薬液を排除する。

(4) アルカリ洗浄の薬品は，ひとつの薬品で洗浄し，組み合わせてはならない。

解説

後半の正しい手順は⑥ブロー毎に不足したボイラー水を給水，薬品も濃度を見て補給⑦洗浄終了後消火し，密閉状態で自然冷却⑧ボイラー水の温度が65℃以下になったら，ブローによって薬液を排除⑨ボイラー内部をきれいに洗浄，となります。

解答 (2)

ボイラーの休止中の保存方法

1 休止中の保存法

　ボイラーの寿命は，休止中の保存状態が良好か否かによって大きく変わります。保存状態が悪いと，内外面に腐食を生じます。ボイラーの燃焼側および煙道は休止中に湿気を帯びやすいため，灰やすすを除去したあとに防錆油（さび止め油）や防錆剤を塗布します。

　ドラム内など水側の保存方法には，乾燥保存法と満水保存法の2種類があります。

2 乾燥保存法

　乾燥保存法は，休止期間が3カ月以上の長期にわたる場合や，凍結のおそれがある場合に用いられます。乾燥保存法の手順は，以下の通りです

①ドラム内のボイラー水をすべて排水して内外面を清掃，少量の燃料を燃焼させて完全に乾燥する

②ボイラー内に蒸気や水が漏れ込むのを防ぐため，蒸気管や給水管は確実に外部との連絡を絶つ

③容器にシリカゲルや活性アルミナなどの吸湿剤を入れてボイラー内に数カ所配置して密閉する

④密閉1～2週間後に吸湿剤を点検し，吸湿剤の取り替えや増減を行う

3 満水保存法

　満水保存法は，休止期間が3カ月程度以内または緊急時の使用に備えて休止する場合に用いられます。ただし，凍結のおそれがある場合は用いてはなりません。満水保存法の手順は，以下の通りです。

①ボイラーに対して連続的もしくは間欠的に満水保水
　剤（無機系アンモニア塩など）を所定の濃度になる
　ように注入する
②保存水は月に1〜2回程度鉄分，pH，薬剤の濃度
　を測定して濃度が所定の値で維持されているか確認
　する
③保存剤の濃度が低下した場合は薬剤を追加注入する
④保存水の鉄分が増加傾向にあるときは，腐食がはじ
　まっている可能性があるため，一度全ブローして新
　たに所定濃度の薬剤を注入した給水で満水にする

● 満水保存法

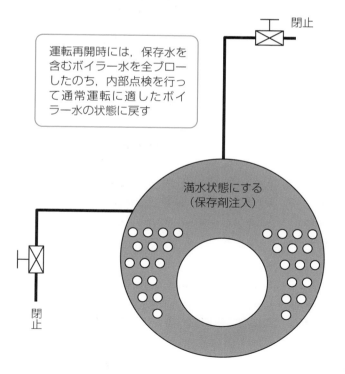

運転再開時には，保存水を
含むボイラー水を全ブロー
したのち，内部点検を行っ
て通常運転に適したボイ
ラー水の状態に戻す

閉止

閉止

満水状態にする
（保存剤注入）

補足

シリカゲル
ケイ酸ナトリウムの
水溶液に酸を加えた
白色の固体を，シリ
カゲルといいます。
多くの水分を吸着す
る性質があります。

活性アルミナ
アルミナ（アルミニ
ウムの酸化物）の水
和物を熱処理した多
孔質固体を，活性ア
ルミナといいます。
水分吸着に優れた威
力を発揮します。

問1

難 中 易

以下の記述のうち, 正しいものはどれか。

(1) ボイラーの燃焼側および煙道は休止中に湿気を帯びやすいので, 防錆のため灰をまいておく。

(2) 乾燥保存法は, 凍結の恐れがある場合に用いてはならない。

(3) 乾燥保存法の手順①は,「ドラム内のボイラー水をすべて排水して内外面を清掃, 少量の燃料を燃焼させて完全に乾燥」である。

(4) 満水保存法の手順①は,「月に1～2回程度保存水の鉄分, pH, 薬剤の濃度を測定して濃度が所定の値で維持されているか確認する」である。

解説

乾燥保存法, 満水保存法いずれの手順も重要です。満水保存法では, 保存水の鉄分が増加傾向にあるときは一度全ブローして新たに所定濃度の薬剤を注入した給水で満水にします。

解答(3)

問2

難 中 易

以下の記述のうち, 正しいものはどれか。

(1) ボイラーの休止中の保存法として, ボイラーの燃焼側および煙道に防錆油, 防錆剤などを塗布する際は, すすや灰をできる範囲で除去できればよい。

(2) 乾燥保存法は, ボイラーの休止期間が3カ月以上の長期の場合に採用される。

(3) 満水保存法は, 凍結のおそれがある場合でも採用可能である。

(4) 満水保存法では, 2カ月に1回, 保存水の薬剤の濃度などを測定し, 所定の値を保つように管理する。

解説

休止期間が3カ月以上の長期にわたる場合や凍結のおそれがある場合は乾燥保存法が採用されます。3カ月以内の比較的短期間の場合には満水保存法が採用されます。

解答(2)

ボイラーの検査

1 検査の目的

ボイラーの検査には，行政官庁もしくは登録検査機関による検査（落成検査，構造検査，性能検査，変更検査など）のほかにも定期自主検査があります。これは事業者がボイラーを使いはじめたのち，1カ月毎に1回実施するものです。こうしたさまざまな検査では，ボイラー本体はもちろん，自動制御装置，燃焼装置，附属品および附属設備などについて実施します。

2 水圧試験

ボイラー本体の新設や修繕後，または構造が複雑で目視確認が難しいものについては水圧試験で異常の有無を確認します。水圧試験には，ボイラー工作の良否を判断するためのものと，設置されているボイラーに異常があるか否かを調べる2種類の試験があります。

ボイラー工作の良否を判断するための水圧試験は，一般的に最高使用圧力の1.5倍の圧力で実施します。材料そのものや溶接等加工した部分の強度と材料に弾性限界近くの応力を与える目的があります。

弾性限界近くの応力の変形とは，ばねに力を加えると変形し，力を除くと元の形に戻ることをいい，弾性限界を超える力を加えると元に戻らない変形となります。水圧試験では，もとに戻る程度（1.5倍）の圧力を加えてテストを行います。

設置されているボイラーに異常があるか否かを調べ

補足

ボイラーの水圧試験

水圧試験は，ボイラーを製造した場合の構造検査（P.335参照），中古ボイラーの再使用の可否を調べる使用検査（p.336参照），ボイラー修繕後に行う変更検査（p.340参照）などの際に実施する試験で，ボイラー工作の良否を判断するために行われます。

るための水圧試験は，細部に漏れや割れ，腐食などがないか調べるのがおもな目的で，最高圧力または常用圧力の 1 〜 1.1 倍程度の圧力で実施します。

3 水圧試験の方法と手順

水圧試験の手順は，以下の通りです。

①空気抜き弁を開いた状態で水を張り，オーバーフローを認めてから空気抜き弁を閉止する
②各部の密閉箇所，弁などの閉止部に漏れがあるか否かを確認する
③水圧試験に用いる水の温度は室温を基準とする
④水圧試験用ポンプを用意して，ポンプ側の圧力計の指示値とボイラーの圧力計の指示値を比較しつつ圧力を少しずつ上昇させる
⑤所定圧力に達したら，約 30 分その圧力を維持し，圧力降下の有無を確かめる
⑥拡管部からの漏れがあったときは，ころ広げを実施する
⑦圧力を下げるとき，排水するときは注意する
⑧寒冷期の水圧試験では，準備段階で凍結による破損の防止に努める
⑨ばね安全弁は，管台のフランジに遮蔽板をあてて密閉する

空気抜き弁を開いた状態で水を張るときは，蒸気ドラムの空気抜き弁を開けて内部の空気を外部へ排出し，水があふれてから空気抜き弁を閉めるようにします。
これは，残留空気があると一度圧縮されて温度が上昇した空気が冷却されて水圧試験中に圧力が下がり，圧力の保持が難しくなるからです。

問1

難　中　易

以下の記述のうち, 正しいものはどれか。

(1) 異常の有無を確認するための水圧試験は, 修繕したボイラー本体にのみ実施する。

(2) ボイラー工作の良否を判断するための水圧試験では, 最高圧力または常用圧力の1〜1.1倍程度の圧力で実施する。

(3) 設置されているボイラーに異常があるか否かを調べるための水圧試験は, 一般的に最高使用圧力の1.5倍の圧力で実施する。

(4) 設置されているボイラーに異常があるか否かを調べるための水圧試験は, 細部に漏れや割れ, 腐食などがないか調べるのがおもな目的である。

解説

水圧試験にはボイラー工作の良否を判断するための水圧試験と設置されているボイラーに異常があるか否かを調べるための水圧試験の2種類があり, それぞれ目的や使用圧力が異なります。両者の違いをしっかりと把握しておきましょう。

解答 (4)

問2

難　中　易

以下の記述のうち, 正しいものはどれか。

(1) ボイラーの検査は, 行政官庁もしくは登録検査機関による検査のみを行えばよい。

(2) 登録機関による検査は, 落成検査, 構造検査, 性能検査の3つである。

(3) 事業者がボイラーを使いはじめたのち, 1カ月毎に1回定期自主検査を実施する。

(4) 定期自主検査では, ボイラー本体のみの検査を行えばよい。

解説

ボイラーの検査では, ボイラー本体のほか, 燃料装置, 自動制御装置, 附属品および附属設備について実施します。

解答 (3)

5 ボイラーの劣化および損傷

まとめ&丸暗記　この節の学習内容とまとめ

☐ ボイラーの劣化現象　長期使用による腐食や損傷などのほか, 材料の欠陥や工作の良否, 使用中や停止中の保守管理が影響

☐ 内面腐食　蒸気やボイラー水にふれる部分に発生する腐食 (過熱, 蒸気の熱分解/酸洗浄後の処理や休止中の保存が不適切/水の化学的処理を行わずにボイラーに給水)

☐ 外面腐食　空気や燃焼ガスに触れる部分に発生する腐食 (燃料成分による場合/ふたの取り付け部や継手からボイラー水や蒸気などの漏れがある/外面が湿気や水分を帯びている)

☐ ボイラーの劣化形態　全面腐食/点食 (ピッチング) /グルービング (溝状腐食) /電食/アルカリ腐食/苛性ぜい化 (アルカリ応力腐食割れ)

☐ ボイラーの損傷　ボイラーの損傷のうち, 材料が原因となるボイラーの損傷にはラミネーションとブリスタの2種類がある

☐ ラミネーション　製造過程で鋼塊の中にガスが包み込まれて, 板や管になった状態でも材料中に残っているもの

☐ ブリスタ　火炎によって膨れ出たり, 表面が割れたりする

☐ ボイラーの事故　過熱 (オーバーヒート) と焼損/膨出と圧かい/クラック (割れ)・破裂/ガス爆発・逆火 (バックファイヤー)

☐ 炉内・煙道のガス爆発の3つの要因　①混合ガスに引火する点火源の存在　②ガスと空気の混合比が爆発限界 (可燃限界) の状態　③燃料がガス化して炉および煙道内に存在

劣化と損傷のおもな原因

1 ボイラーの劣化と損傷

　ボイラーは長期間使用していると，腐食や損傷などの劣化現象が生じます。材料の欠陥や工作の良否に加え，使用中や休止中の保守管理も大きく影響します。

　ボイラーの損傷や劣化は，早期発見による適切な処置が必要となります。なかでも腐食はもっとも生じやすい損耗で，給水中に含まれる溶存気体や化合物，溶解塩類，電気化学的作用などによって発生します。

2 ボイラー内面の腐食

　蒸気やボイラー水に触れる部分に発生する腐食を内面腐食といい，そのおもな原因は以下の通りです。

①ボイラー水の循環不良による過熱，蒸気の熱分解
②酸洗浄後の処理や休止中の不適切な保存
③水の化学的処理（脱気や軟化）を行わずに給水

3 ボイラー外面の腐食

　空気や燃焼ガスにふれる部分に発生する腐食を，外面腐食といい，そのおもな原因は以下の通りです。

①燃料に含まれる成分（低温腐食と高温腐食）
②ふた取り付け部や継手から漏れるボイラー水や蒸気
③外面に付着する湿気や水分

補足 ▶

溶存気体
O_2やCO_2など，水に溶ける気体を溶存気体といいます。

4　腐食による劣化形態

腐食による劣化の形態はさまざまですが，おもに6種類に分類できます。

●全面腐食
ボイラー内面の広範囲に生じる腐食です。ボイラー水に塩化マグネシウムを含み，ボイラー外面に火炎が激しくあたる場所によく発生します。

●点食（ピッチング）
ボイラー内面に発生する豆粒から米粒大の腐食を，点食といいます。おもな発生原因は，水に溶存する炭酸ガスや酸素の酸化反応です。

●グルービング（溝状腐食）
長細く連続した溝状の腐食です。溝が深くなると破損し，断面はU字またはV字となります。強い繰返し応力を受ける部分によく見られます。

●電食
異種金属と電解物質を含んだボイラー水とが接触することで金属表面に電池作用が生じる腐食です。電位の高い金属で発生します。

●アルカリ腐食
高濃度のアルカリ（水酸化ナトリウム）による鋼面溶解で起こる腐食で，ボイラー水に接触する伝熱面付近のpH値が部分的に高くなると発生します。

●苛性ぜい化（アルカリ応力腐食割れ）
ボイラー水のアルカリ度が高い場合に発生する応力割れで，不規則な割れが特徴です。アルカリ度を適正値で維持することで防ぐことができます。

問1

難　中　**易**

以下の記述のうち, 正しいものはどれか。

(1) ボイラーの内面腐食のおもな原因は, 酸洗浄後の処理や休止中の保存不適切, 水の化学的処理を行わないボイラーへの給水, ふた取り付け部や継手から漏れるボイラー水や蒸気などである。

(2) ボイラーの外面腐食のおもな原因は, 燃料に含まれる成分, 蒸気の熱分解, ボイラー水の循環不良によって生じた過熱などである。

(3) ボイラー水のアルカリ度が高い場合に不規則な割れが発生することを, アルカリ腐食という。

(4) 強い繰返し応力を受ける部分によく見られる溝状の腐食を, グルービングという。

解説

グルービングは, 溝が深くなると割れる場合があるので注意が必要です。

解答 (4)

問2

難　中　**易**

以下の記述のうち, 正しいものはどれか。

(1) 全面腐食とは, ボイラーの広範囲に生じる腐食で, ボイラー内面のみに発生する。

(2) 豆粒から米粒大の腐食を点食といい, ボイラー外面に発生する。

(3) 電食とは, 異種金属と電解物質を含んだボイラー水とが接触することで金属表面に電池作用が生じる腐食をいう。

(4) 苛性ぜい化は, アルカリ度を高い値で維持することで防ぐことができる。

解説

電食は, 電位の高い金属で起こる激しい腐食です。電解物質を含んだボイラー水が異種金属に接することで発生します。電解物質とは, 溶解した際に陽イオンと陰イオンに電離する物質のことです。

解答 (3)

ボイラーの損傷と事故

1 ボイラーの損傷

　ボイラーの損傷にはさまざまなものがありますが，その中で材料が原因となっている損傷にはラミネーションとブリスタの2種類があります。

　ラミネーションは材料きずの一種で，鋼板や管の肉厚の中で層が2枚になっている状態のものを指します。製造過程で鋼塊の中にガスが包み込まれて，板や管になった状態でも材料中に残ってしまったものです。

　ラミネーションが生じた材料をボイラーに使用すると，火炎によって膨れ出たり，表面が割れたりします。この現象をブリスタといいます。

●ラミネーションとブリスタ

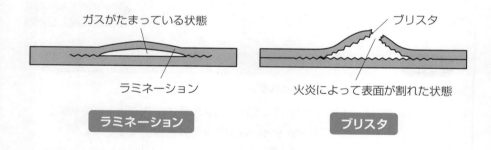

ガスがたまっている状態　　　　　　　　　　　　ブリスタ

ラミネーション　　　　　　　　　　　　　火炎によって表面が割れた状態

ラミネーション　　　　　　　　　　　ブリスタ

2 ボイラーの事故

　ボイラーの耐圧部が腐食や劣化などで弱い箇所が生じたり，耐圧強度よりもはるかに大きな圧力が生じたり，取り扱いが正しくない場合，事故は突発的に発生します。止め弁操作の手違いや不注意がウォータハンマや炉内ガス爆発などを招いてしまうことなどがその一例です。

　したがって，取り扱いの基礎を正しく理解して実行することが重要です。

3 過熱・焼損が原因の事故

　ボイラー用鋼材は，温度が上昇するほど強度が低下し，延性が増加する性質を持っています。この性質による事故に，過熱（オーバーヒート）と焼損があります。

　炭素鋼の強度が急激に低下するのは，350℃付近です。温度がある程度に達すると鋼の組織に変化が生じ，著しく強度が減少します。この状態が過熱です。さらに過熱が進むと材料の劣化が激しくなり，鋼材として役に立たなくなります。これが焼損です。過熱と焼損を防ぐには，以下の点に注意します。

①ボイラー内面にスラッジやスケールを付着させない
②ボイラー水位を異常低下させない
③火炎を局部に集中しない
④部分的に高熱となる箇所には耐火材を被覆する
⑤ボイラー水中への油脂混入を防ぎ過剰濃縮させない

4 膨出・圧かいが原因の事故

　外部や内部の圧力によって生じる事故には，膨出と圧かいがあります。

　ボイラー本体の火炎にふれる部分が過熱され，内部の圧力に耐えられず外部へ膨れ出る状態が膨出です。

　外部からの圧力に耐えられず，炉筒や火室などが急激に押しつぶされて裂けてしまう状態を圧かいといいます。

●膨出と圧かい

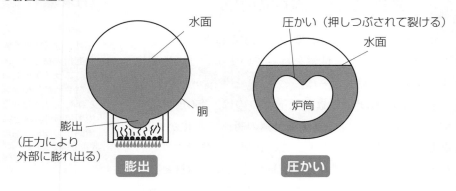

5 クラック（割れ）・破裂が原因の事故

　ボイラー本体の過熱でオーバーヒートや膨出が発生し，さらには**クラック**が生じることがあります。ボイラーが破裂すると開口部から大量の蒸気と熱水が噴出するため，保有水量が多いボイラーほど大きな被害が生じます。

●水管破裂の例

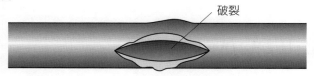

> ボイラー本体の一部に生じた強度の弱い部分が裂けて破裂すると，開口部から大量の蒸気と熱水が噴出し大きな被害を及ぼす

6 ガス爆発・バックファイヤ（逆火）が原因の事故

　煙道内やボイラー炉内に残存する未燃ガスに点火源が与えられるとすぐに引火して急激な燃焼が発生します。これにより強烈な爆風が発生し，れんが積み，炉壁，煙道などを破壊します。この現象がガス爆発です。炉内および煙道のガス爆発は，以下の3つの要因が重なったときに発生します。

①混合ガスに引火する点火源の存在

②ガスと空気の混合比が爆発限界（可燃限界）の状態

③燃料がガス化して炉および煙道内に存在

　未燃ガスが少ない場合に，逆火が発生することがあります。爆発は小さく，たき口から火が噴き出す程度のものです。逆火は点火時の着火遅れや空気より先の燃料供給など，点火時に発生しやすい特徴があります。

補足

**爆発限界
（可燃限界）**

ガスが引火し，爆発する濃度の限界を爆発限界といいます。爆発限界は，上限値と下限値で表現されます。

チャレンジ問題

問1

難　中　**易**

以下の記述のうち，正しいものはどれか。

(1) ブリスタは鋼板や管の肉厚の中で2枚の層になっているもので，材料きずの一種である。

(2) 炭素鋼の強度が急激に低下する250℃付近で過熱状態が続くと鋼の組織に変化が生じ焼損し，この状態がさらに進むと過熱（オーバーヒート）の状態となる。

(3) 焼損や過熱を防ぐには，「局部に火炎を集中しない」「ボイラー内面にスラッジやスケールを付着させない」ことなどが必要である。

(4) ボイラーの事故は突発的に発生するため，取り扱いの基礎を正しく理解して実行しても防ぐことはできない。

解説

この2つのほかにも，「ボイラー水位を異常低下させない」「ボイラー水中への油脂混入を防ぎ過剰濃縮させない」ことなどが重要となります。

解答（3）

6 ボイラーの水管理

まとめ&丸暗記　この節の学習内容とまとめ

- □ ボイラー給水用の水　　天然水（自然水）／水道水／復水／ボイラー用処理水／工業用水
- □ 水に関する用語と単位　　成分濃度の単位 [mg/L]／pH（水素イオン指数）
- □ 酸消費量　　ボイラー水のアルカリがどの程度であるか知るための指標
- □ 硬度　　水中に含まれるカルシウムとマグネシウムの合計含有量の指標。永久硬度（非炭酸塩硬度）と一時硬度（炭酸塩硬度）の2種類
- □ 水中の不純物　　溶存気体（溶解ガス体）／全蒸発残留物（水中の溶解性蒸発残留物，浮遊物や懸濁物）
- □ ボイラー水中の不純物　　スケール／スラッジ／浮遊物・懸濁物
- □ ボイラーの腐食原因　　溶解塩類，電気化学的作用，pHを下げる化合物，給水中に含まれる溶存気体など
- □ 腐食　　全面腐食／局部腐食（ピッチング，グルービングなど）
- □ 補給水処理　　水質基準を満たすように補給水をあらかじめ処理すること
- □ 懸濁物（固形物）除去　　自然沈降法，沈殿分離，急速濾過装置などを使用
- □ 溶解性蒸発残留物除去　　ボイラー内部で蒸発したあとに固形物として残るものをイオン交換法や膜処理法などで処理
- □ 系統内処理　　給水タンク以降で脱気器とボイラー本体内で行う水処理
- □ 溶存気体除去（脱気）　　給水から酸素と二酸化炭素を除去すること
- □ 化学的脱気法　　脱酸素剤の化学反応によって酸素を除去すること
- □ 清缶剤　　硬度成分の軟化，pH，酸消費量の調整
- □ ボイラー水の濃度管理　　ボイラー水の吹出しで行う（間欠吹出し，連続吹出し）

ボイラー用水

① ボイラー給水に用いられる水

ボイラー給水に用いられる水には，以下があります。

●天然水（自然水）

一般的に地表水は鉱物質の溶解量が少ないのに対し，地下水は地質的な影響を受けて溶解量が多い特徴があります。採水条件により水質にかなりの差があります。

●水道水

比較的不純物が少ないため低圧ボイラーではそのまま給水に使用することもありますが，スケールとなる硬度成分が含まれています。

●復水

蒸気が凝縮してボイラーの給水に戻される水のことを，復水といいます。不純物をほとんど含んでいないため，ボイラー給水に適しています。

●ボイラー用処理水

水道水，天然水などの原水をボイラー外でボイラー給水用に処理したものを，ボイラー用処理水といいます。軟化水，イオン交換水，蒸留水などがあります。

●工業用水

地表水を浄化処理していますが，殺菌処理はせず浄化処理も厳格ではない水のことを工業用水といいます。

補足 ▶

ボイラー用水
ボイラー水として利用可能な水のことを，ボイラー用水といいます。実際に使用される水は，ボイラー水といいます。

復水
再利用を目的とした水のことを，復水といいます。

② 水に関する用語と単位

水は無色，無味無臭の液体で，分子式は H_2O で表されます。

●成分濃度の単位 [mg/L]

成分濃度の単位は，[mg/L] を使用します。水質試験に使用される単位で，水1ℓに含まれる成分の重さ [mg] の割合，すなわち成分濃度を示します。

● pH（水素イオン指数）

pHは，水に含まれる水素イオンと水酸化物イオンの量によりその水（水溶液）が酸性かアルカリ性かを示す指数として使用されます。pH は 0 ～ 14 までの数値で表され，0以上7未満は酸性，7は中性，7を超えるとアルカリ性となります。ボイラー水には，pH10.5 ～ 12 程度の弱アルカリ水を用います。

●pHと水の性質

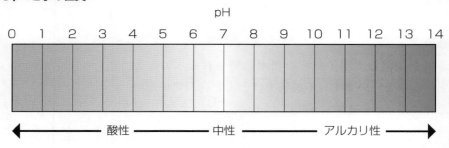

●酸消費量

弱アルカリ水をボイラー水に用いるのは，酸性が強いと腐食の原因になるためです。ボイラー水のアルカリがどの程度であるか知るには酸消費量を用い，水に含まれる水酸化物，炭酸塩，炭酸水素塩などのアルカリ分を炭酸カルシウム [CaCO₃] に換算して試料1ℓ中の mg 数で表されます。酸消費量には，アルカリ分を pH4.8 まで中和する酸消費量 [pH4.8] と，アルカリ分を pH8.3 まで中和する酸消費量 [pH8.3] という2種類の指標があります。

●硬度

水の硬度は水中に含まれるミネラル類のうち，カルシウムとマグネシウムの合計含有量の指標を指します。水に溶けてカルシウムイオンおよびマグネシウムイオンになる物質を硬度成分といい，硬度成分が溶けている水を硬水といいます。ボイラー水中の硬度成分は制限されていますが，硬度成分が多いとボイラー内で蒸発により濃縮されます。カルシウムやマグネシウムが析出してスケールとなり，管内面などに付着し伝熱部の過熱原因となるためです。

補足 ▶

ミネラル類

金属, 鉱物, ガラスなどの無機質をミネラル類といいます。

●硬度の種類

全硬度	水に含まれるカルシウムイオンとマグネシウムイオンの総量を表したもの（カルシウムイオン+マグネシウムイオン）
カルシウム硬度	水に含まれるカルシウムイオンの量を表したもの
マグネシウム硬度	水に含まれるマグネシウムイオンの量を表したもの

カルシウム硬度は，水中のカルシウムイオンの量を炭酸カルシウムの量に換算して試料 1 ℓ 中の mg 数で表したものです。マグネシウム硬度は，水中のマグネシウムイオンの量を炭酸カルシウムの量に換算して試料 1 ℓ 中の mg 数で表したものです。カルシウム硬度とマグネシウム硬度を足したものが全硬度となります。硬度には煮沸しても軟化しない永久硬度（非炭酸塩硬度）と，煮沸で軟化する一時硬度（炭酸塩硬度）とがあります。

問1

難　中　易

以下の記述のうち，正しいものはどれか。

(1) ボイラー給水に用いられる水には復水やボイラー用処理水などがあるが，天然水や水道水を用いてはならない。

(2) ボイラー水は，酸性が強いと腐食の原因になるので，pH12以上のアルカリ水を用いる。

(3) 酸消費量には，酸消費量［pH8.1］と酸消費量［pH4.6］の2種類がある。

(4) 硬度とは，水に含まれるマグネシウムイオンもしくはカルシウムイオンを炭酸カルシウムの量に換算して試料1ℓ中のmg数で表したものである。

解説

カルシウム硬度は水に含まれるカルシウムイオンの量を表したもの，マグネシウム硬度は，水に含まれるマグネシウムイオンの量を表したものとなります。

解答（4）

問2

難　中　易

以下の記述のうち，正しいものはどれか。

(1) カルシウム硬度とマグネシウム硬度を乗じたものが全硬度である。

(2) 硬度には，煮沸しても軟化しない永久硬度（非炭酸塩硬度）と，煮沸で軟化する一時硬度（炭酸塩硬度）とがある。

(3) 復水とは，蒸気が凝縮してボイラーの給水に戻される水のことをいうが，不純物を含んでいるためボイラー給水には適さない。

(4) 天然水（自然水）は，採水条件による水質の差はほとんどない。

解説

硬度には，カルシウム硬度，マグネシウム硬度，全硬度があります。問1も含めて水の硬度について理解しておきましょう。

解答（2）

水中の不純物

1 水中の不純物の種類

　水中の不純物には，溶存気体（溶解ガス体）と全蒸発残留物の2種類があります。

●溶存気体（溶解ガス体）

ボイラー水中に溶存する酸素や二酸化炭素などの気体を溶存気体といい，鋼材の腐食原因となります。二酸化炭素は酸素ほど腐食作用は強くないものの，酸素との共存で繰り返し腐食作用を進行させます。

●全蒸発残留物

水中の溶解性蒸発残留物，浮遊物や懸濁物（固形物）を全蒸発残留物といいます。主成分は塩類（硬度成分）であり，ボイラー水の蒸発に伴い濃縮してスラッジやスケールとなり，伝熱管の過熱や腐食の原因となります。水中に浮遊，懸濁している泥や砂，有機物，油脂，水酸化鉄などの不溶解物質は浮遊物もしくは懸濁物です。ろ過処理などを経て浮遊物や懸濁物を含まない水の全蒸発残留物は，溶解性蒸発残留物となります。

2 水中の不純物による影響

　ボイラー水中の不純物は，スケール，スラッジ，浮遊物および懸濁物に分類できます。

補足

スケールなどの障害

厚く付着した場合は，ボイラー過熱の原因となるほか，管内狭小や吸熱低下で水の循環不良ともなり，成分によっては腐食の原因にもなります。

不純物の熱伝導率

・ケイ酸塩が主成分のスケール
0.23 ～ 0.47W/(m/K)
・炭酸塩が主成分のスケール
0.47 ～ 0.70W/(m/K)
・硫酸塩が主成分のスケール
0.58 ～ 2.33W/(m/K)
・酸化鉄が主成分のスケール
2.3～3.5W/(m/K)
・すすおよび油脂類
0.06 ～ 0.12W/(m/K)
・軟鋼(ボイラー鋼材)
46.5 ～ 58.2W/(m/K)

●スケール

ボイラー内で給水中の溶解性蒸発残留物は次第に濃縮されていき，飽和状態となり析出します。これがスケールとして水管やドラム，伝熱面に付着（固着）します。管の内面にスケールが付着すると管の温度が上昇し過熱に至ることがあり，また，スケールの断熱効果で排ガス温度が上昇し，ボイラー効率が低下します。このほか，スケールに含まれる成分によっては炉筒，水管，煙管などを腐食させることがあります。

●スラッジ

おもにカルシウムやマグネシウムの炭酸水素塩が過熱によって分解され，これによって生じた炭酸カルシウムや水酸化マグネシウムなどの軟質沈殿物がスラッジです。軟化のために使用した清缶剤を添加した際に生じるリン酸カルシウムやリン酸マグネシウムなども同様にスラッジと呼びます。スラッジはボイラー水の濃縮を起こします。これらが水管内面に付着すると水の循環悪化のほか，ボイラーに連結する管やコックなどの小穴を詰まらせます。

●浮遊物および懸濁物

浮遊物や懸濁物には，リン酸カルシウムなどの不要物質やエマルジョン化した鉱物油，微細なじんあいなどが含まれていることがあります。これらはキャリオーバの原因となるので注意が必要です。

●伝熱管の過熱状態

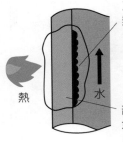

スケールによって
熱が伝わりにくくなる
（断熱効果）

熱　水

部分的に温度が
急上昇する
（過熱される）

③ 水中の不純物による腐食

　ボイラーに腐食が発生するのは，溶解塩類，電気化学的作用，pHを下げる化合物，給水中に含まれる溶存気体などによるものです。

　鉄と溶存気体（酸素や二酸化炭素）が接触すると酸化して腐食します。こうした腐食は通常，電気化学的作用によって鉄がイオン化することによって発生します。種類が異なる金属が水中で接触することで電位差が生まれて電流が流れ定温が発生し，一方の金属が腐食を起こすという仕組みとなっています。

　腐食は一様に腐食減肉する全面腐食と，点状もしくは線状に腐食する局部腐食の2種類があります。局部腐食には金属の表面に孔状の深い穴ができるピッチング（孔食），溝状につながっているグルービングなどがあります。

●ピッチングとグルービング

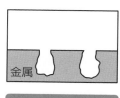

金属

ピッチング（孔食）

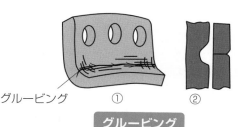

グルービング　　①　　　　②

グルービング

析出

「せきしゅつ」と読みます。溶液あるいはガス体から，固体が分離して出てくることをいいます。

軟質沈殿物

煮沸により水に含まれるカルシウムやマグネシウムのイオンが軟質の固形となって沈殿したものを，軟質沈殿物といいます。

じんあい

ほこりやちりを，じんあいといいます。

エマルジョン化

油と水が混ざり，乳化することをエマルジョン化といいます。

鉄は酸性の水によく溶けるので，ボイラー水をアルカリ性にすることで腐食を抑制しています。

　しかし，アルカリ度が高くなりすぎても腐食が進みます。とくに高温環境下で水酸化ナトリウムの濃度が高くなると，アルカリ腐食を起こすことがあります。

　こうしたことから，ボイラー水の pH を酸消費量で調整しつつアルカリ性を維持することで鉄のイオン化と腐食を抑制する仕組みとなっています。

チャレンジ問題

問 1

難　中　**易**

以下の記述のうち，正しいものはどれか。

(1) ボイラー水中に溶存する酸素や二酸化炭素などの気体を，全蒸発残留物という。

(2) スラッジは軟質沈殿物で，おもにカルシウムやマグネシウムの炭酸水素塩が過熱によって分解され生じた炭酸カルシウムや水酸化マグネシウムのことである。

(3) ボイラーの局部腐食には，溝状につながったピッチングや金属の表面に孔状の穴がまとまってできるグルービングなどがある。

(4) スケールが管の内面に付着すると，断熱効果でボイラー効率がよくなる。

解説

軟化のために使用した清缶剤を添加した際に生じるリン酸カルシウムやリン酸マグネシウムなどもスラッジです。スラッジはボイラー水の濃縮を引き起こします。

解答 (2)

補給水の処理

1 補給水処理とは

　ボイラーは運転中に水が蒸気となって出ていくため，水を補給する必要があります。水を補給する際，その補給水は水質基準を満たすようにあらかじめ処理したものを用いなければなりません。この補給水処理にはさまざまな種類があり，単独もしくは組み合わせによって処理を実施します。

2 懸濁物（固形物）除去

　河川や地下水などから採取した天然水には，さまざまな不純物が含まれています。水面に浮いているものと水と混合している懸濁物は自然沈降法で除去し，取り切れなかった微細な懸濁物は凝集剤を利用して大きな塊にして沈殿分離します。凝集沈殿装置で分離できなかった懸濁物は，急速濾過装置を用いて除去します。

3 溶解性蒸発残留物除去

　固形の不純物を除去しても，水に溶けている不純物は残ったままとなっています。この不純物はボイラー内部で蒸発したあとに固形物として残るもので，溶解性蒸発残留物といいます。溶解性蒸発残留物は量が多くなるとスケールなどになって蒸発管内面に付着することで管を過熱させるので，物理的または化学的に取り除くことが必要です。除去方法には，イオン交換法

や膜処理法などがあります。

●イオン交換法
イオン交換法は，単純軟化法，脱炭酸塩軟化法，イオン交換水製造法の3種類に大別されます。

①単純軟化法
低圧ボイラーで広く用いられており，強酸性陽イオン交換樹脂を充てんしたNa塔（単純軟化装置）に給水を通過させ，カルシウムやマグネシウムを樹脂に吸着させて樹脂のナトリウムと置換させる方法で，この過程を軟化という。水中にカルシウムイオン［Ca^{2+}］やマグネシウムイオン［Mg^{2+}］が多く含まれると硬水となるため両者をナトリウムイオン［Na^+］に置き換えて軟化する。樹脂は一定量以上のイオン交換を行うと置換能力が減少する。そのため，食塩水［NaCl］を流して交換能力を回復させる再生作業を行う。この軟化能力がなくなる点を貫流点という。単純軟化法では給水中のシリカは除去できない欠点があり，シリカはイオン交換水製造法によって除去する

●軟化水処理の方法

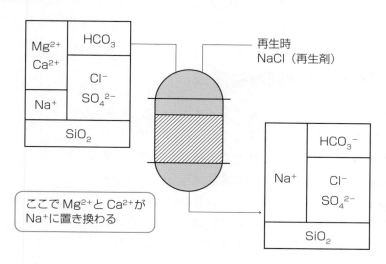

再生時
NaCl（再生剤）

ここで Mg^{2+} と Ca^{2+} が Na^+ に置き換わる

②脱炭酸塩軟化法

イオン交換樹脂を用いて炭酸水素イオンと炭酸イオン
を除去する方法で，原水のアルカリ度が高い場合に用
いる。軟化と同時に酸消費量を減らして pH を下げる
ことができる

③イオン交換水製造法

水中の強電解質と弱電解質の両方の陽イオンと陰イオ
ンをすべて除去する。まず，処理水を陽イオン交換樹
脂［H⁺ イオン］に流すと水素イオン［H^+］を放出し，
陽イオンの不純物［Na^+］［Ca^{2+}］［Mg^{2+}］などを捉え
る（第1段階）。次に，陰イオン交換樹脂［OH^-］に
処理水を流すと水酸化イオン［OH^-］を放出し，陰
イオンの不純物［Cl^-］［SO_4^{2-}］などを捉える（第2
段階）。この2段階の処理を経ることで，水中の陽イ
オン，陰イオンの不純物がイオン交換され純水となる

●膜処理法

膜処理法では，イオン交換樹脂ではなく半透膜を利用
してボイラー水を作ります。半透膜は純粋な水（溶媒）
は通しますが，カルシウムやマグネシウム（溶質）は
通さない特徴を持っているため，逆浸透法を利用した
給水処理法といえます。

補足 ▶

軟化
軟水にするため，硬
水に含まれているマ
グネシウムやカルシ
ウムを取り除くこと
を軟化といいます。

問1

難 　中　 易

以下の記述のうち，正しいものはどれか。

(1) 天然水から不純物を取り除く方法は，自然沈降法，凝集剤を利用した沈殿分離，急速濾過装置などがあり，これらを用いればほぼすべての不純物を取り除くことができる。

(2) 単純軟化法は，水中のカルシウムイオンやマグネシウムイオンをナトリウムイオンに置き換えて軟化する方法のことである。

(3) イオン交換水製造法は，給水中のシリカは除去できない欠点がある。

(4) 膜処理法には，カルシウムやマグネシウムを通し純水は通さない半透膜を利用する。

解説

単純軟化法は最も重要で，よく使用されている補給水の処理方法です。処理方法や過程をしっかりと覚えておきましょう。

解答 (2)

問2

難 　中　 易

以下の記述のうち，正しいものはどれか。

(1) 単純軟化法によるボイラー補給水の軟化装置とは，中和剤により水中の高いアルカリ分を除去する装置である。

(2) 単純軟化法によるボイラー補給水の軟化装置とは，半透膜により純水を作るための装置である。

(3) 単純軟化法によるボイラー補給水の軟化装置とは，真空脱気により水中の二酸化炭素を取り除く装置である。

(4) 単純軟化法によるボイラー補給水の軟化装置とは，強酸性陽イオン交換樹脂により水中の硬度成分を樹脂のナトリウムと置換させる装置である。

解説

単純軟化法は低圧ボイラーで広く用いられる方法で，強酸性陽イオン交換樹脂を充てんしたNa塔に給水を通過させ，カルシウムやマグネシウムを樹脂に吸着させて樹脂のナトリウムと置換させる方法です。

解答 (4)

ボイラー系統内の処理

1 系統内処理

　水処理のうち，給水タンクに入る前に行うものを補給水処理，給水タンク以降で脱気器とボイラー本体内で行うものを系統内処理といいます。

　系統内処理では脱気と不純物の除去の処理を行います。脱気とは，腐食を防止するため給水内の酸素を除去することで，不純物の除去は pH の調節，スケールの付着などを防止することです。

補足 ▶

物理的脱気法
加熱処理や真空処理あるいは高分子気体透過膜を利用した方法があり，機械的脱気法とも呼ばれます。

●補給水処理およびボイラー系統内処理

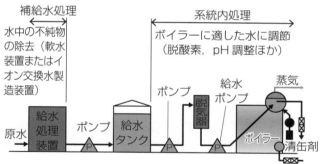

ボイラーの水処理

2 溶存気体除去（脱気）

　給水から酸素と二酸化炭素を除去することを，溶存気体の除去といいます。気体は水中に溶けており，装置を用いる物理的脱気法もしくは脱酸剤を用いる化学的脱気法で脱気します。物理的脱気法には，以下の3種類があります。

①加熱脱気法：水を過熱し，溶存気体の溶解度を減少させる方法
②真空脱気法：水を真空状態にすることで溶存気体を除去する方法
③膜脱気法：高分子気体透明膜によって水中から溶存気体を除去する方法

　なお，化学的脱気法は，脱酸素剤の化学反応によって酸素を除去する方法です。高温もしくは高圧ボイラー用の脱酸素剤には，ヒドラジンや亜硫酸ナトリウムなどがあります。

3　清缶剤の作用と種類

　補給水を処理したあとの水は不純物はかなり取り除かれているものの，pHと溶存酸素は未調整のままとなっています。これをボイラー水に使用するとpHが低すぎてボイラーの内面を腐食するおそれのほか，硬度成分によってスケールが付着しやすくなるおそれがあります。そこで給水およびボイラー水に清缶剤を投入して，硬度成分の軟化とpHおよび酸消費量を調整します。
　清缶剤のおもな作用は，以下の通りです。

●硬度成分の軟化
スケールとして付着しないよう，ボイラー水中に含まれるカルシウムイオンとマグネシウムイオンを不溶性の化合物であるスラッジに変えます。軟化剤には，低圧ボイラーには炭酸ナトリウム，ボイラー全般にはリン酸ナトリウムが用いられます。

●ボイラー水のpH，酸消費量の調整
pHと酸消費量を調整して，腐食やスケールの付着を防ぎます。酸消費量調整剤には酸消費量を上昇させる酸消費量付与剤（水酸化ナトリウムや炭酸ナトリウム）と酸消費量の上昇を抑える酸消費量抑制剤（リン酸ナトリウムやアンモニア）が用いられます。

●ボイラー水中のスラッジの分散化
吹出し（ブロー）によってスラッジを排出しやすくするため，スラッジ分散剤（タンニン）を用いてボイラー内のスラッジを微細な粒子にして分散させます。

●脱酸素
給水，ボイラー水に溶けている酸素を除去して腐食を防止します。

●給水・復水系統の腐食防止
低圧ボイラーでは，pH 調整や管内面に皮膜を作って腐食を防止する必要があります。給水中の酸消費量成分が熱分解して二酸化炭素が発生，この二酸化炭素が給水や復水に溶けることで pH が低下するからです。

　目的に応じた清缶剤の種類は，以下となります。

●目的に応じた清缶剤の種類

硬度成分の軟化	炭酸ナトリウム（炭酸ソーダ）
	リン酸ナトリウム（リン酸ソーダ）
pH, 酸消費量の調整	アンモニア
	水酸化ナトリウム
	炭酸ナトリウム
	リン酸ナトリウム
スラッジ調整	タンニン
	デンプン
	リグニン
脱酸素	亜硫酸ナトリウム
	タンニン
	ヒドラジン

高分子気体透明膜
シリコーン系，四塩化フッ素系などの分子量の大きな分子によって作られた高分子膜により，気体の通過性を用いて脱気を行うための膜を高分子気体透明膜といいます。

硬度成分の軟化
硬度成分の塩類を分解して沈殿させ，スラッジとして排出しやすい状態にすることを硬度成分の軟化といいます。

4 ボイラー水の濃度管理

　ボイラー水の濃度を管理するには，ボイラー水の吹出しで行います。濃縮した水をボイラー外へ排出することで，濃度を一定限界以下に保ちます。

　定期的もしくはボイラー水の濃度が上昇した際には，ボイラーの最下部から間欠的に排出する間欠吹出し，連続的に排出するには蒸気ドラム内部にある吹出し内管を用いる連続吹出しを用います。

5 ボイラー水の吹出し量と回数

　ボイラーの使用時間や使用条件，給水の性状などによりボイラー水の濃度を下げる吹出しの量と回数は異なるため，ボイラー水の水質（塩化物イオンの濃度または電気伝導率）とボイラーで求められる制限値から決めます。

チャレンジ問題

問1
難　**中**　易

以下の記述のうち，正しいものはどれか。

(1) 給水タンクに入る前に行う水処理は補給前処理，給水タンク以降で行う水処理は系列内処理という。

(2) 清缶剤を使用する目的で重要なものは，pHおよび酸消費量の調整と硬度成分の軟化である。

(3) ボイラー水の脱酸素剤として使うのは，炭酸ナトリウムとタンニンである。

(4) ボイラー水の軟化剤に使うのは，水酸化ナトリウムとヒドラジンである。

解説

清缶剤の役割は頻出問題です。清缶剤の利用目的で重要なのは，pHおよび酸消費量の調整と硬度成分の軟化であることを覚えましょう。

解答 (2)

第 3 章

ボイラーの燃料
および
燃焼に関する
基本的な知識

1 燃料概論

まとめ&丸暗記　この節の学習内容とまとめ

☐ ボイラー用燃料	固体燃料／液体燃料／気体燃料
☐ 燃料組成分析方法	工業分析／元素分析／成分分析
☐ 燃焼の諸性能値	着火温度／引火点／発熱量
☐ 液体燃料	品質がほぼ一定で発熱量が高い／重油, 軽油, 灯油
☐ 重油	動粘度によってA重油, B重油, C重油に分類（粘度はA重油＜B重油＜C重油）
☐ 重油の性質	密度が小さいものほど高品質
☐ 重油成分による悪影響	残留炭素／水分およびスラッジ／灰分／硫黄分／バナジウム
☐ 重油の燃焼性	予熱して粘度を下げる, 水分やスラッジを除去する
☐ 重油の選択基準	密度と粘度が適正／品質がほぼ一定で貯蔵中に変質しない／硫黄, 窒素化合物, 水分, スラッジが少ない
☐ 気体燃料	燃料が均一で燃焼効率が高い／燃料調節しやすい／炭酸ガス（CO_2）の排出量が少ない／油ガス, 液化石油ガス, 高炉ガス, 石炭ガス, 天然ガス
☐ 固体燃料	石炭や薪, コークス, 木炭, 練炭など
☐ 石炭	炭化度によって褐炭, 瀝青炭, 無煙炭などに分類
☐ 石炭の成分と燃焼への影響	全水分（吸着水分＋湿分）は燃焼中の気化熱を消費し, 熱損失を生じる／揮発分が多いと空気の供給が追いつかず不完全燃焼となって黒煙, ばい煙が発生する／固定炭素が多いと発熱量も大きい／灰分が多いと石炭の発熱量は小さくなる／硫黄分が多いと大気汚染やボイラーの腐食を生じる
☐ 特殊燃料	バガス／バーク／黒液／廃棄物（工場廃棄物, 産業廃棄物／都市じんかい／廃タイヤ／固形化燃料）

燃料の基礎知識

① 燃料の種類

　空気中で容易に燃焼し，それによって生じた熱を利用できるものを燃料といいます。

●おもなボイラー用燃料の種類

燃料	種類
固体燃料	コークス，石炭，木材
液体燃料	軽油，原油，重油，灯油
気体燃料	油ガス，液化石油ガス（LPG），高炉ガス，石炭ガス，天然ガス（都市ガス）

② 燃料の分析

　ボイラーを清浄に燃焼させて熱量を効率よく得るためには，各種燃料の特徴をつかむ必要があります。燃料の組成を知るための分析方法には工業分析，元素分析，成分分析の3種類があります。一般に，液体・固体燃料の場合には元素分析，気体燃料の場合には成分分析を行います。なお，固体燃料の中でも石炭などの場合には工業分析が行われます。

●工業分析
工業分析は固体燃料の組成分析に用いるもので，固体燃料の水分，灰分，揮発分を測定して残りを固定炭素として質量［%］で表します。

●石炭分析による諸成分

100－{水分（%）＋灰分（%）＋揮発分（%）}＝固定炭素（%）

●元素分析

元素分析は液体・固体燃料の組成分析（日本工業規格による）に用いるもので，炭素［C］，水素［H］，窒素［N₂］，硫黄［S］を測定し100からこれらの成分を引いた値を酸素として扱います。各成分は質量［%］で表します。

●成分分析

成分分析は気体燃料の組成分析に用いるもので，メタン［CH₄］，エタン［C₂H₆］などの含有成分（二酸化炭素［CO₂］，酸素［CO₂］，窒素）を測定し体積［%］で表します。

③ 着火温度

燃焼に関する諸性能値には着火温度，引火点，発熱量などがあります。空気中で燃料を過熱すると温度が少しずつ上昇し，点火せずに自然に燃えはじめる最低の温度が着火温度となります。

着火温度は燃料周囲の条件によって変化し，燃料が加熱され酸化反応で生じる熱量と外気に放散する熱量の平衡によって決まります。

④ 引火点

液体燃料を加熱すると，蒸気が発生します。これに小火炎を近づけると瞬間的に光を放って燃えはじめます。このときの最低温度が，引火点です。

●引火点

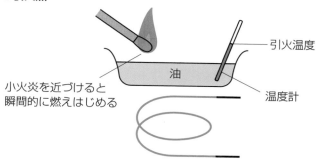

引火温度

油

温度計

小火炎を近づけると
瞬間的に燃えはじめる

補 足

高発熱量と
低発熱量の差
燃料に含まれる水素
と水分の量により決
まります。

5 発熱量

　燃料を完全燃焼させたときに生じる熱量を，発熱量といいます。発熱量の単位は，液体または固体燃料では MJ/kg，気体燃料では MJ/m^3_N で表します。MJ（メガジュール）は燃料の単位量あたりの熱量，m^3_N はノルマル立方メートルといい，標準状態（温度 0℃，標準大気圧）における体積のことです。

　発熱量は，同一燃料であっても高発熱量と低発熱量の 2 種類の表し方があります。高発熱量は総発熱量ともいい，水蒸気の潜熱を含んだ発熱量です。低発熱量は真発熱量ともいい，高発熱量から水蒸気の潜熱を差し引いたものです。

　ボイラーなどで燃料を燃焼させた際，装置の出口でこの水蒸気が潜熱を放出し凝縮して水に戻るか，蒸気のまま排出されるかは装置出口の排ガス温度によって左右されます。そのため，2 種類の方法で発熱量を表します。

　ただし，ボイラーでは一般的に燃焼ガス中の水分は蒸気のまま外気に放出されるため，ボイラー効率の算定にあたっては低発熱量が用いられます。

●高発熱量と低発熱量

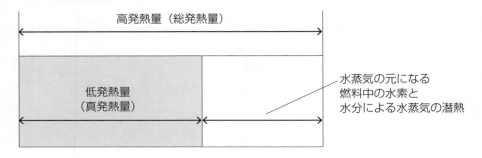

低発熱量 ＝ 高発熱量－水蒸気の元になる燃料中の水素と
　　　　　　　水分による水蒸気の潜熱

チャレンジ問題

問1

難　**中**　易

以下の記述のうち，正しいものはどれか。

(1) ボイラー用の燃料分析方法には工業分析，成分分析，炭素分析の3種類の方法が用いられる。

(2) ある固体燃料の諸成分が水分9%，灰分14%，揮発分32%だった場合，固定炭素は45%となる。

(3) 着火温度は燃料が加熱され酸化反応で生じる熱量と外気に放散する熱量の平衡によって決まるため，燃料周囲の条件には左右されない。

(4) 発熱量は，同一燃料であっても高発熱量と低発熱量の2種類の表し方があるが，一般的にボイラー効率の算定にあたっては高発熱量が用いられる。

解説

工業分析では，固体燃料の水分，灰分，揮発分を測定して残りを固定炭素とします。そのため，100-9-14-32＝45（%）となります。

解答（2）

液体燃料

1　液体燃料の特徴

　ボイラー用液体燃料の大半は重油で，一部に軽油や灯油が用いられます。原料となる原油から揮発油（ガソリン），灯油，軽油など低めの蒸留温度の軽質油分を蒸留し，その残渣分，もしくは残渣分に軽油を混合したものが重油となります。

●液体燃料の長所と短所

長所	短所
品質がほぼ一定であり，発熱量が高い	大部分を輸入に頼っているため，国際情勢によって価格や入手難易度が変わる
灰分は少なめ	バーナの構造により騒音が生じる場合がある
輸送や貯蔵に便利	成分によっては大気を汚染したりボイラーを腐食させたりする
計量しやすい	燃焼温度が高く，ボイラーの局部加熱や損傷を起こしやすい

2　重油の分類

　重油は，動粘度によってA重油，B重油，C重油の3種類に分類されます。粘度はA重油＜B重油＜C重油で，粘度の高いB重油とC重油は常温では燃焼しないので予熱が必要です。A重油は密度が小さくて発熱量も高いため，高品質な燃料といえます。

●日本工業規格（JIS）による重油の分類

種類	性状		反応	引火点 [℃]	動粘度 (50℃) [㎟/s]	流動点 [℃]	残留炭 素分質 量[%]	水分容量 [%]	灰分質 量[%]	硫黄分 質量 [%]
A重油	1種	1号	中性	60以上	20以下	5以下 （※）	4以下	0.3以下	0.05 以下	0.5以下
		2号								2.0以下
B重油	2種				50以下	10以 下(※)	8以下	0.4以下		3.0以下
C重油	3種	1号		70以上	250以 下	—	—	0.5以下	0.1 以下	3.5以下
		2号			400以 下	—	—	0.6以下		—
		3号			400を 超え 1000 以下	—	—	2.0以下	—	—

（※）1種および2種の寒候用のものの流動点は0℃以下とし，1種の暖候用の流動点は10℃以下とする

●液体燃料の概要一例

種別		A重油	B重油	C重油
密度（15℃）[g/cm3]		0.86	0.89	0.93
化学成分 [wt%]	C	86.58	86.00	85.83
	H	11.83	11.34	10.48
	O	0.7	0.36	0.48
	N	0.03	0.18	0.29
	S	0.85	2.10	2.85
低発熱量	MJ/kg	42.73	42.40	40.92
	MJ/L	36.75	37.74	38.06
引火点（℃）		60	60	70
理論空気量[m3N/kg]		10.9	10.7	10.4

③ 重油の性質

　重油の性質で特徴的なのは，密度が小さいものほど高品質であることです。密度が小さいと，それだけ質量あたりの発熱量が大きくなるためです。

　A重油，B重油，C重油のおもな性質は以下の通りです。

●重油（液体燃料）の種類と燃焼性

	高品質A重油	B重油	低品質C重油
密度	小さい	←	大きい
低発熱量 [MJ/kg]	大きい	←	小さい
引火点	低い	←	高い
粘度	低い	←	高い
凝固点	低い	←	高い
流動点	低い	←	高い
硫黄	少ない	←	多い
残留炭素	少ない	←	多い

補足

粘度を下げる予熱

粘度の大きい重油は，適切な温度に加熱することで噴霧状態を良好にし，燃焼効率を増加させます。この加熱のことを予熱といいます。各重油の予熱温度は，以下の通りです（P.288参照）。
・A重油→予熱不要
・B重油→50～60℃
・C重油→80～105℃

●密度

重油の密度は，15℃における密度［g/m³］で表され，0.84～0.96 g/m³ です。温度が上昇すると重油は体積が膨張するため，密度は減少します。3種類の重油のうち，もっとも密度が小さいのはA重油で，単位質量あたりの発熱量は大きくなります。

●粘度

燃料の流れにくさを表す粘度は，燃料の輸送やバーナノズルでの噴霧状態などに大きく影響します。一般的に，密度の大きなB重油，C重油は粘度が高いため加熱利用します。これは，温度が上昇すると粘度が低下する性質を利用しています。

●引火点

一般的に，密度の小さな燃料油は引火点が低くなります。重油の引火点は平均で 100℃前後，日本工業規格では 60〜70℃です。

●重油の粘度および引火点

	密度	引火点
A重油	0.86g/cm³（15℃）	60℃以上
B重油	0.89g/cm³（15℃）	
C重油	0.93g/cm³（15℃）	70℃以上

●凝固点と流動点

油が低温状態で凝固するときの最高温度を凝固点，油を冷却しても流動状態を保てる最低温度を流動点といいます。一般的に，流動点は凝固点よりも2.5℃高い温度となります。A重油はB重油よりも凝固点と流動点が低い特徴があります。これは，A重油は凝固しにくく，油温度が低くても流動できるためです。一方，B重油のように流動点が高い重油は，配管などの加熱・保温，重油の予熱などを行い，流動点以上の温度にして取り扱わなければなりません。

●比熱

流体の比熱は，一般的に温度や密度によって変化します。重油の温度が高くなり，また，密度が小さくなると重油の比熱は大きくなります。

●発熱量

重油の単位質量あたりの発熱量は，密度が小さい重油ほど大きくなります。

また，B重油の単位質量あたりの発熱量は，C重油よりも大きくなります。

補足

息づき燃焼
燃焼が周期的な圧力変動をするとき，燃焼の状態が不安定になることです。

●**重油の密度および発熱量**

	密度	低発熱量
A重油	0.86g/cm³	42.73MJ/kg
B重油	0.89g/cm³	42.40MJ/kg
C重油	0.93g/cm³	40.92MJ/kg

4 重油の成分による悪影響

重油には，以下のようにボイラーに悪影響をおよぼす成分が含まれています。

●**残留炭素**
一定の試験方法で燃え切らない炭化物を，残留炭素といいます。この残留炭素分が多いと，バーナが不調の際に噴霧孔や燃焼室に未燃炭素が付着しやすくなり，さらにはばいじん量も増加します。

●**水分およびスラッジ**
重油に水分が多く含まれていると，息づき燃焼を起こします。水分は燃焼により水蒸気となって，ボイラー出口からそのまま排出されます。水分の蒸発に使われた熱は熱損失となって，ボイラー効率は低下します。

また，貯蔵タンクの中で重油の不純物が分離して水と反応し，スラッジを形成します。スラッジはろ過器や弁，バーナチップなどを閉そくさせ，ポンプ，流量計，バーナチップなどを摩耗させます。Ｃ重油の場合，残留炭素分はおよそ7〜13%です。

●灰分

重油に含まれる灰分は，石炭などの固形燃料と比べ極めて少ない特徴があります。石炭では 10 〜 20%の灰分が含まれるのに対し，重油では 0.1%以下です。しかし，伝熱面に薄い膜のように付着して伝熱を阻害します。

●硫黄分

低品質な燃料ほど多く含まれ，燃焼後には公害規制で排出が制限されている硫黄酸化物が発生します。燃料に含まれる硫黄分は，燃焼によって二酸化硫黄（SO_2）を発生させ，その一部は燃焼ガス中の余剰酸素と反応して三酸化硫黄（SO_3）となります。三酸化硫黄はさらに燃焼ガス中の水蒸気と反応して硫酸蒸気となり，低温部分と接触して露点以下になると硫酸に変化します。硫酸は，空気予熱器やエコノマイザなどの低温部の伝熱面を腐食させる低温腐食を起こします。二酸化硫黄や三酸化硫黄はいずれも大気汚染の原因となります。

●重油中のバナジウム

バナジウムが多く含まれている重油を用いると，燃料中の灰分がボイラーの加熱器伝熱管に溶着して管外面を激しく腐食させる高温腐食を生じます。

5　重油の燃焼性および選択基準

重油の燃焼性および選択基準は，以下の通りです。

●燃焼性

重油の燃焼性は，いかにして安定した霧化を確保できるかが重要となります。

通常，重油はバーナで霧化して燃焼させるため，噴霧粒径をなるべく小さくして単位質量あたりの酸素との化学反応表面積を大きくすることが求められるからです。安定した霧化を得るためには，粘度の高い重油では予熱して粘度を下げたり，水分やスラッジを除去することが必要です。

● 選択の基準

重油を選ぶ基準は，以下の通りです。

① 密度と粘度が適正であること
② 品質がほぼ一定かつ貯蔵中に変質しないこと
③ 硫黄，窒素化合物，水分，スラッジが少ないこと

● 重油の添加剤

重油を効率よく燃焼させるため，添加剤が使われます。

● 重油の添加剤の種類とその作用

名称	作用
燃焼促進剤	燃焼を触媒作用によって促し，ばい煙の発生を抑制する
スラッジ分離剤	沈降分離したスラッジを表面活性剤や溶解作用によって分散させる
水分分離剤	乳化状で油中に存在している水分を凝縮し，沈降分離する
低温腐食防止剤	燃焼ガスの露点を下げて低温部の腐食を防ぎ，また燃焼ガス中で三酸化硫黄と反応して非腐食性物質に変える

補足 ▶

沈降分離
液体中に懸濁している固体粒子群を重力によって沈めて液体と分離することを，沈降分離といいます。

乳化
界面活性剤を2種類の溶け合わない液体に加えて，一方を他方の中に分散させることです。

露点
物体を空気中で冷却させたとき，表面に露ができはじめる温度のことを露点といいます。

6 軽油および灯油

　軽油と灯油は重油に比べて高価ですが，硫黄分が少なく燃焼性がよいといった特徴があります。ボイラー用燃料としては，点火用バーナや，中・小規模ボイラーに用いられます。ただし，引火点が低いので，取り扱いには十分に注意する必要があります。

チャレンジ問題

問1

難　中　**易**

以下の記述のうち，正しいものはどれか。

(1) ボイラー用液体燃料には重油，軽油，灯油などがあり，品質がほぼ一定で発熱量が高いメリットがあるものの，ボイラーの局部加熱や損傷を起こしやすいデメリットもある。

(2) A重油とC重油を比較した場合，前者は予熱が不要で後者は予熱が必要となる。なお，流動点はA重油の方が高くなる。

(3) 単位質量あたりの発熱量は，小さい順からA重油，B重油，C重油である。

(4) 液体燃料に含まれる硫黄分と灰分は，固形燃料と比べて極めて少ない特徴がある。

解説

液体燃料は固体燃料とは異なり輸送や貯蔵に便利，計量しやすい反面，価格が国際情勢に左右されやすい問題もあります。

解答（1）

気体燃料

1 気体燃料の特徴

気体燃料の主成分はメタン（CH_4）などの炭化水素で，液体燃料や固体燃料と比較すると成分中の炭素に対する水素の比率が高い特徴があります。気体燃料の長所と短所は，以下の通りです。

●気体燃料の長所と短所

長所	短所
燃料が均一で燃焼効率が高い	単位容積あたりの発熱量が非常に小さい（重油の約1／1000）
簡単なバーナの構造で使用できるため，料料調節しやすい	漏えいすると火災や爆発の危険性があり，有害な一酸化炭素などを含むことが多いので漏えい防止と検知に留意する
炭酸ガス（CO_2）の排出量が少なく，温暖化ガスの削減に貢献できる	ほかの燃料よりも割高で，配管口径が液体燃料よりも太くなることで配管費，制御機器費のコストがかかる
硫黄分，灰分，窒素分の含有量が少ないため，燃焼ガスや排ガスが清浄で伝熱面や火炉壁を汚損することがほとんどない	点火，消火時にガス爆発の危険がある

2 気体燃料の種類

ボイラー用の燃料として使用される気体燃料は一般に，都市ガスや天然ガス，液化石油ガス（LPG，プロパンガス）がおもなものとなります。また，製鉄所や石油工場などの特定の工場やエリアで使用される気体燃料として，製品の製造時に発生する可燃性の副生

補足

炭酸ガス

気体になった状態の二酸化炭素のことを，炭酸ガスといいます。このほか，固体の状態はドライアイス，水溶液は炭酸や炭酸水といいます。二酸化炭素は物質名です。

副生ガス

製鉄所の製鉄工程で生成される比較的発熱量の低いガスのことです。

ガス，オフガスがあります。

●天然ガス（LNG）

地下から産出する炭化水素が主成分の可燃性ガスで，メタン（CH_4）が主成分の乾性ガスとメタンに加えてエタン（C_2H_6），プロパン（C_3H_8），ブタン（C_4H_{10}）を含む湿性ガスに分類され，液化できるのは湿性ガスのみです。おもに都市ガス用，火力発電所用，化学工業の原料などに用いられます。なお，天然ガスを－162℃以下に冷却し，液化したものを液化天然ガス（LNG）といいます。体積が1/600ほどになるため輸送がしやすくなります。また，空気よりも軽いため，漏えいすると天井部などの高所に滞留するので注意が必要です。

●液化石油ガス（LPG，プロパンガス）

常温で圧力を加えて製造した石油系炭化水素を，液化石油ガスといいます。空気よりも重い特徴があり，液体燃料ボイラーのパイロットバーナ用燃料として利用されます。

●都市ガス

液化天然ガス（LNG）を主流とし，ほかに液化石油ガスや油ガスなどを混合，調整して作られます。空気より比重が軽く，漏れると上昇します。なお，都市ガスでは，油ガスに含まれる一酸化炭素（CO）は無毒化されています。

●油ガス

石油類，とくに原油や低質ガソリンのナフサを分解して作られるガスの総称を，油ガスといいます。一般的に有毒な一酸化炭素を含みます。

●石炭ガス（コークス炉ガス）

製鉄所や都市ガスなど，コークス製造時の副産物が石炭ガスです。メタンや水素を多く含むため発熱量は高いものの，漏えいした場合には爆発や中毒の危険があります。

●高炉ガス

製鉄所の溶解炉から製鉄する際の副産物を，高炉ガスといいます。発熱量は極めて低く，一酸化炭素や二酸化炭素を多く含んでいます。

補足

オフガス
石油化学, 精製工場で発生する発熱量の高い有用な副生ガスです。

ナフサ
揮発性の高い粗製ガソリンのことで, 原油を分留（蒸留による分離）することで得られます。

●おもな気体燃料の発熱量

	都市ガス	液化石油ガス		製鉄所副生ガス		オフガス	
	13A	プロパン	ブタン	石炭ガス	高炉ガス	石油化学	石油精製
高発熱量 [MJ／m³N]	45.0	99.1	128.0	20.2	3.8	43.0	28.0
低発熱量 [MJ／m³N]	40.6	91.0	118	18.0	3.7	38.8	24.9
比重（空気＝1）	0.64	1.52	2.00	0.46	1.02	0.60	0.33
密度 （空気15℃ 1.225） [kg/m³]	0.78	1.86	2.45	0.56	1.25	0.73	0.40
理論空気量 [m³N／m³N]	10.72	23.8	30.9	4.42	0.69	10.2	6.25

※0℃の空気密度は1.293kg/m³

チャレンジ問題

問1

難　中　**易**

以下の記述のうち，正しいものはどれか。

(1) 液化天然ガスは空気よりも軽く，液化石油ガスは空気よりも重い特徴がある。

(2) 天然ガスのうち湿性ガスは，－273.15℃より低い温度でないと液化しない。

(3) 高温で圧力を加えて製造した石油系炭化水素を，液化石油ガスという。

(4) 気体燃料は，液体燃料に比べ一般に配管口径が小さくなるため，配管費，制御機器費などが安くなる。

解説

液化天然ガスと液化石油ガスは，ともにガスという名称はついていますが，重さは異なっています。間違えないように注意しましょう。

解答 (1)

第3章　ボイラーの燃料および燃焼に関する基本的な知識　　277

固体燃料

1 固体燃料とは

固体燃料はおもに石炭や薪，そしてこれらを元に製造されたコークス，木炭，練炭などで，ほかにも原子炉用のウラン燃料があります。

2 石炭

ボイラー用の固体燃料としてもっとも多く使われているのが，石炭です。植物が地中で長い時間をかけて炭化し，その進行度合い（炭化度）によって褐炭，瀝青炭，無煙炭などに分類できます。

3 石炭の性状と燃料比

木材は酸素と炭素の割合がほぼ同じであるのに対して，植物が地中で長い時間をかけて炭化し高圧力を受ける過程で，脱水反応などを経て石炭に変化し，炭素の割合が徐々に増えていきます。炭化度が低い状態のものは揮発分を多く含み木材に近い状態です。

一方，無煙炭では炭化作用によってほとんど炭素だけの状態で，着火しにくい特徴があります。揮発分に対する固定炭素の割合を燃料比といい，炭化が進むと燃料比は大きくなります。

燃料比＝固定酸素÷揮発分

4 石炭の成分と燃焼への影響

石炭に含まれる成分と燃焼への影響は，以下の通りです。

●水分と湿分

石炭内部に吸着または凝着しているものを水分（吸着水分），石炭の表面に付着しているものを湿分といいます。両者の合計を全水分といい，石炭の粒子が小さくなるほど湿分は大きくなります。石炭の全水分は吸着性を悪化させ，燃焼中の気化熱を消費し，熱損失を生じます。

●揮発分

石炭が加熱されると，揮発分が出て長炎となって燃焼し，少しずつ固定炭素が燃焼します。揮発分が多いと空気の供給が追いつかず不完全燃焼となり黒煙，ばい煙が発生します。炭化度が進んだ石炭ほど，揮発分は少なくなります。

●固定炭素

石炭の主成分で，炭化度が進むほど多く含まれ，発熱量も大きくなります。

●灰分

灰分は不燃なため，含有量が多いほど石炭の発熱量は小さくなります。灰が融解して炉壁に付着するクリンカになると，燃焼に悪影響を及ぼします。

●硫黄分

硫黄は燃焼により二酸化硫黄となって大気汚染やボイラーの腐食を生じます。

補足 ▶

気化熱

一定量の物質を気体へ変化させるのに必要なエネルギーを，気化熱といいます。

ばい煙

不完全燃焼によって生じた煙とすすを，ばい煙といいます。

●固体燃料の種類および性状

成分 \ 種類		木材	石炭		
			褐炭	瀝青炭	無煙炭
高発熱量 [MJ/kg]		7.5〜14.5	20〜29	25〜35	27〜35
工業分析	水分 [質量%]	30〜60	5〜15	1〜5	
	灰分 [質量%]	1〜5	2〜25	2〜20	2〜20
	揮発分 [質量%]	75〜80	30〜50	20〜45	5〜15
	固定炭素 [質量%]	20〜25	30〜40	45〜80	70〜85
燃料比		0.2程度	1以下	1.0〜4.0	4.5〜17
元素分析	炭素 [質量%]	49〜51	60〜75	65〜85	80〜90
	水素 [質量%]	5〜6	4〜5	4〜6	2〜5
	窒素 [質量%]	0.2〜1.0	1.0〜1.5		
	全硫黄 [質量%]	微量	0.5〜2.0	0.5〜2.0	
	酸素 [質量%]	42〜45	15〜30	5〜15	1〜5

※1 高発熱量, 工業分析は気乾ベース（ただし木材の発熱量, 水分は到着ベース, ほかの工業分析は無水ベース）　※2 元素分析は無水無灰ベース　※3 燃料比＝固定炭素／揮発分

チャレンジ問題

問1　　　　　　　　　　　　　　　　　　　　　　　難　中　易

以下の記述のうち, 正しいものはどれか。

(1) 固定炭素の燃料比は, 炭化が進むほど小さくなる。

(2) 石炭の湿分は石炭内部の湿り気, 水分は石炭の表面に付着したものを指す。

(3) 石炭に含まれる灰分が多くなると, 発熱量は減少する。

(4) 石炭の揮発分が多いほど, 黒煙, ばい煙も少なく効率的な燃焼を実現できる。

解説

灰分は燃えないため, この灰分が増えるほど石炭の発熱量は小さくなります。

解答 (3)

特殊燃料

1 特殊燃料とは

　一般に使用される液体燃料，気体燃料，固体燃料以外にも，樹皮やサトウキビのしぼりかすなどを燃料に使用することがあります。これらはバガス，黒液，廃棄物と呼ばれるもので，特殊燃料として区別され，いずれも本来の燃料ではありません。

　廃棄物を除き製品の製造過程で発生した副産物のうちの可燃物が利用されます。燃料以外のものでもボイラーの燃料として利用できるものは燃焼させ，熱を有効に利用することがよく行われています。

2 特殊燃料の種類

　おもな特殊燃料には，以下のようなものがあります。

●バガス（サトウキビのしぼりかす）

砂糖の原料であるサトウキビは，製糖工場で圧搾され，糖汁をしぼった残りかすがバガスと呼ばれます。バガスは可燃性で，50%程度の水分が含まれますが，製糖工場の熱源として利用されています。発熱量は，約11.5MJ/kg程度です。

●バーク（樹皮）

原木の皮をむいた際に生じるものをバークといいます。おもに製紙工場で紙を製造する過程で発生したものが使われています。50〜60%ほどの水分が含まれ

ており，発熱量が約 7.5 〜 15 MJ/kg と小さいため，助燃として液体燃料が用いられています。

●黒液

製紙工場でパルプの製造過程で排出される黒色の液体を黒液といいます。パルプは，木がま（ダイジェスタ）の中に木片（チップ）を入れ，繊維分を分離して作ります。このときに生じるのが黒液で，水分を 80 〜 88％含んでいるため，さらに濃縮して固形分（薬品と木質）を 60 〜 65％にし，ボイラーで燃焼させながら薬品を回収します。乾燥状態では，12.5 〜 16MJ/kg 程度の発熱量となります。

●廃棄物

廃棄物には，家庭から出る都市じんかい（ゴミ），工場から出る廃棄物や廃タイヤ（古タイヤ）などがあります。ボイラー燃料としての廃棄物は，以下の 4 種類に大別されます。

① 工場から出る工場廃棄物および産業廃棄物。燃料に適さないものは焼却処理され，生産の過程で発生した可燃物の副生油または副生ガスがボイラー燃料に利用されている
② 家庭から出るごみなどの都市じんかい。ごみ焼却場などで焼却処理されるときに発生した熱が発電などに利用されている
③ 廃タイヤ（古タイヤ）。チップなどにしてボイラーで燃焼する，もしくは原形のままガス化して，そのガスを利用してボイラーで燃焼させる。廃棄物の中では，発熱量は高い方に属す
④ 家庭ごみを取り扱いやすい燃料にした固形化燃料。家庭ごみに含まれる50％ほどの水分を減らして取り扱いやすい燃料にしたもので，長さ約5cm，直径約1cm の円柱形に加工したものを RDF と呼ぶ。また，古紙やプラスチックを同様に加工したものは RPF と呼ぶ

問1

以下の記述のうち，正しいものはどれか。

(1) バガスはサトウキビのしぼりかすで，水分は70%以上と非常に多いものの，熱量は11.5MJ/kg程度となっている。

(2) バークは原木の皮をむいた際に生じる樹皮のことで，12.5〜16MJ/kg程度の発熱量を持ち，おもに製糖工場の熱源に利用されている。

(3) 木片を木がまに入れて繊維分を分離するパルプの製造過程で排出された黒液は，濃縮し固形分（薬品と木質）を60〜65%にしてボイラーで燃焼させつつ薬品を回収することで特殊燃料に用いることができる。

(4) 廃タイヤ（古タイヤ）は燃焼すると有害ガスが生じるため，特殊燃料には不向きである。

解説

特殊燃料に用いられる黒液は，乾燥状態では12.5〜16MJ/kg程度の発熱量となります。

解答（3）

問2

以下の記述のうち，正しいものはどれか。

(1) ボイラー用燃料には，液体燃料，気体燃料，固体燃料以外は使用できない。

(2) ボイラー用燃料に使われる廃棄物には，工場および産業廃棄物は含まれない。

(3) 廃タイヤ（古タイヤ）はチップに加工，あるいは原形のままガス化してそのガスを利用するが，発熱量はさほど高くない。

(4) 家庭ごみを扱いやすい固形化燃料にしたものには，RDFとRPFがある。

解説

RDFとは，家庭ごみに含まれる50%ほどの水分を減らして取り扱いやすい燃料にしたもので，長さ約5cm，直径約1cmの円柱形に加工したものです。また，古紙やプラスチックを同様に加工したものがRPFです。

解答（4）

2 燃焼の方式と装置

まとめ&丸暗記　この節の学習内容とまとめ

☐ 燃焼の3要素　　　　燃料／空気（酸素）／温度 [3要素に加えて着火性燃焼速度も重要]

☐ 液体燃料の燃焼　　　噴霧式燃焼法

☐ 重油燃焼の特徴　　　重油は石炭よりも扱いやすく燃焼性がよい／扱いを間違えるとガス爆発を引き起こす危険性がある

☐ 重油の加熱　　　　　粘度の高いB重油やC重油は予熱によって粘度を下げてから燃焼させる

☐ 燃料油タンク　　　　燃料油タンク（貯蔵タンクで1週間〜1カ月の使用量）／サービスタンク [最大燃焼量の2時間分以上]

☐ 重油バーナ　　　　　中容量ボイラーでは1本, 中大型ボイラーでは複数本使用する／霧化媒体には蒸気もしくは圧縮空気を用いる／ターンダウン比（バーナ負荷調整可能範囲）

☐ 重油バーナの種類　　圧力噴霧式／蒸気（空気）噴霧式／低圧気流噴霧式／回転式／ガンタイプ

☐ 気体燃料の　　　　　拡散燃焼方式（空気とガスを別々にバーナへ供給）
　　燃焼方式の種類　　　／予混合燃焼方式（空気と燃焼ガスを混合したものをバーナへ供給）

☐ 気体燃料の燃焼の特徴　燃料の加熱や霧化媒体が不要／火炎の広がりや長さなどの調節が容易／安定した燃焼が得られるうえ, 点火と消火も容易で自動化しやすい／放射率が低く, 放射伝熱面では伝熱量が減り, 対流伝熱面では伝熱量が増える

☐ ガスバーナの種類　　センタータイプ／マルチスパッド／ガンタイプ

☐ 固体燃料の　　　　　火格子燃焼方式／微粉炭バーナ方式／流動層燃焼
　　燃焼方式の種類　　　／移動床ストーカ燃焼方式

燃焼の条件

1 燃焼の３要素

酸素と燃料が反応して急激に酸化する反応を，燃焼といいます。この燃焼には，多量の熱と光を伴います。可燃物の瞬時の酸化は爆発となり，金属（鉄など）のゆっくりとした酸化はさびとして区別されます。

燃焼には燃料，空気（酸素），温度という３要素が不可欠です。これらの要素のいずれか（燃料や空気）が止められたり温度が下げられたりすると，燃焼は維持できなくなります。

2 着火性と燃焼速度

燃焼の継続には燃料の３要素に加えて着火性と燃焼速度が重要です。着火性は火のつきやすさ，燃焼速度は燃焼が進む速さで，燃焼速度が速く着火性がよいと一定量の燃料を完全燃焼させるのに狭い燃焼室でも十分事足ります。点火源の温度と燃料が着火温度以上に維持されないと着火後に火炎が冷却され失火します。

着火性の善し悪しは燃料の性質，燃焼装置と燃焼室の構造，燃料と空気などに大きく左右されます。

3 液体燃料における燃焼過程

液体燃料の燃焼は，おもに油をバーナで霧化する噴霧式燃焼法が用いられます。また，燃料の種類や寒冷地などの状況によっては，予熱が必要な場合がありま

補足 ▶

ボイラーにおける燃焼

物質と酸素の化合を酸化といい，光と熱を伴う急激な酸化反応を燃焼といいますが，ボイラーにおける燃焼は，燃料（可燃物）と空気（酸素）を燃焼室で反応させ，燃焼室温度を燃料の着火温度以上に維持することで行います。

す。液体燃料の燃焼過程は以下のようになります。

●噴霧式燃焼法

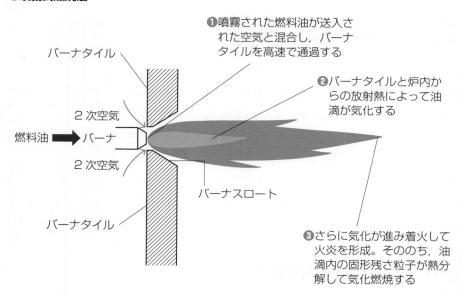

❶噴霧された燃料油が送入された空気と混合し，バーナタイルを高速で通過する

❷バーナタイルと炉内からの放射熱によって油滴が気化する

❸さらに気化が進み着火して火炎を形成。そののち，油滴内の固形残さ粒子が熱分解して気化燃焼する

バーナタイル
2次空気
燃料油 ➡ バーナ
2次空気
バーナタイル
バーナスロート

チャレンジ問題

問1

難　中　易

以下の記述のうち，正しいものはどれか。

（1）燃焼とは，燃料の瞬時の環元反応のことである。

（2）燃料の3要素とは，「燃料」「空気」「湿度」である。

（3）燃焼の継続には燃料の3要素に加えて燃焼速度と着火性が重要である。

（4）液体燃料の燃焼は，油をバーナタイルで霧化する噴霧式燃焼法が主流である。

解説

燃焼速度が速く，着火性がよいと小さな燃焼室で完全燃焼することが可能となります。

解答（3）

液体燃料の燃焼方式

1 重油燃料の燃焼方式と特徴

長い間，ボイラーの燃料は石炭で，重油が使われだしたのは約半世紀前からです。ゆえに，ボイラーの燃焼の基礎は石炭燃焼にありました。ここでは石炭と重油を比較した燃焼の特徴を解説していきます。

重油は石炭より燃焼性がよく負荷変動に対応しやすいという特徴がありますが，扱いを誤るとガス爆発の危険性があります。以下は，石炭と比較した重油燃焼の長所と短所です。

●長所

①少ない過剰空気で完全燃焼できる

②運搬や貯蔵管理が容易

③貯蔵中に自然発火や発熱量が低下するおそれがない

④すす，ダストの発生が少なく灰処理が不要

⑤急着火，急停止の操作が容易

⑥石炭よりも発熱量が高い

⑦ボイラーの負荷変動に対し優れた応答性を有する

●短所

①燃焼温度が高く，ボイラーの局部過熱や炉壁の損傷を起こしやすい

②油の漏れ込み，点火操作によってはガス爆発を起こす

③火災防止に注意をはらう必要がある

④重油にはボイラーの腐食や大気汚染を引き起こす成分が含まれていることがある

バーナタイル
炉壁に設置された空気と燃料を炉内に送り込む開口部分をバーナスロートといい，このスロートを形成する耐火物をバーナタイルといいます。

●石炭と重油の燃焼比較

	石炭燃焼	重油燃焼
燃焼温度	低い	高い
過剰空気	多い	少ない
すす,ダストの発生	多い	少ない
灰処理	必要	不要
危険性	石炭の貯炭場での自然発火	点火時の炉内爆発
負荷追従速度	遅い	速い

2 重油の加熱（予熱）

　粘度の高いB重油やC重油は，常温で使用すると弁類および配管の詰まりや失火の原因となります。そのため，予熱によって粘度を下げ，使用可能な状態にしてから燃焼させます。

　一般的にB重油は50～60℃，C重油は80～105℃程度に予熱します。予熱温度が低すぎると高い粘度の状態で燃焼し，油滴が大きくなるので燃焼完了に時間がかかります。燃焼が完了しなかった油滴はすすとなって炉内に炭化物が付着します。

　逆に予熱温度が高すぎるとバーナから噴霧する前にバーナ本体内で気化し，気化した重油と高温の重油が交互に流れて燃料供給が不安定になります。この現象をベーパロックといいます。さらに燃焼がムラとなり不完全燃焼の油滴がすすの原因となります。

　また，重油温度が高くなりすぎると噴霧状態が不安定で油滴の大きさが不均一となるため，噴霧状態がムラとなります。この結果，燃焼が不安定になる息づき燃焼が発生します。

●重油燃焼時の燃料加熱

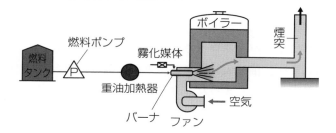

燃料の予熱
B重油：50〜60℃
C重油：80〜105℃

補足

貯蔵タンク
燃料の受け入れに使用するタンクを，貯蔵タンクといいます。設置場所は地上もしくは地下です。

サービスタンク
ボイラー付近に設置する小容量タンクのことを，サービスタンクといいます。重油は，一度このタンクに移してから使用されます。

3 燃料油タンク

　一般的に，燃料油タンクの貯蔵量は貯蔵タンクで1週間〜1カ月の使用量，サービスタンクでは最大燃焼量の2時間分以上あることが求められます。燃料油タンクのおもな特徴は，以下の通りです。

●用途により貯蔵タンクとサービスタンクに分類
貯蔵タンクは多量の燃料を貯蔵でき，貯油量は1週間〜1カ月間の使用量分とすることが一般的です。サービスタンクは工場内の各燃焼設備に燃料油を供給する「油だめ」で，一時的に貯蔵するものです。

●燃料油タンクの設置場所は地上もしくは地下
大きな工場などの施設では貯蔵量も多く，大型のタンクとなるため地上に設置されることが多く，都市部や小さな工場では地下に設置されることもあります。

● サービスタンクの貯油量は一般に最大燃焼量の2時間分以上

サービスタンクが小さい場合，常に運転状態となった移送ポンプが故障する
おそれや，油漏れによる流出でタンクが空になるなどのおそれがあります。
そこでサービスタンクの貯油量は最大燃焼量の2時間分程度とされています。

● 貯蔵タンクの上部には油逃がし管，油送入管を取り付ける

油面が高くなりすぎたときにオーバーフローさせるため，油逃がし管は貯蔵
タンク上部に取り付けられます。油送入管をタンク下部に設けた場合，弁の
誤開や，ローリーとの配管を外してしまったときにタンク内の油が流出する
危険性があるため，タンク底部から20～30cm上に設けます。

● 屋外貯蔵タンクには油面計および温度計を取り付ける

屋外貯蔵タンクの管理項目は，液面と重油の粘度に関係する温度です。常温
では粘度が高く移送に支障があるC重油は加熱が必要で，このときの温度
を確認するため，屋外貯蔵タンクには油面計および温度計を取り付けます。

● サービスタンクには油面計，自動油面調節装置を設ける

油面計は，タンク内の残油量を確認するための装置です。自動油面調節装置
は，さまざまな信号を受け取って移送ポンプの起動や停止を行うことで，貯
蔵タンクからサービスタンクへ自動的に補充します。

4 重油バーナ

　ボイラー用の重油バーナには多くの種類があり，用途に応じて使い分けま
す。中容量のボイラーでは燃焼量が少ないため1本のバーナを，中大型ボイ
ラーでは一般に複数本のバーナを用いて燃焼します。

　重油バーナは重油を霧状に噴き出し，空気と混合しやすくすることで着火
性を良好にしています。これにより，未燃分の発生もおさえています。重油
を霧状にする霧化媒体には，蒸気もしくは圧縮空気が用いられます。また，
重油自体が持つ圧力で重油を噴き出す圧力噴霧式やバーナの回転による遠心

力で重油を微細化する回転式バーナ（ロータリーバーナ）が採用されることもあります。ただし，ボイラーが１基のみの場合は起動時に蒸気を利用できないため，起動用バーナには空気噴霧式もしくは圧力噴霧式のバーナが用いられます。

　バーナの重要な性能のひとつに，ターンダウン比（バーナ負荷調整可能範囲）があります。これは燃焼可能な最大油量と最小油量の比を示すもので，ターンダウン比が３：１という場合はバーナの油量を1/3まで減らしても安定して燃焼できることを意味します。

　ボイラーの負荷を下げるために油量を絞ると，バーナチップの噴油孔の大きさは変わらないため重油の流量減少で油圧が下がります。重油の噴出圧力が下がると霧化しにくくなり，火炎が消えることもあります。ターンダウン比は，吹き消える直前の重油流量と最大の重油流量の比ともいえます。このほか，ボイラーの燃焼量制御には重油の流量調節弁を利用することも重要です。重油の流量調節弁をしぼった分だけ，バーナ入口の重油噴出圧力は下がります。

⑤ 重油バーナの種類および特徴

　重油バーナには，おもに以下の５種類があります。

●圧力噴霧式バーナ

油に高圧力を加えてノズルチップから激しく炉内に噴出させます。油は，空気との摩擦や油が持つ表面張力によって微粒化されます。圧力噴霧式バーナは中大容量ボイラーに用いられますが，ターンダウン比が狭いのでバーナ数を加減する，ノズルチップを取り替える，

戻り油式圧力噴霧式バーナやプランジャ式圧力噴霧式バーナを用いるなどの工夫が必要です。

●**圧力噴霧式バーナの原理**

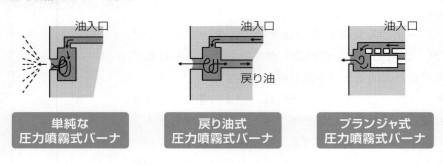

| 単純な圧力噴霧式バーナ | 戻り油式圧力噴霧式バーナ | プランジャ式圧力噴霧式バーナ |

●蒸気（空気）噴霧式バーナ

高圧蒸気や圧縮空気と一緒に燃料を噴霧します。バーナの先端に混合室があり，油と蒸気，空気などの霧化媒体を混合してノズルより噴霧し油を微粒化させます。霧化媒体の膨張エネルギーを活用するため，良好な噴霧状態でターンダウン比は広くなります。ただし，蒸気や空気を送り出す装置が必要で，構造が複雑になる欠点があります。

●**蒸気（空気）噴霧式バーナの原理**

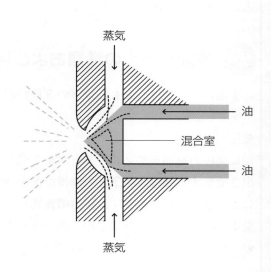

> 霧化媒体を使用することで調整範囲が広くなって霧化が良好となり，ターンダウン比が広くなる。ターンダウン比が広くなるのは，高圧蒸気（空気）噴霧式バーナおよび低圧気流噴霧式バーナとなる。なお，霧化媒体を使用しない場合，ターンダウン比は狭くなる

●低圧気流噴霧式バーナ

霧化媒体として 4〜10kPa の比較的低圧の空気を活用します。高い圧力が不要で，低容量のボイラーで利用されます。低圧空気はアトマイザ先端で 2 つに分割され，バーナ中心部へ向かう一部の空気が旋回流となります。中心の油ノズルから噴出した燃料油は旋回流によって旋回室内壁を油膜となって流れ，炉内に噴射されます。もう一方の空気流を衝突させて微粒化します。

●低圧気流噴霧式バーナの原理

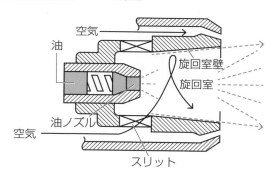

●回転式バーナ

回転軸に設けられたカップの内面で油膜を形成し，遠心力によって油を微粒化します。中小容量のボイラーでよく使われます。

●回転式バーナ

カップが回転して油を微粒化する

カップ
油
油膜

補 足 ▶

戻り油式
戻り油で油量の調整を行う方式を，戻り油式といいます。調整範囲が広く，噴霧状態の変化が少ない特徴があります。

プランジャ式
ピストンがシリンダ内を往復運動して油に圧力をかけて押し出す方式を，プランジャ式といいます。

ターンダウン比
ターンダウン比は，燃料の流量（負荷）の調整範囲に関係し，バーナ1本あたりの最大・最小燃料時においての燃料流量比のことです。

アトマイザ
噴霧装置のことを，アトマイザといいます。

●ガンタイプバーナ

圧力噴霧式バーナとファンを一体した構造で，ノズル先端から圧力がかかっ
た油にファンで空気をぶつけ微粒化します。燃焼量の調整範囲が狭く，オン・
オフ動作の自動制御を用いる小容量ボイラーでよく使用されています。

●**ガンタイプバーナ**

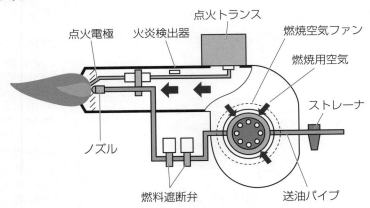

チャレンジ問題

問1

難　中　**易**

以下の記述のうち，正しいものはどれか。

(1) 石炭と重油では前者の方が発熱量は高く，後者は前者よりもボイラーの負
荷変動に対して優れた応答性を有している。

(2) 通常，B重油は50〜60℃，C重油は80〜105℃程度に予熱して燃焼させる。

(3) 一般的に，貯蔵タンクは3カ月以上の使用量を貯蔵できるタンクが必要。

(4) 貯蔵タンクの上部には，油逃がし管と油取り出し管を取り付ける。

解説

B重油とC重油は常温では粘度が高いため，予熱により粘度を下げて利用します。

解答 (2)

気体燃料の燃焼方式

1 気体燃料の燃焼方式の種類

　気体燃料の燃焼方式は、空気とガスとの混合方法によって拡散燃焼方式と予混合燃焼方式に分けられます。

●拡散燃焼方式
空気とガスを別々にバーナへ供給する方式で、ボイラー用バーナの大半がこの方式を採用しています。空気の流速、ガスの噴射角度、旋回強度、分割法などにより燃料の調節が容易で、高温空気を燃焼用に使用したり、ガスを予熱して使用することも可能です。

●予混合燃焼方式
あらかじめ空気と燃焼ガスを混合したものをバーナへ供給して燃焼させる気体燃料独自の方式です。安定的な火炎を作りやすいものの、逆火の危険性があります。そのため大容量バーナには使用されにくく、パイロット（点火用）バーナに採用されることがあります。

●拡散燃焼方式と予混合燃焼方式

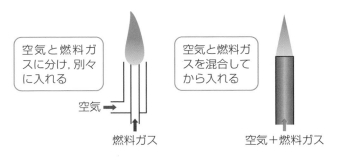

空気と燃料ガスに分け、別々に入れる
空気→
燃料ガス

空気と燃料ガスを混合してから入れる
空気＋燃料ガス

2 燃焼の特徴

気体燃料は，以下のような特徴があります。

①燃料の加熱や霧化媒体（高圧空気や蒸気）を用いる必要がない
②バーナ先端部で空気と燃料の混合状態を自由に設定できるため，火炎の広がりや長さなどの調節が容易
③空気と燃料を供給するだけで点火が可能なため安定した燃焼が得られ，点火と消火も容易で自動化しやすくなっている
④油火炎と比べるとガス火炎は放射率が低く，放射伝熱面では伝熱量が減り，対流伝熱面（高温ガスとの接触伝熱面）では伝熱量が増える

3 ガスバーナの種類

ボイラー用ガスバーナの大半は拡散燃焼方式で，以下の種類があります。

●センタータイプガスバーナ
もっとも一般的なタイプで，空気流の中心にガスノズルがあり先端から放射状に燃料ガスを噴出します。

●マルチスパッドバーナ
空気流中に複数のガスノズルを設けており，ガスノズルを分割することで空気とガスの混合を促進します。

●ガンタイプガスバーナ
ファン，点火装置，燃焼安全装置，負荷制御装置，ガスノズルなどを一体化したもので，小容量ボイラーで利用されます。

● **センタータイプガスバーナ**

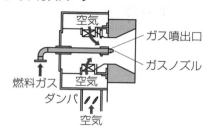

補足▶

リングタイプガスバーナ

ガスバーナの種類として, リング状の管の内側に多数のガス噴射孔があり, 空気流の外側から内側に向かってガスを噴射する「リングタイプガスバーナ」もあります。

● **マルチスパッドガスバーナ**

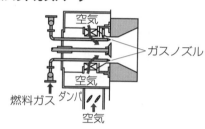

チャレンジ問題

問1　　　　　　　　　　　　　　　　難　中　易

以下の記述のうち, 正しいものはどれか。

(1) 拡散燃焼方式は安定的な火炎を作りやすい反面, 逆火の危険性がある。

(2) 予混合燃焼方式は空気と燃焼ガスを混合したものをバーナへ供給して燃焼させるため, 燃料の調節が容易かつ逆火の心配がない。

(3) マルチスパッドバーナは, 点火装置や燃焼安全装置などが一体になっている。

(4) ガス火炎は油火炎よりも放射率が低く, 対流伝熱面では伝熱量が増え, 放射伝熱面では伝熱量が減る。

解説

油燃料の火炎は炭素が燃えるため輝炎となりますが, ガス燃焼の CO や H_2 の火炎は青色透明の不輝炎となるため, 放射率が低くなります。

解答 (4)

固体燃料の燃焼方式

1　固体燃料の燃焼方式の種類

　固体燃料の燃焼方式は**火格子燃焼方式**，**微粉炭バーナ方式**，**流動層燃焼方式**，**移動床ストーカ燃焼方式**などに大別されます。

●火格子燃焼方式

多数のすき間がある火格子の上に石炭などをのせて，下から空気を吹き上げて燃焼させる方式です。**上込め燃焼**と**下込め燃焼**の2種類があり，上込め燃焼は上方より燃料が供給され，下方から1次空気が供給されます。下込め燃焼は，燃料を火格子の下方から供給し，1次空気と同一方向にしてあります。下込め燃焼は，粒度の小さな燃料によく用いられます。

●上込め燃焼と下込め燃焼

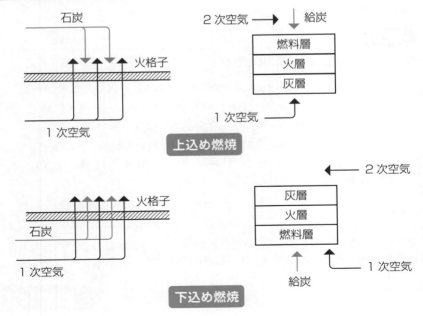

●微粉炭バーナ方式

最初に石炭をミル（微粉炭機）で粉砕して燃焼しやすく加工し，これを管の中に空気と一緒に圧送して微粒炭バーナに送り込みます。次に微粒炭バーナから石炭を燃焼室内に吹き込み，浮遊状態で燃焼させます。おもに大容量ボイラーや発電用ボイラーに用いられ，安全装置として爆発戸の設置が義務づけられています。

補足 ▶

集じん機
粉じんを捕集するための装置を，集じん機といいます。

フライアッシュ（飛散灰）
燃焼ガスと一緒に吹き上げられた球状の微粒子を，フライアッシュといいます。

●微粉炭バーナ方式

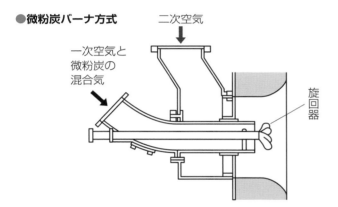

●微粉炭バーナ方式の長所と短所

長所	短所
中容量～大容量まで適用範囲が広い	微粒炭機や集じん機など設備が大がかりとなり設備費用，保守，維持費用が高くなる。微粒炭機を動かすので所要動力が大きい
低品位炭や無煙炭など使用できる石炭の幅が広い	火格子燃焼よりも大きな燃焼室が必要
燃料の単位質量あたりの表面積が大きく空気との接触も良好，少ない過剰空気で高効率の燃焼が可能	最低連続負荷を小さくすることが困難
燃焼量の調節が容易で負荷変動に対して迅速対応が可能。点火および消火も短時間で行える	フライアッシュ（飛散灰）が多いので集じん装置が必要
消火時に火格子上に残る石炭の損失がない	粉じん爆発の危険がある
気体または液体燃料との混焼が容易	－

●流動層燃焼方式

多孔板（分散板）上に粒径1〜5mm程の石炭と固体粒子（流動媒体）を供給し，空気を多孔板の下から上に吹き上げ石炭と固体粒子の混合物を流動化して燃焼させます。この状態を流動層といい，石炭灰の溶解を避けるため蒸発管などを配置し，層内の熱を吸収して温度を800〜900℃程度に制御します。なお，ばいじんを排出するため，集じん装置や通風損失に対する通風機設置が不可欠です。おもな特徴は，以下の通りです。

①低質燃料でも使用可能
②低温燃焼（800〜900℃）なので窒素酸化物（NOx）の発生が少なくてすむ
③層内に石灰石を送入することで炉内脱硫が可能
④層内での伝熱性能が良好なためボイラーの伝熱面積は小さくてすむ
⑤微粉炭バーナ燃焼方式よりも石炭粒径が大きく粉砕動力が軽減される

●流動層燃焼ボイラーの構造

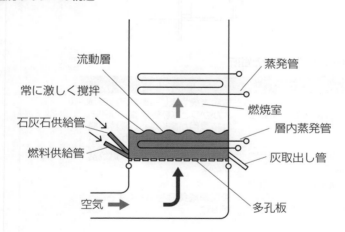

●移動床ストーカ燃焼方式

火格子を連続して並べてベルトコンベアのように動かすものをストーカ（機械だき火格子）といいます。移動床ストーカにのせられた石炭は，火格子が水平移動する間に燃焼を終えて灰となり外部へと排出されます。

●移動床ストーカ燃焼方式

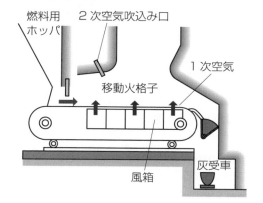

燃料用ホッパ
2 次空気吹込み口
1 次空気
移動火格子
風箱
灰受車

補足 ▶

脱硫
有害作用をもつ硫黄分を除去することを、脱硫といいます。

チャレンジ問題

問1

難　中　易

以下の記述のうち，正しいものはどれか。

(1) 火格子燃焼方式には上込め燃焼と下込め燃焼の2種類があり，前者は上方から燃料層，火層，灰層，後者は上方から灰層，火層，燃料層となる。

(2) 微粉炭バーナ方式は，石炭を空気と一緒に圧送して燃焼させる仕組みで高効率の燃焼が可能な反面，設備が大がかりで点火と消火時に大きな負荷がかかる。

(3) 流動層燃焼方式は空気を多孔板の下から上に吹き上げて石炭と砂や石灰石などを流動化して燃焼させるもので，空気に圧力をかける必要があるが，石炭の粒径は1～5mm程度と小さいため通風損失は小さくて済む。

(4) 移動床ストーカ燃焼方式は火格子燃焼と流動層燃焼の一種で，火格子を連続して並べてベルトコンベアのように動かす。

解説

上込め燃焼は給炭方向と1次空気の供給方向が逆，下込め燃焼は給炭方向と1次空気の供給方向が同じものです。

解答 (1)

3 燃焼室・通風・熱管理

この節の学習内容とまとめ

☐ 燃焼室（火炉）	空気と燃料を混合させて安定的かつ完全に燃焼反応を行わせる場所
☐ 燃焼室の条件	空気と燃料の混合を良好にする／燃焼室を高温に保つ／燃焼速度を速める／速やかに着火させる／炉壁からの放射熱損失を減らす／燃焼室内で燃焼完結できる大きさにするなど
☐ 燃焼室炉壁	水冷壁／れんが壁／空冷れんが壁／不定形耐火壁
☐ 燃焼室負荷	1時間あたり, 燃焼室 1m³ あたり, 燃焼で発生する熱量
☐ 燃焼温度	火炉での燃料の燃焼熱（入熱）÷燃焼ガス量＝単位ガス量あたりの熱量
☐ 燃焼用空気	1次空気（燃料供給装置から入れられる燃焼用空気）／2次空気（1次空気では不足する場合に用いられる空気）
☐ 理論空気量	完全燃焼に必要な最小の空気量
☐ 実際空気量	理論空気量と余分に入れる空気量を足したもの
☐ 空気比	実際空気量と理論空気量の比
☐ 通風	炉・煙道を通して送る空気および燃焼ガスの流れ
☐ ファンの種類	多翼形／後向き形（あとむき）／ラジアル形
☐ ダンパ	煙道や煙突, 風道, 空気送入口などに設置する板状のふた（昇降式ダンパ／回転式ダンパ）
☐ ボイラーの熱損失	燃料の燃焼によって生じた熱量のうち, ボイラー水に伝わらないもの

燃焼室

❶ 燃焼室が備えるべき条件

　空気と燃料をうまく混合させて安定的かつ完全に燃焼反応を行わせる場所が燃焼室で，火炉ともいいます。一般的には，ボイラー本体と一体になっています。

　ボイラーの燃焼室において効率的な燃焼に必要な条件は，以下の通りです。

①送り込まれた燃料を速やかに着火させる
②燃焼室を高温に保つ
③燃焼用空気と燃料との混合を良好にする
④燃焼速度を速め，燃焼室内で燃焼を完結させる

　燃焼室に備えるべき一般的要件は，以下の通りです。

①燃焼室の形状は，燃料の種類や燃焼方法，燃焼装置の種類などに適合する
②炉壁はバーナ火炎を放射して，放射熱損失の少ない構造で，空気や燃焼ガスの漏出や漏入がないようにする
③燃焼室（炉）は十分な強度を有している
④燃焼室は，燃料（とくに発生した可燃物）の完全燃焼を完結できる大きさである
⑤着火が容易な構造で，必要に応じて着火アーチやバーナタイルを設ける
⑥空気と燃料との混合が有効かつ急速に行われる構造である

JIS規格用語
燃焼室は，JIS規格用語（JIS＝日本工業規格）では火炉（番号：1201）といいます。「燃料を燃焼させるボイラーの部分。燃焼室」となっています。

⑦燃焼室用の耐火材は燃焼温度に耐え，長期使用でも焼損やスラグの溶着などの障害を起こさない

また，油だき燃焼室には以下の要件を満たす必要があります。

①バーナの火炎が炉壁や伝熱面を直射しない構造である
②使用バーナは燃焼室の大きさや形状に適合したものである
③燃焼室は燃焼室内で燃焼を完結できる大きさである
　（燃焼ガスの炉内滞留時間＞燃焼完結時間）
④燃焼室温度を適当に保つ構造である（低すぎると不完全燃焼，高すぎると炉壁や放射伝熱面の負荷を高め焼損や高温障害の原因となる）

●燃焼室の条件

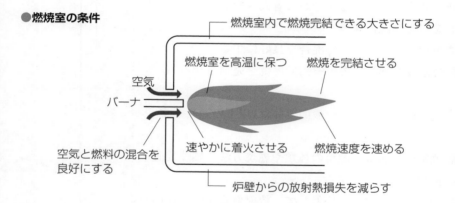

2 燃焼室の炉壁の種類

燃焼室炉壁には水冷壁，れんが壁，空冷れんが壁，不定形耐火壁などの種類があります。

水冷壁：水管を燃焼室炉壁に設け火炎の放射熱を吸収し，炉壁を保護
れんが壁：各種れんがの積み重ねによって炉壁を構成
空冷れんが壁：れんが壁を二重にしてすき間に空気を通過させて冷却
不定形耐火壁：キャスタブル耐火材やプラスチック耐火材で炉壁を形成

3　燃焼室熱負荷

　1時間あたり，燃焼室 $1m^3$ あたり，燃焼で発生する熱量のことを燃焼室熱負荷といい，$[kW/m^3]$ で表します。燃焼室負荷はボイラーや燃料の種類によって決まり，水管ボイラーでも微粉炭バーナと油・ガスバーナでは数値が異なります。一般的に微粉炭バーナでは $150 \sim 200kW/m^3$，油・ガスバーナでは $200 \sim 1200kW/m^3$ 程度です。微粉炭バーナは燃焼滞留時間が必要で，燃焼室出口のガス温度が燃焼灰の融解点以下に制限されていることから，油・ガスバーナよりも燃焼室負荷が小さくなります。

4　燃焼温度

　燃焼用空気の温度，空気比，燃料の種類などによって変化する燃焼温度は，以下の式で求められます。

> 燃焼熱（入熱）÷燃焼ガス量＝単位ガス量あたりの熱量

　実際には火炎からの放射熱，伝熱面による熱吸収，燃焼の未燃分などが燃焼熱の一部を奪うため，実際燃焼温度は断熱理論燃焼温度よりも低くなります。

5　1次空気および2次空気（空気の供給方式）

　燃焼用空気には，1次空気と2次空気の2種類があります。1次空気は燃料供給装置から入れられる燃焼用空気で，1次空気では燃焼用空気量が足りない場合に燃焼室へ送り込まれる空気が2次空気です。
　一般に油・ガスだきボイラーでは，燃焼用空気は一

括供給しますが，NOx 排出を減少するために 1 次，2 次と分ける場合があ
ります。1 次空気は，噴霧された油を拡散混合して安定的に着火させるため
に用います。2 次空気は，旋回や公差粒で空気と燃料を混合し低空気比で燃
焼を完結させます。火格子（ストーカ）などを利用した固体燃料の燃焼では，
ストーカの下から 1 次空気を供給して燃料に着火し，燃焼室に 2 次空気を供
給することで燃焼を完結させます。1 次空気と 2 次空気を比較すると，大半
は燃焼用の 1 次空気が占めています。

6 燃焼についての知識

　燃焼の知識で重要なのは，理論空気量，実際空気量，燃焼排ガスの成分，
ボイラーの熱損失です。燃料の空気比［m］は以下の通りで，空気比は燃焼
させるための実際空気量が理論的に必要な空気量の何倍かを示す値です。

微粉炭：空気比 1.15 〜 1.3m
液体燃料：空気比 1.05 〜 1.3m
気体燃料：空気比 1.05 〜 1.2m

　理論空気量は完全燃焼に必要な最小の空気量のことで，理論酸素量から求
めることができます。燃料成分に含まれる可燃分の燃焼に必要な酸素量を計
算し，これを空気量に換算して必要な空気量を求めます。ただし，実際の燃
焼には若干の余裕を加えた空気量が必要です。実際空気量は，理論空気量と
余分に入れる空気量を足したもので，実際空気量と理論空気量の比が空気比
となります。

実際空気量 A ＝空気比 m ×理論空気量 A_0

　燃焼ガスの成分割合は，燃焼方法，空気比，燃料の成分などによって変化
します。燃焼ガスは，燃料中の可燃分（炭素，水素など）が空気中の酸素と
反応してできた燃焼ガスと，燃焼に寄与しない成分（窒素など）によって構
成されているためです。

問1

以下の記述のうち, 正しいものはどれか。

(1) 燃焼室が備えるべき要件は, 燃焼室を低温に保つことである。

(2) れんが壁と空冷れんが壁の違いは, 後者はれんが壁が二重になっていて壁と壁の間に空気を通している点である。

(3) 一般的に燃焼室負荷は, 微粉炭バーナで$250\,\mathrm{kW/m^3}$, 油・ガスバーナで$350\,\mathrm{kW/m^3}$程度である。

(4) 油・ガスだきボイラーで1次空気と2次空気を利用するのは, CO_2の排出を抑えることが目的である。

解説

れんがの壁と壁のすき間に空気を通し冷却するため, 空冷れんが壁と呼ばれます。

解答 (2)

問2

難　**中**　易

以下の記述のうち, 正しいものはどれか。

(1) 理論空気量とは, 完全燃焼に必要な最大の空気量のことである。

(2) 実際空気量は, 理論空気量と余分に入れる空気量を差し引いたものである。

(3) 実際空気量と理論空気量の比が空気比となる。

(4) 燃焼ガスは, 燃焼方法, 空気比, 燃料の成分などの違いがあっても, その成分割合は変化することはない。

解説

この関係を式で表すと, 「実際空気量A＝空気比m×理論空気量A_0」となります。なお, 実際空気量は, 理論空気量と余分に入れる空気量を足したものです。

解答 (3)

通風およびファン・ダンパ

① 通風

　燃料の燃焼には適量の空気を絶えず送り込んでいく必要があります。燃焼により生じた燃焼ガスは，ボイラー，過熱器，エコノマイザなどの伝熱面にふれて流れ，熱量を伝えたのち大気に放出されます。これらが円滑に行われるためには，空気の流れを作り新鮮な空気を炉に送り込む，燃焼ガスを外へ誘導することを連続して行うことが必要です。炉・煙道を通して送る空気および燃焼ガスの流れを，通風といい，この通風を発生させる圧力差を通風力といいます。通風力の単位には [Pa] もしくは [kPa] が用いられます。

② 通風の種類

　通風には，自然通風と人工通風の2種類があります。

●自然通風

煙突の吸引力だけで通風を行う方式を，自然通風といいます。煙突内の燃焼ガス温度は外気温度より高く密度が低いため煙突内を上昇しますが，大気圧により燃焼室に侵入した空気が燃焼室内のガスを煙突へと追いやり，通風が発生します。煙突により生じる通風力は，煙突内のガス密度と外気密度の差に煙突の高さを乗じたもので，以下の条件で通風力は大きくなります。

①煙突の直径を大きくする
②燃焼ガスの温度を高くする
③煙突の高さを高くする

　自然通風は煙突の吸引力のみで通風を行うため通風力が弱く，おもにごく小容量のボイラーに利用されています。

●自然通風方式

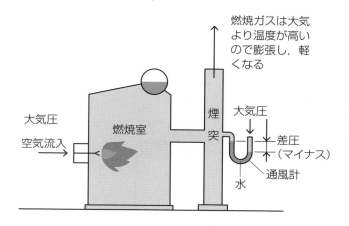

燃焼ガスは大気より温度が高いので膨張し，軽くなる

大気圧
空気流入
燃焼室
煙突
大気圧
差圧（マイナス）
通風計
水

補足 ▶

通風抵抗
外気と燃焼室内の気圧差が少ないことで通風に障害が発生することを，通風抵抗といいます。

加圧燃焼
燃焼室内を大気圧以上の状態にして燃焼させることを，加圧燃焼といいます。

●人工通風

ファン（通風機）の力で強制的に通風を行う方式を，人工通風といいます。人工通風は通風抵抗の影響がなく，確実に通風力を確保できるため小容量から大容量ボイラーまで幅広く用いられています。通風力の調整が正確かつ容易で，燃焼効率を自然通風よりも高めることができ通風効果が大きくなります。炉内圧も安定した通風力が得られ，気温や天候の影響も受けにくくなります。人工通風には，押込通風，誘引通風，平衡通風の3種類があります。

［押込通風］

燃焼室入口にファンを設置し大気圧よりも燃焼用空気を高い圧力の炉内に押し込む方式で，加圧燃焼となります。押込ファンを用いた加圧燃焼は常温空気を利用するため所要動力が低く，炉筒煙管ボイラーなどに用いられます。押込通風の特徴は，以下の通りです。

①炉内に漏れ込む空気がないためボイラー効率が向上する

②空気粒と燃料噴霧粒の混合が有効利用でき，燃焼効率が高まる

③気密が不十分な場合，燃焼ガスやばい煙などが外部へ漏れてしまう

●押込通風方式

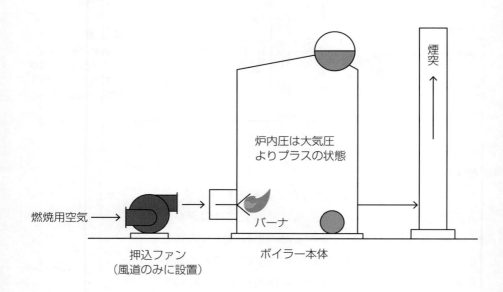

[誘引通風]

煙突下もしくは煙道終端に設けたファンで燃焼ガスを誘引する方式です。誘引通風の特徴は，以下の通りです。

①炉内圧は大気圧よりやや低いため，燃焼ガスが外部へ漏れ出すことがない

②比較的高温で体積の大きいガスを取り扱うため，誘引ファンは大型のものが必要で所要動力が大きくなる

③ガス温度が高いうえ，燃焼ガスに含まれたダストや腐食性物質がファンの摩耗や腐食を促進する

●誘引通風方式

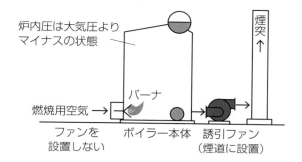

炉内圧は大気圧より
マイナスの状態

煙突
↑

バーナ

燃焼用空気 →

ファンを
設置しない　ボイラー本体　誘引ファン
（煙道に設置）

[平衡通風]

燃焼室入口に押込ファン，煙道終端には誘引ファンを
設けて大きな動力で通風を行う方式です。炉内圧は大
気圧よりやや低めに設定します。平衡通風の特徴は，
以下の通りです。

①通風抵抗が大きいボイラーも強い通風力が得られる
②燃焼調節が容易
③燃焼ガスが外部へ漏れ出すことがない
④動力は押込通風より大きいが，誘引通風より小さい

●平衡通風方式

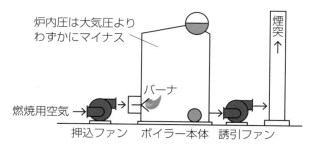

炉内圧は大気圧より
わずかにマイナス

煙突
↑

バーナ

燃焼用空気 →

押込ファン　ボイラー本体　誘引ファン

風道と煙道にファンを設置

3　ファン

　ファンの役割は，片方から空気もしくは排ガスを吸い込み，もう片方へ押し出すことです。ボイラーでは比較的低い風圧で大きな送風量のファンが用いられますが，通風方式により適切なものを選定する必要があります。

4　ファンの種類

　ファンには，多翼形，後向き形，ラジアル形の3種類があります。

●多翼形
羽根車の外周付近に浅く幅広で前向きの羽根を多数取り付けたもので，シロッコファンとも呼ばれます。風圧は 0.15〜2kPa と比較的低めで，小型，軽量，安価であることが特徴です。ただ，効率が低いため大きな動力が必要であることと，羽根の形状が脆弱なため，高温，高圧，高速には不向きです。

●後向き形（あとむき）
羽根車の主板と側板の間に 8〜24 枚の後向き羽根を設けたもので，ターボ形ファンとも呼ばれます。風圧は多翼形より大きく 2〜8kPa です。小さな動力で効率がよく，高温，高圧，大容量に向きます。構造が簡単で，耐熱性，耐摩耗性の材料を使用することで誘引ファンにも利用できます。

●ラジアル形
中央の回転軸から放射状に 6〜12 枚のプレートを取り付けたもので，プレート形ファンとも呼ばれます。風圧は，多翼形と後向き形の中間の 0.5〜5kPa です。強度があり，腐食や摩耗に強く簡単な形状のためプレートの取り替えが容易ですが，大型かつ重量も大きいため，設備費も高くなります。

●多翼形ファン

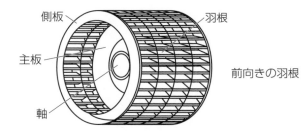

側板　　　　　　　羽根
主板
軸
前向きの羽根

●後向き形ファン

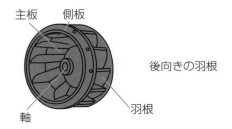

主板　側板
後向きの羽根
軸　　　羽根

●ラジアル形ファン

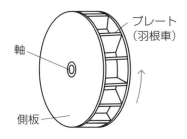

プレート
（羽根車）
軸
側板

5　ダンパ

　煙道や煙突，風道，空気送入口などに設置する板状のふたをダンパといいます。ダンパの役割は，通風力の調整，ガスの流れの遮断，煙道にバイパスがある場合におけるガスの流れの切り替えなどです。

6 ダンパの種類

ダンパには，昇降式と回転式があります。

●昇降式ダンパ

ダンパ板を上下に昇降させることで開度を調整するものです。れんが積み煙道などに用いられるもので，ダンパ板が上にあるときは「開」，下にあるときは「閉」の状態です。

●回転式ダンパ

ダンパ板の中央，もしくは一端に設けた回転軸によってダクトの開度を調整するものです。回転式ダンパは，一般的によく用いられています。

チャレンジ問題

問1

難　中　易

以下の記述のうち，正しいものはどれか。

(1) 自然通風は煙突の吸引力だけで通風を行うため，煙突の高さや燃焼ガスの温度は通風力に影響しない。

(2) 人工通風のうち，炉内圧が大気圧を上回るのは押込通風方式である。

(3) 人工通風用ファンのうち，風圧が大きい順に並べると，「多翼形」「ラジアル形」「後向き形」となる。

(4) 昇降式ダンパでは，ダンパ板が下にあるときは「開」，上にあるときは「閉」の状態となる。

解説

人工通風のうち，誘引通風と平衡通風の炉内圧は大気圧よりも低くなります。

解答（2）

熱管理

1 ボイラーの熱管理

　燃焼で生じた熱量のすべてを，ボイラー水に伝えることはできません。ボイラーにおける熱管理の目的は，全供給熱量に対するボイラー効率（％＝ボイラー水が吸収した熱量の割合）を高めることです。

2 ボイラーの熱損失

　燃料の燃焼によって生じた熱量は，ボイラー水に伝わるものとそうでないものに分けられ，後者を熱損失といいます。熱損失にはさまざまありますが，排ガス熱による損失がもっとも大きな割合を占めます。

　排ガス熱による損失は，燃焼ガス量と排ガス温度で決まるものの，燃焼ガス量は空気比によって変化します。排ガス熱による損失を減らすには燃焼ガス量が少なくなるよう，空気比を小さくすることが効果的です。

3 ボイラーの熱損失の種類

　熱損失の種類は，以下の通りです。

●排ガス熱による損失
ボイラーで燃焼したガスを煙突から排出する際，排ガスの保有熱を捨てることで生じます。ボイラーの熱損失ではもっとも大きく，排ガス量が多い（＝空気比が大きい），あるいはガス温度が高いほど大きくなります。

補足 ▶

ボイラー効率を高くするよう努める方法
①熱勘定を行い，各種損失の原因を調べ対処する②少ない過剰空気（低空気比）で完全燃焼させる③発生熱量を十分にボイラー水に吸収させる（伝熱面の汚れを減らす）

●不完全燃焼ガスによる損失

不完全な燃焼によって生じる燃焼ガス中の CO や，未燃分などの損失を指します。

●燃えがらに含まれる未燃分による損失

石炭燃焼では，灰や燃えがらに含まれる残った可燃分による損失を指します。これに対して，油だきやガスだきは燃焼室内で完全燃焼するため，ほぼ 0（ゼロ）となります。

●ボイラー周壁からの放射損失

ボイラー本体などの表面温度は周囲の温度よりも高くなり，熱が放散されます。この熱を放熱損失といいます。

●そのほかの損失

上述の損失以外で，あらかじめ予測できないものを指します。

●ボイラーの熱損失

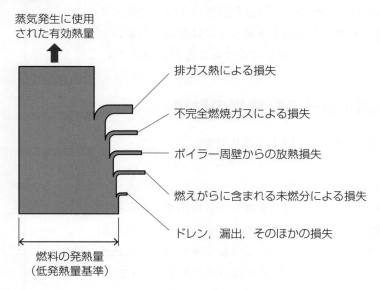

問1

難　中　**易**

以下の記述のうち, 正しいものはどれか。

(1) ボイラーの熱管理を行う目的は, 全供給熱量に対してボイラー水が吸収した熱量の割合を下げることである。

(2) 熱損失でもっとも割合が大きなものは, ボイラー周壁からの放射損失である。

(3) 燃えがらに含まれる未燃分による損失は, 石炭および油だき, ガスだきのいずれも大きな熱損失となる。

(4) 排ガス熱による損失は, 排ガス温度と燃焼ガス量によって決まり, 燃焼ガス量は空気比によって変わる。

解説

排ガス熱による損失を減らすには, 空気比を小さくして燃焼ガス量が少なくなるようにするのがよい方法です。

解答 (4)

問2

難　中　**易**

以下の記述のうち, 正しいものはどれか。

(1) ボイラーの熱損失のうち最大のものは, 一般に不完全燃焼ガスによるものである。

(2) 空気比を多くし, かつ, 完全燃焼させることにより, 排ガス熱による熱損失を小さくできる。

(3) ボイラーの熱損失には, ボイラー周壁からの熱放射によるものがある。

(4) ボイラーの熱損失には, 不完全燃焼ガスによるものはない。

解説

ボイラーの熱損失には, 「燃えがら中の未燃分による損失」「不完全燃焼ガスによる損失」「排ガス熱による損失」「ボイラー周壁からの放熱損失」「蒸気や温水の漏れ, ドレンおよびブロー (連続・間欠吹出し) による熱損失」があります。

解答 (3)

4 燃焼により発生する大気汚染物質と抑制対策

まとめ&丸暗記 この節の学習内容とまとめ

☐ 大気汚染物質　　　　　人体や環境に悪影響をおよぼす微粒子や気体成分

☐ 硫黄酸化物（SOx）　　二酸化硫黄とわずかの三酸化硫黄。呼吸器系統や循環器に障害をもたらす

☐ 窒素酸化物（NOx）　　一酸化窒素とわずかな二酸化窒素。肺や気道，毛細気管支の粘膜を冒し，心臓や脳に対して機能低下を引き起こす

☐ ばいじん　　　　　　　すすと灰分を主としたちりの総称。呼吸器障害を引き起こす

☐ 一酸化炭素　　　　　　燃料に含まれる炭素分の不完全燃焼によって発生。大気汚染の原因

☐ 硫黄酸化物の抑制　　　硫黄分の少ない燃料を使用する／煙突を高くする／排煙脱硫装置でSO_2を除去する

☐ 窒素酸化物の抑制　　　酸素を減らして燃焼させる／段階的に燃焼を行い燃焼温度のピークを下げる

☐ ばいじんの抑制　　　　燃焼状態を良好にして未燃分を減らす

大気汚染物質

1 生成される大気汚染物質

　人体や環境に悪影響をおよぼす微粒子や気体成分のことを大気汚染物質といい，おもに硫黄酸化物，窒素酸化物，ばいじん，一酸化炭素などが挙げられます。

●硫黄酸化物（SOx）

硫黄酸化物は SOx（ソックス）といい，おもに二酸化硫黄（亜硫酸ガス，SO_2）とわずかの三酸化硫黄（無水硫酸，SO_3）で構成されています。ほかにも微量の成分が含まれていますが，SOx は人体の呼吸器系統や循環器に障害をもたらしたり，酸性雨の原因ともなる有害物質です。

●窒素酸化物（NOx）

ボイラーの排ガスに含まれる窒素酸化物は，おもに一酸化窒素（NO）とわずかな二酸化窒素（NO_2）によって構成されています。NOx は人体の肺や気道，毛細気管支の粘膜を冒し，酸素が不足することで心臓や脳の機能を低下させる障害を引き起こします。また，NOx は SOx と同様に酸性雨の原因にもなります。燃焼によって発生する NOx には，燃焼中の窒素酸化物が酸化して生じるフューエル NOx と，燃焼に使われた空気中の窒素が高温条件下で酸素に反応して生成されるサーマル NOx の２つがあります。

補足

サーマルNOx
燃焼過程で生じる窒素酸化物のうち，燃焼用空気中に含まれる窒素（N_2）と酸素（O_2）が高温状態で反応しNOとなることで生成するNOxをサーマルNOxといいます。

フューエルNOx
燃焼過程で生じる窒素酸化物のうち，窒素化合物の一部が燃焼中に酸化されてNOとなることで生成するNOxをフューエルNOxといいます。

●ばいじん

すすと灰分を主体としたちり（ダスト）の総称で，人体の呼吸器に障害を引き起こします。とくに，慢性気管支炎の発病に大きな影響を与えることが分かっています。すすは，燃焼中の炭化水素のうち，反応せずに余ったもの（未燃物）で，ダストは主体となる灰分に若干の未燃物が含まれたものです。

●一酸化炭素（CO）

燃料に含まれる炭素分が不完全燃焼によって，一酸化炭素が生じます。大気汚染の原因としてもよく知られています。

チャレンジ問題

問1　　　　　　　　　　　　　　　　　　　　　　　　　難　中　易

以下の記述のうち，正しいものはどれか。

(1) 硫黄酸化物SOxは，おもに三酸化硫黄とわずかな二酸化硫黄のみで構成されている。

(2) 窒素酸化物NOxは，おもに一酸化窒素とわずかな二酸化窒素で構成され，酸性雨の原因でもある。

(3) ばいじんはすすとダストの総称だが，人体の呼吸器には影響はない。

(4) 一酸化炭素は，炭素が完全燃焼することで発生する。

解説

NOxは肺や気道，毛細気管支の粘膜を冒すなど人体に悪影響をおよぼします。

解答（2）

大気汚染物質の抑制対策

1 硫黄酸化物（SOx）の抑制対策

硫黄酸化物の防止策は，以下の通りです。

①硫黄分の少ない燃料を使用する
②煙突を高くして大気へ拡散させる
③排煙脱硫装置を設け排ガスに含まれる SO_2 を除去

2 窒素酸化物（NOx）の抑制対策

ボイラーでの燃焼方法による改善策の基本は，酸素を減らして燃焼させる，燃焼を段階的に行い燃焼温度のピークを下げることです。以下は，その方法です。

①低窒素燃料を使用する
②局所の高温域が発生しないよう燃焼温度を低くする
③排ガス中の酸素濃度を低くする
④高温燃焼域での燃焼ガスの滞留時間を短くする
⑤排煙脱硝装置を設けて燃焼ガス中の NOx を除去する
⑥２段燃焼法を採用する
⑦濃淡燃焼法を採用する
⑧排ガス再循環法を採用する
⑨低 NOx バーナを使用する

補足

排煙脱硝装置
排ガスに含まれる窒素酸化物を無害な窒素と水蒸気に分解する装置です。

２段燃焼法
燃焼空気を２つに分け，初燃部を0.8～0.9の低空気比で燃焼させ，不足分の空気を離れた位置から入れる方法です。

濃淡燃焼法
複数のバーナを過剰空気での燃焼と，理論空気量以下での燃焼に分ける方法をいいます。

排ガス再循環法
排ガスを燃焼用空気に混合してバーナ部の酸素濃度を下げ，時間をかけて燃焼させてピーク温度を下げることでNOx発生量を減らす方法です。

　ばいじんを減少させる有効な方法は，燃焼状態を良好にして未燃分を減らすことです。以下のような方法が重要となります。

①燃焼装置を整備して良好な燃焼状態を保つ
②空気比を適正に保つ
③無理だきをしない
④燃焼室の燃焼温度を高めにする
⑤灰分もしくは残留炭素が少ない燃料を選択する
⑥集じん装置を設置する

チャレンジ問題

問1　　　　　　　　　　　　　　　　　難　中　易

以下の記述のうち，正しいものはどれか。

(1) 硫黄酸化物のおもな防止策は，少ない硫黄分の燃料を用いる，煙突を高くする，排煙脱硝装置を設けることである。

(2) サーマルNOxとは，燃料中の窒素化合物から酸化反応によって生じるものである。

(3) フューエルNOxとは，燃焼に使用された空気に含まれる窒素が高温条件下で酸素と反応するものである。

(4) 窒素酸化物の抑制対策のひとつは，酸素を減らして燃焼させることである。

解説

窒素酸化物の防止策における基本は，酸素を減らして燃焼させること，燃焼を段階的にして燃焼温度のピークを下げることです。

解答 (4)

第 **4** 章

ボイラーの
関係法令

ボイラーの定義と用語および適用

この節の学習内容とまとめ

☐ 蒸気ボイラー　　火気, 燃焼ガス, そのほかの高温ガス (燃焼ガス), 水, 熱媒を電気で加熱して発生させた大気圧を超える圧力の蒸気を他に供給する装置や附属設備

☐ 温水ボイラー　　水や熱媒を燃焼ガスや電気で過熱して温水にして他に供給する装置

☐ ボイラーの3要件　　①熱源が火気, 高温ガス, あるいは電気であること②水, 熱媒を加熱して大気圧を超える圧力の蒸気 (温水) を作る装置であること③作った蒸気 (温水) を他に供給する装置であること

☐ ボイラーの適用区分　　簡易ボイラー・小型ボイラー・ボイラーに区分される (ボ則1, 令1)

☐ ボイラーの最高使用圧力　　ボイラーの構造上使用可能な最高の圧力 (ゲージ圧力で表した値)

☐ 最高使用圧力の定義　　蒸気ボイラーもしくは温水ボイラーまたは第1種圧力容器もしくは第2種圧力容器の構造上使用可能な最高のゲージ圧力 (ボ則1の6)

☐ 伝熱面積の定義　　水管や煙管, 炉筒など燃焼ガスなどにさらされる熱を伝える面の広さ (ボ則2)

☐ 伝熱面積の計算方法　　各種ボイラーにより計算方法が異なる

☐ 圧力容器　　大気圧を超える圧力の気体および液体を内部に保有する容器 (ボ則1, 令1)

☐ 第1種圧力容器　　加熱・反応・分離・保有の4つに区分される (令1の5)

☐ 第2種圧力容器　　令1の7で規定され, 内容積が0.04㎥以上の容器, 胴の内径200㎜以上, 長さ1000㎜以上の容器の2つに区分される (令1の7)

ボイラーの定義

1 ボイラーの３要件

　ボイラーには，蒸気ボイラーと温水ボイラーの２種類があります。それぞれ以下のように定義されます。

●蒸気ボイラー
火気，燃焼ガス，高温ガス（燃焼ガス），あるいは水や熱媒を電気で加熱し，発生させた大気圧を超える圧力の蒸気を他に供給する装置や附属設備をいいます。

●温水ボイラー
水や熱媒を燃焼ガスや電気で過熱して温水にし，他に供給する装置をいいます。

　また，ボイラーは以下の３要件を満たすものをいいます。

①熱源が火気，高温ガス，あるいは電気である
②水，熱媒を加熱して大気圧を超える圧力の蒸気（温水）を作る装置である
③作った蒸気（温水）を他に供給する装置である

2 ボイラーの区分 ［ボ則１］［令１］

　ボイラーは，その種類や大きさ，圧力によって「ボイラーおよび圧力容器安全規則」（以下「ボ則」という）と「労働安全衛生法施行令」（以下「令」という）で

**ボイラーおよび
圧力容器安全規則**
労働安全衛生法に基づき，ボイラーと圧力容器の安全基準を定めた厚生労働省令。小型ボイラー，第１種圧力容器，小型圧力容器，第２種圧力容器などが対象で，ボイラーと第１種圧力容器では製造許可・設置・自主検査などの管理・性能検査などがあり，第２種圧力容器，小型ボイラー，小型圧力機では検定，設置報告・定期自主検査などがあります。

適用される範囲が規定されています。「ボ則」はボイラーの安全を確保するための規則であり，種類や大きさ，圧力により異なるボイラーの危険性のうち，その可能性が高いものほど規則は厳しくなります。また，実施すべき事項も増えます。

ボイラー（小型ボイラー）の適用区分は，以下となります。

●ボイラーの適用区分

簡易ボイラー（※1）	「労働安全衛生法施行令第13条第25号」に定めるボイラーで，簡易ボイラー等構造規格の遵守が義務付けられるが，危険性が低い小さなボイラーでは「ボ則」は適用されない
小型ボイラー	「労働安全衛生法施行令第1条第4号」に定めるボイラーで，簡易ボイラーより規模の大きいボイラー。「ボ則」において適用を受けるが，相対的に小型であるため大部分が適用除外される
ボイラー	簡易ボイラー・小型ボイラーいずれにも該当しない大規模なボイラーで，「ボ則」がすべて適用される。また，ボイラーのうち，小規模ボイラー（※2）においては取り扱うための資格が緩和され，ボイラー技士免許を保持していなくてもボイラー取扱技能講習修了者であれば取り扱うことができる

※1 法令で定義された用語ではありません　※2 法令で定義された名称ではありません

●令第1条第4号

> 4　小型ボイラー　ボイラーのうち，次に掲げるボイラーをいう。
> イ　ゲージ圧力0.1MPa以下で使用する蒸気ボイラーで，伝熱面積が1㎡以下のものまたは胴の内径が300㎜以下で，かつ，その長さが600㎜以下のもの
> ロ　伝熱面積が3.5㎡以下の蒸気ボイラーで，大気に開放した内径が25㎜以上の蒸気管を取り付けたものまたはゲージ圧力0.05MPa以下で，かつ，内径が25㎜以上のU形立管を蒸気部に取り付けたもの
> ハ　ゲージ圧力0.1MPa以下の温水ボイラーで，伝熱面積が8㎡以下のもの
> ニ　ゲージ圧力0.2MPa以下の温水ボイラーで，伝熱面積が2㎡以下のもの
> ホ　ゲージ圧力1MPa以下で使用する貫流ボイラー（管寄せの内径が150㎜を超える多管式のものを除く）で，伝熱面積が10㎡以下

のもの（気水分離器を有するものにあっては，当該気水分離器の内径が300mm以下で，かつ，その内容積が0.07㎥以下のものに限る）

補足

労働安全衛生法施行令

労働安全衛生法（昭和47年法律第57号）の規定に基づき，内閣が制定した政令（昭和47年政令第318号）です。

3 最高使用圧力の定義 [ボ則1の6]

ボイラーの構造上使用可能な最高の圧力（ゲージ圧力で表した値）を，ボイラーの最高使用圧力といいます。ボ則1の6に，以下のように定義されています。

●ボ則第1条第6号

6　蒸気ボイラーもしくは温水ボイラーまたは第1種圧力容器もしくは第2種圧力容器にあってはその構造上使用可能な最高のゲージ圧力（圧力）をいう

最高使用圧力が高いほど高い圧力で使用できるため，その分，危険性も高くなります。したがって，規制の範囲は最高使用圧力によって変わります。

4 伝熱面積の定義と計算方法 [ボ則2]

水管や煙管，炉筒など燃焼ガスなどにさらされる熱を伝える面（裏面が水や熱媒に接している部分）の広さを伝熱面積といいます。

伝熱面積の大きさはボイラーの蒸気または発生熱量の大小を表し，伝熱面積が広いほど水に伝わる熱量が大きくなって蒸気および温水の発生能力も大きくなります。「ボ則」では，この伝熱面積をボイラーの大き

さの指標としています。この伝熱面積の計算方法は，各種ボイラーにより次のように計算されます。

●水管ボイラーおよび電気ボイラー以外のボイラー

丸ボイラー，鋳鉄製ボイラーなどで，火気や燃焼ガス，そのほかの高温ガスにふれる本体面で裏面が水または熱媒にふれるものの面が伝熱面積となります。また，燃焼ガスなどにふれる面（伝熱面）にひれ，スタッドなどがあるものは別に算定した面積を加えます（ボ則2の1）。

●貫流ボイラー以外の水管ボイラー

水管および管寄せの以下の面積を合計したものをいいます。なお，胴は伝熱面積に算入しません（ボ則2の2）。

①水管または管寄せの全部，あるいは一部が燃焼ガスなどにふれる面の面積
②ひれ付き水管のひれ部分は，その面積に一定数値を乗じた面積
③耐火れんがにより覆われた水管では，管の外周壁面に対する投影面積

●貫流ボイラー

燃焼室入口から過熱器入口までの水管の燃焼ガスなどにふれる面の面積の合計です。なお，貫流ボイラーの過熱管の面積は伝熱面積に算入しません（ボ則2の3）。

●電気ボイラー

電力設備容量60kW を1㎡とみなして，その最大電力設備容量を換算した面積で算定します。たとえば，最大電力設備容量が600kW の場合の計算は，以下となります（ボ則2の4）。

600÷60＝10　伝熱面積は10㎡

●水管・煙管・炉筒・横管などの伝熱管

伝熱管の伝熱面は，燃焼ガスなどにふれる側の面を基本とします。伝熱面積の算定の例としては，以下のような伝熱管があります。

●各伝熱管の伝熱面積

伝熱管	伝熱面積
水管	外側面
煙管	内側面
炉筒	内側面
横管 （横管式立てボイラー）	外側面

チャレンジ問題

問1

難　中　易

以下の記述のうち，正しいものはどれか。

(1) 電気ボイラーの伝熱面は，電力設備容量60kWを1㎡とみなして，その最小電力設備容量を換算した面積で算定する。

(2) 水管ボイラーの耐火れんがで覆われた水管の面積は，伝熱面積に算入しない。

(3) 貫流ボイラーの過熱管の伝熱面は，伝熱面積に算入しない。

(4) 炉筒煙管ボイラーの伝熱面は，煙管の外側で算定する。

解説

ボ則第2条3号に該当します。貫流ボイラーの過熱器部分は伝熱面積に算入しません。

解答（3）

第1種圧力容器および第2種圧力容器

① 圧力容器 [ボ則1] [令1]

　圧力容器は，大気圧を超える圧力の気体および液体を内部に保有する容器であり，危険性はボイラー同様であるといえます。

　したがって，圧力容器も法によって規制を受け，その対象となる圧力容器は危険性の大きさに応じて第1種圧力容器，第2種圧力容器および簡易圧力容器に区分されています。ただし，簡易圧力容器は法による規制を受けない規模の容器です。

② 第1種圧力容器 [令1]

　第1種圧力容器は令1の5で規制され，以下の4つに区分されています。

●令第1条第5号

> 5　次に掲げる容器（ゲージ圧力0.1MPa以下で使用する容器で，内容積が0.04㎥以下のものまたは胴の内径が200㎜以下で，かつ，その長さが1000㎜以下のものおよびその使用する最高のゲージ圧力をMPaで表した数値と内容積を㎥で表した数値との積が0.004以下の容器を除く）をいう。
>
> イ　蒸気そのほかの熱媒により固体または液体を加熱する容器
> ロ　化学反応，原子核反応そのほかの反応により蒸気が発生する容器
> ハ　液体の成分を分離するため，液体を加熱し蒸気を発生させる容器
> ニ　大気圧における沸点を超える温度の液体を内部に保有する容器

　なお，第1種圧力容器のうちの小型圧力容器について令1の6で規制されていますが，第1種圧力容器より緩くなっています。

3 第2種圧力容器 [令1]

第2種圧力容器は令1の7で規定され，以下の2つに区分されています。

●令第1条第7号

> 7　ゲージ圧力0.2MPa以上の気体をその内部に保有する容器（第1種圧力容器を除く）のうち，次に掲げる容器をいう。
>
> イ　内容積が0.04㎥以上の容器
>
> ロ　胴の内径200mm以上，長さ1000mm以上の容器

補足 ▶

第1種圧力容器の例（令1の5）

イは蒸煮器や消毒器，精錬器など，ロは反応器，ハは蒸発器や蒸留器など，ニはスチーム・アキュムレータ，フラッシュタンクなどです。

第2種圧力容器の例（令1の7）

エアレシーバ，ガスホルダ，乾燥用シリンダなどです。

チャレンジ問題

問1

難　中　易

以下の記述のうち，正しいものはどれか。

(1) 圧力容器は，大気圧を超える圧力の気体および液体を内部に保有する容器であり，危険性は低い。

(2) 圧力容器は危険性の大きさに応じて第1種圧力容器および第2種圧力容器，簡易圧力容器に区分されている。

(3) 第1種圧力容器は，労働安全衛生規則第1条7項に規制され，加熱・反応・分離・保有の4つに区分されている。

(4) 第2種圧力容器とは，内容積が0.04㎥以上胴の内径が200mm以上で，その長さが1500mm以上の容器をいう。

解説

圧力容器もボイラー同様に法により規制を受け，危険性の大きさに応じて区分されていますが，規模の小さな簡易圧力容器は法規制を受けません。

解答 (2)

2 ボイラーに関する諸届と検査等

まとめ&丸暗記　この節の学習内容とまとめ

☐ 製造許可　　ボイラー製造者は，ボイラー製造前に所轄都道府県労働局長に製造許可を受ける（ボ則3，法37）

☐ 溶接検査　　溶接によるボイラーの溶接をする者が受ける，登録製造時等検査機関による検査（ボ則7，法38）

☐ 構造検査　　ボイラー製造者が受ける，登録製造時等検査機関による検査（ボ則5，法38）

☐ 使用検査　　輸入ボイラーなどの設置・使用に対し，登録製造時等検査機関が行う検査（ボ則12，法38）

☐ 設置届　　所轄労働基準監督署長に設置工事開始の30日前までに提出する（ボ則10，法88）

☐ 落成検査　　ボイラーの設置工事完了後，所轄労働基準監督署長による検査（ボ則14，法38）

☐ ボイラー検査証　　落成検査合格後，所轄労働基準監督署長が交付。有効期限原則1年，延長は最長2年（ボ則15，法39）

☐ 性能検査　　ボイラー検査証の有効期限更新の際，登録性能検査機関が行う検査（ボ則37，38，40，法41）

☐ 変更届と変更検査　　変更届：変更工事開始30日前までに所轄労働基準監督署長に提出／変更検査：変更工事完了後に受ける（ボ則41，42，法38，88）

☐ 事業者の変更　　変更後10日以内に所轄労働基準監督署長にボイラー検査証の書き替えを受けなければならない（ボ則44）

☐ 休止　　ボイラー検査証の有効期限中に，所轄労働基準監督署長に休止報告書を提出する（ボ則45）

☐ 廃止　　所轄労働基準監督署長にボイラー検査証を返還する（ボ則48）

製造から廃止までの届出と検査

1　ボイラーに関する諸届と検査の流れ

　ボイラー（移動式ボイラーを除く）の製造から設置，使用，休止，廃止までの諸届や検査などの流れは，以下のようになります。

●ボイラーに関する諸届と検査の流れ

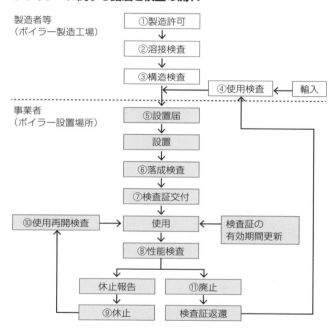

　製造者等（ボイラー製造工場）の所在地を管轄する所轄都道府県労働局長あるいは登録製造時等検査機関のほか，事業者（ボイラー設置場所）の所在地を管轄する所轄労働基準監督署長，登録性能検査機関などにより各種検査が行われます。

補足 ▶

登録製造時等検査機関
労働安全衛生法が平成24年4月に改正され，溶接検査，構造検査，使用検査が都道府県労働局長から登録製造時等検査機関に変更しました。

2 製造許可 [ボ則3] [法37]

　ボイラーを製造しようとする者は，ボイラーを製造する前に所轄都道府県労働局長に製造許可（P333 図版の①）を受けなければなりません。

　ボ則第3条および，労働安全衛生法（以下「法」という）第37条に規定されています。

●ボ則第3条

（製造許可）
　　ボイラーを製造しようとする者は，製造しようとするボイラーについて，あらかじめ，所轄都道府県労働局長の許可を受けなければならない。

●法第37条

（製造の許可）
　　政令で定めるものを製造しようとする者は，厚生労働省令で定めるところにより，あらかじめ，所轄都道府県労働局長の許可を受けなければならない。

3 溶接検査 [ボ則7] [法38]

　溶接によるボイラーの溶接をしようとする者は，登録製造時等検査機関による溶接検査（P333 図版の②）を受けなければなりません。

●ボ則第7条

（溶接検査）
　　溶接によるボイラーの溶接をしようとする者は，法第38条第1号の規定により，登録製造時等検査機関の検査を受けなければならない。ただし，ボイラーが附属設備もしくは圧縮応力以外の応力を生じない部分のみが溶接によるボイラーまたは貫流ボイラーである場合は，この限りでない。

構造検査 [ボ則5] [法38]

　ボイラーを製造した者は，登録製造時等検査機関の構造検査（P333図版の③）を受けます。構造検査を受ける者には立ち合いが義務付けられ，ボイラーの材質や外観，附属品および水圧試験を行います。構造検査は，そのボイラーが構造規格に適合していることの最終確認として行われる検査です。

●ボ則第5条

（構造検査）

　ボイラーを製造した者は，法第38条第1号の規定により，登録製造時等検査機関の検査を受けなければならない。

2　溶接によるボイラーについては，第7条第1号の規定による検査合格後でなければ，構造検査を受けることができない。

3　構造検査を受けようとする者は，ボイラー構造検査申請書にボイラー明細書を添えて，登録製造時等検査機関に提出しなければならない。

4　登録製造時等検査機関は，構造検査に合格したボイラーに刻印を押し，かつ，そのボイラー明細書に構造検査済の印を押して申請者に交付する。

5　登録製造時等検査機関は，構造検査に合格した移動式ボイラーについて，申請者に対しボイラー検査証を交付する。

補足

各種検査について
登録製造時等検査機関がない都道府県では，都道府県労働局長もこれらの検査を行えることとされています。また，登録性能検査機関がない地域では，所轄労働基準監督署長も性能検査を行えることとされています。これらの検査において局長・署長が行う場合は，官報において告示されます。

5 使用検査 [ボ則12] [法38]

　輸入ボイラーや中古ボイラー，使用を廃止したボイラーなど製造許可対象外のボイラーを設置し，使用する場合に行う検査が使用検査（P333 図版の④）です。以下の該当者は，登録製造時等検査機関の使用検査を受けます。

①ボイラーを輸入した者
②構造検査または使用検査を受けたのち，１年以上（都道府県労働局長が認めたものは２年以上）設置されなかったボイラーを設置しようとする者
③使用を廃止したボイラーを再び設置し，または使用しようとする者

チャレンジ問題

問1　　　　　　　　　　　　　　　　　　　難　中　易

以下の記述のうち，正しいものはどれか。

(1) 構造検査または使用検査を受けたのち，3年以内であれば再び使用検査を受ける必要はない。

(2) 溶接によるボイラーの溶接をしようとする者は，登録製造時等検査機関による溶接検査を受けなければならない。

(3) 輸入ボイラーは，所轄都道府県労働局長の許可を受けて使用する。

(4) ボイラーを製造しようとする者は，製造しようとするボイラーについて，製造開始後6ヵ月以内に所轄都道府県労働局長の許可を受ける。

解説

ボ則第7条により，「溶接によるボイラーの溶接をしようとする者は，法第38条第1項の規定により，登録製造時等検査機関の検査を受けなければならない」と定められています。

解答 (2)

設置と使用に関する届出と検査

1 設置届 [ボ則10] [法88]

ボイラーを設置しようとする事業者は，所轄労働基準監督署長に設置工事開始の30日前までに設置届（P333 図版の⑤）を提出します。

●ボ則第10条

（設置届）

事業者は，ボイラー（移動式ボイラーを除く）を設置しようとするときは，法第88条第1項の規定により，ボイラー設置届にボイラー明細書および次の事項を記載した書面を添えて，所轄労働基準監督署長に提出しなければならない。

1　ボイラー室およびその周囲の状況
2　ボイラーおよびその配管の配置状況
3　ボイラーの据付基礎ならびに燃焼室および煙道の構造
4　燃焼が正常に行われていることを監視する措置

2 設置報告 [ボ則11]

移動式ボイラーを設置しようとする者は，ボイラー設置報告書にボイラー明細書およびボイラー検査証を添えて，所轄労働基準監督署長に提出しなければなりません。なお，移動式ボイラーは設置工事がないため，設置届および落成検査については不要です。

補足 ▶

移動式ボイラーの設置届

移動式ボイラーでは，設置届ではなく，設置報告書を所轄労働基準監督署長に提出します。ボイラー検査証は設置報告書提出前に発行されています。

3 落成検査 ［ボ則14］［法38］

ボイラーを設置した事業者は，ボイラーの設置工事完了後，所轄労働基準
監督署長による落成検査（P333図版の⑥）を受けます。

●ボ則第14条

（落成検査）
　ボイラー（移動式ボイラーを除く）を設置した者は，法第38条第3
項の規定により，所轄労働基準監督署長の検査を受けなければなら
ない。
1　ボイラー室
2　ボイラーおよびその配管の配置状況
3　ボイラーの据付基礎ならびに燃焼室および煙道の構造

なお，落成検査は，構造検査または使用検査合格後でなければ，受けるこ
とができません。

4 ボイラー検査証 ［ボ則15］［法39］

落成検査合格後，所轄労働基準監督署長よりボイラー検査証が交付（P333
図版の⑦）されます。ボイラー検査証の有効期限は原則1年ですが，状態
が良好であれば最長2年まで延長が可能です。

なお，ボイラー検査証を滅失または損傷した場合は，ボイラー検査証再交
付申請書を所轄労働基準監督署長へ提出し再交付を受けなければなりません。

5 性能検査 ［ボ則37，38，40］［法41］

ボイラー検査証の有効期限の更新の際は，登録性能検査機関（または所轄
労働基準監督署長）による性能検査（P333図版の⑧）を受けます。

●ボ則第38条

> （性能検査）
>
>   ボイラー検査証の有効期間の更新を受けようとする者は，検査証にかかるボイラーについて，法第41条第2項の性能検査を受けなければならない。
>
> 2   法第41条第2項の登録性能検査機関は，性能検査に合格したボイラーについて，そのボイラー検査証の有効期間を更新するものとする。この場合において，性能検査の結果により1年未満または1年を超え2年以内の期間を定めて有効期間を更新することができる。

チャレンジ問題

問1

難　中　**易**

以下の記述のうち，正しいものはどれか。

(1) ボイラーを設置しようとする事業者は，設置工事開始の14日前までに設置届を所轄労働基準監督署長に提出しなければならない。

(2) ボイラーを設置した事業者は，ボイラーの設置工事が完了する前に，所轄労働基準監督署長による落成検査を受けなければならない。

(3) ボイラー検査証の有効期限は原則1年だが，最長5年までの延長ができる。

(4) ボイラー検査証の有効期限の更新の際は，登録性能検査機関（または所轄労働基準監督署長）による性能検査を受ける。

解説

ボ則第38条により，「ボイラー検査証の有効期間の更新を受けようとする者は，法第41条第2項の性能検査を受けなければならない」と定めています。

解答（4）

変更と休止および廃止の届出

1 変更届と変更検査 [ボ則41, 42] [法38, 88]

　ボイラーの胴や炉筒などの主要部分や附属設備などの変更を行う際は，変更届および変更検査が必要です。所轄労働基準監督署長に変更工事開始の30日前までに変更届を提出し，変更工事完了後には変更検査を受けます。

　なお，所轄労働基準監督署長が検査の必要がないと認めた場合，省略される場合もあります。変更届および変更検査の対象部分は，以下の通りです。

①胴，ドーム，炉筒，火室，鏡板，天井板，管板，管寄せまたはステー
②附属設備（エコノマイザ，過熱器）
③燃焼装置
④据付基礎

2 事業者の変更 [ボ則44]

　ボイラーを設置する業者に変更があった場合は，所轄労働基準監督署長にボイラー検査証の書き替えを受けなければなりません。変更後10日以内に，ボイラー検査証書替え申請書にボイラー検査証を添えて提出します。

3 休止 [ボ則45]

　ボイラーの使用を休止（P333 図版の⑨）する事業者は，ボイラー検査証の有効期限中に，所轄労働基準監督署長に休止報告書を提出します。以下の場合に，休止報告が必要となります。

①ボイラーの使用の休止を，性能検査の有効期限を超えて行う場合
②落成検査に合格したのち，1年を経過してボイラーの使用を休止する場合

4 使用再開検査［ボ則46,47］［法38］

　使用を休止したボイラーを再び使用する場合は，所轄労働基準監督署長による使用再開検査（P333図版の⑩）を受けなければなりません。なお，休止中にボイラー検査証の有効期限が切れていても使用再開検査に合格したボイラーは，所轄労働基準監督署長が検査証に裏書きし有効期限が与えられます。

5 廃止［ボ則48］

　ボイラーの使用を廃止（P333図版の⑪）した事業者は，遅滞なく所轄労働基準監督署長にボイラー検査証を返還しなければなりません。

ドーム

蒸気を集めて乾き度を高めるもので，小容量のボイラーに用いられます。

変更届が不要な部分

水管，煙管，安全弁，空気予熱器，給水装置，水処理装置の交換は変更届の対象となりません。

チャレンジ問題

問1　　　　　　　　　　　　　　難　中　**易**

ボイラーの変更検査を受けなければならない場合の正しい記述は，以下のうちどれか。

(1) ボイラーの給水装置に変更を加えたとき。

(2) ボイラーの安全弁に変更を加えたとき。

(3) ボイラーの燃焼装置に変更を加えたとき。

(4) 使用を廃止したボイラーを再び設置しようとするとき。

解説

ボイラーの変更検査の対象となる部分または設備については，ボ則第41条に規定されています。燃焼装置は41条3項に規定されているので，受けるが正解です。

解答 (3)

3 ボイラー室の制限と取り扱い業務

まとめ&丸暗記　この節の学習内容とまとめ

☐ ボイラーの設置場所	伝熱面積が3㎡を超えるボイラー（移動式ボイラー,屋外式ボイラーおよび小型ボイラーを除く）は,専用の建物あるいは建物の中の障壁で区画されたボイラー室に設置しなければならない（ボ則18,法20）
☐ ボイラー室の出入口	ボイラー室には原則,2ヵ所以上の出入口を設けなければならない。ただし,緊急時にボイラーを取り扱う労働者の避難に支障がない場合はこの限りではない（ボ則19,法20）
☐ ボイラーの据付位置	①ボイラーの最上部から天井,配管などのボイラー上部にある構造物までの距離を1.2m以上とする②本体を被覆しないボイラーでは,ボイラー外壁から壁,配管などのボイラー側部にある構造物までの距離を0.45m以上とする（ボ則20,法20）
☐ ボイラーと可燃物との距離	液体燃料・気体燃料は,ボイラーの外側から2m以上,固体燃料は1.2m以上離して貯蔵する（ボ則21,法20）
☐ ボイラーの排ガスの監視措置	ボイラー取扱作業主任者が容易に監視できる措置（窓や監視カメラなど）を講じる（ボ則22）
☐ ボイラー室の管理事項	①関係者以外の立ち入り禁止とその旨の掲示②引火しやすい物の持ち込み禁止③予備品や修繕用工具類の常備④ボイラー検査証やボイラー取扱作業主任者の資格・氏名の掲示⑤移動式ボイラーの場合のボイラー検査証または写しの所持⑥燃焼室,煙道などのれんがの破損のすみやかな補修（ボ則29,法20）

ボイラー室の基準

1 設置場所の基準 [ボ則18] [法20]

伝熱面積が **3㎡**を超えるボイラー（移動式ボイラー，屋外式ボイラーおよび小型ボイラーを除く）は，専用の建物あるいは建物の中の障壁で区画された場所（ボイラー室）に設置しなければなりません。

2 ボイラー室の出入口 [ボ則19] [法20]

事業者は，ボイラー室には原則，2箇所以上の出入口を設けなければなりません。ただし，緊急時にボイラーを取り扱う労働者の避難に支障がないボイラー室では，この限りではないとされています。

3 ボイラーの据付位置 [ボ則20] [法20]

ボイラーと構造物の距離は，以下のようにしなければなりません。

① ボイラーの最上部から天井，配管などのボイラー上部にある構造物までの距離を，1.2 m以上とする
② 本体を被覆しないボイラーや立てボイラーでは，ボイラー外壁から壁，配管などのボイラー側部にある構造物までの距離を 0.45 m以上とする。ただし，胴の内径 500㎜以下，長さ 1000㎜以下のボイラーでは，0.3 m以上とする

補足

ボイラーの最上部と建物の間隔

ボイラーの最上部から天井など，ほかの構造物までの距離は 1.2 m以上と規定されています。しかし，安全弁そのほかの附属品の検査や取り扱いに支障がないときはこの限りではありません。

4 ボイラーと可燃物との距離 [ボ則21] [法20]

　液体燃料および気体燃料は，ボイラーの外側から 2 m 以上，固体燃料では 1.2 m 以上離して貯蔵することとされています。また，ボイラーおよびボイラーに附属された金属製の煙突または煙道の外側から 0.15 m 以内にある可燃性の物は金属以外の不燃性の材料で被覆しなければなりません。

5 ボイラーの排ガスの監視措置 [ボ則22]

　煙突からの排ガスの排出状況を観測するための窓をボイラー室に設置するなど，ボイラー取扱作業主任者が正常な燃焼が行われていることを容易に監視できる措置（窓や監視カメラなど）を講じなければなりません。

6 ボイラー室の管理に関する事項 [ボ則29] [法20]

　事業者は，ボイラー室の管理などについて，以下の事項を行わなければなりません。

①ボイラー室そのほかのボイラー設置場所には，関係者以外の者が立ち入ることを禁止し，その旨を見やすい場所に掲示する

②ボイラー室には，必要がある場合以外，引火しやすい物を持ち込ませない

③ボイラー室には，水面計のガラス管，ガスケットほか必要な予備品および修繕用工具類を備えておく

④ボイラー検査証ならびにボイラー取扱作業主任者の資格および氏名を，ボイラー室そのほかのボイラー設置場所の見やすい場所に掲示する

⑤移動式ボイラーの場合は，ボイラー検査証またはその写しをボイラー取扱作業主任者に所持させる

⑥燃焼室，煙道などのれんがに割れが生じ，またはボイラーとれんが積みとの間にすき間が生じたときは，すみやかに補修する

ボイラーの設置場所の基準についての以下の記述で，（　　　）内に入る語句の組み合わせとして，正しいものはどれか。

「移動式ボイラー，屋外式ボイラーおよび小型ボイラーを除き，伝熱面積が（　　　）㎡を超えるボイラーについては，（　　　）または建物の中の障壁で区画された場所に設置しなければならない」

(1) 3・専用の建物　　　　　(2) 2・大火構造物の建物

(3) 10・密閉された室　　　　(4) 3・大火構造物の建物

解説

ボ則第18条（ボイラーの設置場所）に係る規定で，伝熱面積が3㎡以下のボイラーについては，この限りではありません。なお，ボイラーの設置場所とされる「専用の建物または建築物の中で障壁で区画された場所」を，ボイラー室といいます。

解答（1）

ボイラー（移動式ボイラー，屋外式ボイラーおよび小型ボイラーを除く）を設置するボイラー室について，法律上正しい記述は以下のうちどれか。

(1) 伝熱面が3㎡の蒸気ボイラーは，ボイラー室に設置しなければならない。

(2) ボイラーの最上部から天井，配管そのほかのボイラーの上部にある構造物までの距離は，原則として2m以上としなければならない。

(3) ボイラー室には，3箇所以上の出入口を設けなければならない。

(4) ボイラー室に固体燃料を貯蔵するときは，原則として，これをボイラーの外側から1.2m以上離しておかなければならない。

解説

ボ則第21条2項に規定されています。固体燃料では原則として，1.2m以上離す必要があると定められています。

解答（4）

ボイラーの取り扱いの業務と管理

1 ボイラー取り扱い業務の制限 [ボ則23] [令20] [法61]

　事業者は，小型ボイラーを除くボイラーの取り扱いの業務には，ボイラー技士などの有資格者でなければ就業させることができません。ボイラー技士には2級，1級，特級がありますが，どの資格においてもボイラーの大きさ（伝熱面積）に関わらず取り扱いに従事することができます。

●ボ則第23条

（就業制限）

　事業者は，令第20条第3号の業務については，特級ボイラー技士免許，1級ボイラー技士免許または2級ボイラー技士免許を受けた者でなければ，業務につかせてはならない。ただし，安衛則第42条に規定する場合は，この限りでない。

2　事業者は，前項本文の規定にかかわらず，令第20条第5号イ〜ニまでに掲げるボイラーの取り扱いの業務については，ボイラー取扱技能講習を修了した者を業務に就かせることができる。

　なお，小規模ボイラーであれば，ボイラー取扱技能講習修了者でも取り扱うことができます。ボイラー取得技能講習修了者が取り扱えるボイラーは，以下の通りです。

●令第20条5号

イ　胴の内径が750mm以下で，かつ，その長さが1300mm以下の蒸気ボイラー

ロ　伝熱面積が3㎡以下の蒸気ボイラー

ハ　伝熱面積が14㎡以下の温水ボイラー

二　伝熱面積が30㎡以下の貫流ボイラー（気水分離器を有するものは，その内径が400㎜以下で，内容積が0.4㎥以下のものに限る）

2　ボイラー取扱作業主任者の選任［ボ則24］［法14］

補足

2級ボイラー技士を取扱作業者に選任できるボイラー

①貫流ボイラー以外のボイラーでは，伝熱面積の合計が25㎡未満の場合
②貫流ボイラーのみの場合は，伝熱面積の合計が250㎡未満（1/10しない値）
③小規模ボイラーのみの場合

　事業者は，ボイラーの安全を確保し，適切な取り扱いと管理が行われるよう，有資格者の中からボイラー取扱作業主任者を選任します。ボイラー取扱作業主任者は，取り扱うボイラーの伝熱面積の合計の値によって選任できる範囲が各級において定められています。

　取扱作業主任者の選任の際に伝熱面積の合計を算定する方法は，以下の通りです。

①貫流ボイラーは，その伝熱面積の1/10を乗じて得た値を伝熱面積とする
②廃熱ボイラー（火気以外の高温ガスを加熱に利用するボイラー）は，その伝熱面積に1/2を乗じて得た値を伝熱面積とする
③小規模ボイラーは，その伝熱面積を算入しない

●ボイラー取扱作業主任者の資格および伝熱面の合計

取り扱うボイラーの種類	伝熱面積の合計	取扱作業主任者の資格
貫流ボイラー以外のボイラー	500㎡以上	特級
	25㎡以上500㎡未満	特級，1級
	25㎡未満	特級，1級，2級
貫流ボイラー	250㎡（1/10しない値）以上	特級，1級
	250㎡（1/10しない値）未満	特級，1級，2級

3 ボイラー取扱作業主任者の職務 [ボ則25] [法14]

　事業者が，ボイラー取扱作業主任者に行わせなければならない事項は **10項目**あり，ボ則25で規定されています。ボイラーによる事故や災害を防止するうえでも**重要**です。

●ボ則25

（ボイラー取扱作業主任者の職務）
　事業者は，ボイラー取扱作業主任者に次の事項を行わせなければならない。

1　圧力，水位および燃焼状態を監視すること
2　急激な負荷の変動を与えないように努めること
3　最高使用圧力をこえて圧力を上昇させないこと
4　安全弁の機能の保持に努めること
5　1日に1回以上水面測定装置の機能を点検すること
6　適宜，吹出しを行い，ボイラー水の濃縮を防ぐこと
7　給水装置の機能の保持に努めること
8　低水位燃焼遮断装置，火炎検出装置そのほかの自動制御装置を点検し，調整すること
9　ボイラーについて異状を認めたときは，直ちに必要な措置を講じること
10　排出されるばい煙の測定濃度およびボイラー取り扱い中における異常の有無を記録すること

　なお，同条第2号において，「ボイラーの運転の状態に異常があった場合にボイラーを安全に停止させることができる自動制御装置を備えたボイラー」と所轄労働基準監督署長が認定したものについては，水面測定装置の機能の点検を**3日に1回以上**とすることができるとされています。

4 附属品管理 ［ボ則28］［法20］

安全弁などの附属品の管理は，以下の通りです。

●ボ則第28条

（附属品の管理）

　事業者は，ボイラーの安全弁その他の附属品の管理について，次の事項を行わなければならない。

1　安全弁は，最高使用圧力以下で作動するように調整すること

2　過熱器用安全弁は，胴の安全弁より先に作動するように調整すること

3　逃がし管は，凍結しないように保温その他の措置を講ずること

4　圧力計または水高計は，使用中その機能を害するような振動を受けることがないようにし，内部が凍結，または80℃以上の温度にならない措置を講ずること

5　圧力計または水高計の目もりには，ボイラーの最高使用圧力を示す位置に，見やすい表示をすること

6　蒸気ボイラーの常用水位は，ガラス水面計またはこれに接近した位置に，現在水位と比較することができるように表示すること

7　燃焼ガスにふれる給水管，吹出管および水面測定装置の連絡管は，耐熱材料で防護すること

8　温水ボイラーの返り管については，凍結しないように保温そのほかの措置を講ずること

補足 ▶

安全弁の個数別調整

安全弁が1個の場合は，最高使用圧力以下で作動するように調整します。2個以上の場合は，1個を最高使用圧力以下で作動するように調整すれば，そのほかの安全弁は最高使用圧力の3％増以下で作動するように調整することができます。

なお，安全弁が2個以上ある場合で，1個の安全弁を最高使用圧力以下で作動するように調整したときは，ほかの安全弁を最高使用圧力の3%増以下で作動するように調整することができます。

5 点火と吹出しの安全管理 ［ボ則30，31］

ボイラーの安全に関わる事項として，点火と吹出しについてボ則30および31にて規定されています。ボイラーの点火，吹出しを行う際は，規定に従い十分に注意して作業することが求められます。

ボイラーの点火を行うときは，ダンパーの調子を点検し，燃焼室および煙道の内部を十分に換気したあとでなければ，点火を行ってはいけません。

また，吹出し作業においては，1人で同時に2以上のボイラーの吹出しを行わず，吹出しを行う間は，ほかの作業を行ってはいけません。

チャレンジ問題

問1

| 難 | 中 | 易 |

法令で定められたボイラー取扱作業主任者の職務として以下の記述のうち，正しいものはどれか。

(1) 低水位燃焼しゃ断装置，火炎検出装置その他の自動制御装置を点検し，および調整すること。

(2) 1週間に1回以上水面測定装置の機能を点検すること。

(3) 1日に一回以上，安全弁の吹出し試験を行うこと。

(4) 圧力，水位，蒸気温度を監視すること。

解説

ボ則第25条にある項目（8）のとおりで，正しい。本条は項目を変えて出題されることが多いので，10項目すべてを把握しておくことは必須です。

解答（1）

定期自主検査および整備作業

1 定期自主検査 [ボ則32, 33] [法45]

事業者は，ボイラーについて，定期的な自主検査を行うことが定められています。

●定期自主検査の実施時期
1カ月を超える期間使用しない場合を除き，1カ月以内ごとに1回，定期的に行います。

●定期自主検査の検査項目
定期自主検査では，大きく4項目について検査します。

●定期自主検査の項目および点検事項

項目		点検事項
ボイラー本体		損傷の有無
燃焼装置	油過熱器および燃料送給装置	損傷の有無
	バーナ	汚れまたは損傷の有無
	ストレーナ	つまりまたは損傷の有無
	バーナタイルおよび炉壁	汚れまたは損傷の有無
	ストーカおよび火格子	損傷の有無
	煙道	漏れそのほかの損傷の有無および通風圧の異常の有無
自動制御装置	起動および停止の装置，火炎検出装置，燃料しゃ断装置，水位調整装置ならびに圧力調節装置	機能の異常の有無
	電気配線	端子の異常の有無
附属装置および附属品	給水装置	損傷の有無および動作の状態
	蒸気管およびこれに附属する弁	損傷の有無および保温の状態
	空気予熱器	損傷の有無
	水処理装置	機能の異常の有無

補足 ▶

休止ボイラーが使用を再開したとき
休止中のボイラーが使用を再開した場合には，再び定期検査を実施します。

●定期自主検査の実施記録の保存

事業者は，定期自主検査を行ったときは，その結果を記録し，これを3年間保存しなければなりません。

●補修等そのほかの必要な措置

事業者は，定期自主検査を行った際にボイラーの異状を認めたときは，補修そのほかの必要な措置を講じなければなりません。

2 整備作業 [ボ則34] [法20]

　掃除や整備・修繕のためにボイラーまたは煙道内に作業者が入る場合，事業者は，安全のための危険防止措置を講じなければなりません。

●ボ則第34条

（ボイラーまたは煙道の内部に入るときの措置）

　事業者は，労働者がそうじ，修繕などのためボイラー（燃焼室を含む）または煙道の内部に入るときは，次の事項を行わなければならない。

1　ボイラーまたは煙道を冷却すること

2　ボイラーまたは煙道の内部の換気を行うこと

3　ボイラーまたは煙道の内部で使用する移動電線は，キャブタイヤケーブルまたはこれと同等以上の絶縁効力および強度を有するものを使用させ，かつ，移動電灯は，ガードを有するものを使用させること

4　使用中のほかのボイラーとの管連絡を確実にしゃ断すること

　　　　　　　　　　　　難　中　**易**

ボイラー（小型ボイラーを除く）の定期自主検査についての以下の記述のうち,正しいものはどれか。

(1) 定期自主検査は,1カ月を超える期間使用しない場合を除き,1カ月以内ごとに1回,定期的に,行わなければならない。

(2) 定期自主検査は,大きく分けて,「ボイラー本体」,「灰処理装置」,「自動制御装置」,「附属装置および附属品」の4項目について行わなければならない。

(3) 「自動制御装置」の電気配線については,その劣化のみについて点検すればよい。

(4) 定期自主検査を行ったときは,その結果を記録し,これを5年間保存しなければならない。

解説

ボ則第32条（定期自主検査）に規定されています。1カ月を超える期間使用しないボイラーについては,使用しない期間の定期自主検査は必要ありませんが,使用を再開した場合には,再び定期自主検査を実施します。

解答 (1)

　　　　　　　　　　　　難　**中**　易

そうじ,修繕などのためボイラー（燃焼室を含む）の内部に入るときに行わなければならない措置として,ボ則に定められていないものは以下のうちどれか。

(1) ボイラーを冷却すること。

(2) ボイラー内の換気をすること。

(3) ボイラーの内部で使用する移動電灯は,ガードを有するものを使用すること。

(4) 監視人を配置すること。

解説

ボ則第34条（ボイラーまたは煙道の内部に入るときの措置）に規定されています。監視人の配置については,定められていません。

解答 (4)

4 鋼製ボイラーの附属品構造規格（抜粋）

鋼製ボイラーの安全弁・逃がし弁と逃がし管

① ボイラーの附属品構造規格

ボイラーの安全の確保のため，その材料や構造，工作方法，附属品などについて定められているのがボイラー構造規格（ボ構規）です。ボイラーの製造，使用にあたって適合するようにしなければなりません。

なお，2級ボイラー技士免許試験の「関係法規」の出題範囲のうち，ボイラー構造規格については「ボイラー構造規格中の附属施設および附属品に関する条項」とされています。よって附属設備と附属品の構造規格，なかでも安全弁，逃がし弁，逃がし管，圧力計，水面測定装置などはしっかりおさえることが必要です。

② 安全弁の構造規格［ボ構規62］

ボイラーの安全弁については，取り付ける個数や位置など，以下のように規定されています。

●ボ構規第62条

（安全弁）
　蒸気ボイラーには，内部の圧力を最高使用圧力以下に保持することができる安全弁を2個以上備えなければならない。ただし，伝熱面積50㎡以下の蒸気ボイラーにあっては，安全弁を1個とすることができる。
2　安全弁は，ボイラー本体の容易に検査できる位置に直接取り付け，かつ，弁軸を鉛直にしなければならない。

補足▶

鉛直
水平に対して，垂直なことをいいます。

③ 過熱器の安全弁 ［ボ構規63］

過熱器の安全弁については，ボ構規 63 に以下のように規定されています。

●ボ構規第63条

（過熱器の安全弁）

　　過熱器には，過熱器の出口付近に過熱器の温度を設計温度以下に保持することができる安全弁を備えなければならない。

2　　貫流ボイラーにあっては，当該ボイラーの最大蒸発量以上の吹出し量の安全弁を過熱器の出口付近に取り付けることができる。

④ 温水ボイラーの逃がし弁と安全弁 ［ボ構規65］

温水ボイラーの安全装置の構造規格については，ボ構規 65 に規定され，逃がし弁や逃し管，または安全弁においては以下のように規定されています。

●ボ構規第65条

（温水ボイラーの逃がし弁または安全弁）

　　水の温度が 120℃以下の温水ボイラーには，圧力が最高使用圧力に達すると直ちに作用し，かつ，内部の圧力を最高使用圧力以下に保持することができる逃がし弁を備えなければならない。ただし，水の温度が 120℃以下の温水ボイラーであって，容易に検査ができる位置に内部の圧力を最高使用圧力以下に保持することができる逃がし管を備えたものについては，この限りでない。

2　　水の温度が 120℃を超える温水ボイラーには，内部の圧力を最高使用圧力以下に保持することができる安全弁を備えなければならない。

問1

難 中 **易**

鋼製ボイラー（小型ボイラーを除く）の安全弁についての以下の記述のうち, 正しいものはどれか。

(1) 伝熱面積が50㎡を超える蒸気ボイラーには, 安全弁を3個以上備えなければならない。

(2) 蒸気ボイラーの安全弁は, ボイラー本体の容易に検査できる位置に直接取り付け, かつ, 弁軸を鉛直にしなければならない。

(3) 貫流ボイラーに備える安全弁については, 当該ボイラーの最大蒸発量以上の吹出し量のものを過熱器の入口付近に取り付けることができる。

(4) 水の温度が100℃を超える温水ボイラーには, 安全弁を備えなければならない。

解説

ボ構規第62条2項により「安全弁は, ボイラー本体の容易に検査できる位置に直接取り付け, かつ, 弁軸を鉛直にしなければならない」と定められています。

解答 (2)

問2

難 **中** 易

温水ボイラーの逃がし弁または安全弁について, 以下の記述の（　　　）内に入れる語句の組み合わせとして, 正しいものはどれか。

「水の温度が（　　　）を超える（　　　）には, 内部の圧力を最高使用圧力以下に保持することができる（　　　）を備えなければならない」

(1) 120℃・小型ボイラー・安全弁 　(3) 120℃・貫流ボイラー・安全弁

(2) 120℃・大型ボイラー・安全弁 　(4) 120℃・温水ボイラー・安全弁

解説

設問文は, ボ構規第65条2項の原文ままとなっています。試験では記述の空欄に入れる語句の組み合わせを選ぶ問題が過去にもよく出題されています。

解答 (4)

鋼製ボイラーの圧力計・水高計と温度計

1 圧力計の構造規格 ［ボ構規66］

蒸気ボイラーの蒸気部や水柱管などに取り付ける圧力計については，以下のように規定されています。

●ボ構規第66条

（圧力計）

蒸気ボイラーの蒸気部，水柱管または水柱管に至る蒸気側連絡管には，次の各号に定めるところにより，圧力計を取り付けなければならない。
1 蒸気が直接圧力計に入らないようにすること
2 コックまたは弁の開閉状況を容易に知ることができること
3 圧力計への連絡管は，容易に閉そくしない構造であること
4 圧力計の目盛盤の最大指度は，最高使用圧力の1.5倍以上3倍以下の圧力を示す指度とすること
5 圧力計の目盛盤の径は，目盛りを確実に確認できるものであること

2 温水ボイラーの水高計 ［ボ構規67］

温水ボイラーの水高計に関する規定には，以下の3つがあります。

●ボ構規第67条

（温水ボイラーの水高計）

温水ボイラーには，ボイラー本体または温水の出口付近に水高計を取り付けなければならない。ただし，水高計に代えて圧力計を取り付けることができる。
1 コックまたは弁の開閉状況を容易に知ることができること
2 水高計の目盛盤の最大指度は，最高使用圧力の1.5倍以上3倍以下の圧力を示す指度とすること

3 温度計の構造規格［ボ構規68］

蒸気ボイラー，温水ボイラーそれぞれに温度計に係る構造規格が規定されています。

●ボ構規第68条

（温度計）

蒸気ボイラーには，過熱器の出口付近における蒸気の温度を表示する温度計を取り付けなければならない。

2 温水ボイラーには，ボイラーの出口付近における温水の温度を表示する温度計を取り付けなければならない。

チャレンジ問題

問1　　　　　　　　　　　　　　　　　　　難　中　易

温水ボイラー（小型ボイラーを除く）に取り付けなければならない附属品は，以下のうちどれか。

（1）験水コック

（2）温度計

（3）水柱管

（4）ガラス水面計

解説

ボ構規第68条に，蒸気ボイラーおよび温水ボイラーの温度計についての規定があります。必ず覚えるようにしましょう。

解答（2）

鋼製ボイラーの水面測定装置

❶ ガラス水面計 ［ボ構規69］

　貫流ボイラーを除く蒸気ボイラーに取り付けなければならないガラス水面計についての構造規格です。取り付ける蒸気ボイラーの規模，個数，位置，規格，構造に規定されていますので，しっかりおさえておきましょう。

●ボ構規第69条

（ガラス水面計）
　蒸気ボイラー（貫流ボイラーを除く）には，ボイラー本体または水柱管に，ガラス水面計を2個以上取り付けなければならない。ただし，次の各号に掲げる蒸気ボイラーにあっては，そのうちの1個をガラス水面計でない水面測定装置とすることができる。
　　（1）　胴の内径が750mm以下の蒸気ボイラー
　　（2）　遠隔指示水面測定装置を2個取り付けた蒸気ボイラー
2　ガラス水面計は，そのガラス管の最下部が蒸気ボイラーの使用中維持しなければならない最低の水面である安全低水面を指示する位置に取り付けなければならない。
3　蒸気ボイラー用水面計のガラスは，日本産業規格B8211（ボイラー水面計ガラス）に適合したものまたはこれと同等以上の機械的性質を有するものでなければならない。
4　ガラス水面計は，随時，掃除および点検を行うことができる構造としなければならない。

❷ 水柱管および連絡管 ［ボ構規71］

　水柱管とボイラーを結ぶ連絡管は，容易に閉そくしない構造とし，管の途中が両端より高いものや，管の途中が両端より低いものであってはなりません。

●ボ構規第71条

（水柱管との連絡管）

水柱管とボイラーとを結ぶ連絡管は，容易に閉そくしない構造とし，かつ，水側連絡管および水柱管は，容易に内部の掃除ができる構造としなければならない。

2　水側連絡管は，管の途中に中高または中低のない構造とし，かつ，これを水柱管またはボイラーに取り付ける口は，水面計で見ることができる最低水位より上であってはならない。

3　蒸気側連絡管は，管の途中にドレンのたまる部分がない構造とし，かつ，これを水柱管およびボイラーに取り付ける口は，水面計で見ることができる最高水位より下であってはならない。

4　前3項の規定は，水面計に連絡管を取り付ける場合について準用する。

なお，蒸気側連絡管を水柱管およびボイラーに取り付ける口が，水面計で見ることができる最高水位より下であってはならないのは，ガラス水面計に正しい水位が現れないことがないようにするためです。

補足 ▶

水柱管の規定
最高使用圧力1.6MPaを超えるボイラーの水柱管は，鋳鉄製としてはなりません。

問1

難　中　易

鋼製ボイラー（小型ボイラーを除く）の水面測定装置についての以下の記述で，
（　　　　）内に入る語句の組み合わせとして，正しいものはどれか。

「（　　　　）側連絡管は，管の途中に中高または中低のない構造とし，かつ，これ
を水柱管またはボイラーに取り付ける口は，水面計で見ることができる（　　　　）
水位より（　　　　）であってはならない」

(1) 水・最高・上
(2) 水・最低・上
(3) 水・最低・下
(4) 蒸気・最高・上

解説

鋼製ボイラーの水面測定装置は，ボ構規第71条2号に規定されています。

解答（2）

問2

難　中　易

貫流ボイラーを除く蒸気ボイラーに取り付けなければならないガラス水面計につい
ての以下の記述うち，正しいものはどれか。

(1) 蒸気ボイラーは，本体か水柱管に，ガラス水面計を3個以上取り付ける。
(2) ガラス水面計は，掃除および点検を行うことは不要である。
(3) 胴の内径が750mm以下の蒸気ボイラー，遠隔指示水面測定装置を2個取り
　　付けた蒸気ボイラーの場合は，ガラス水面計は不要である。
(4) ガラス水面計は，そのガラス管の最下部が蒸気ボイラーの安全低水面を指
　　示する位置に取り付けなければならない。

解説

貫流ボイラーを除く蒸気ボイラーのガラス水面計の構造規格は，ボ構規第69条に
規定されています。

解答（4）

鋼製ボイラーの給水装置など

1 給水装置の構造規格 [ボ構規73,74]

蒸気ボイラーの給水装置には，以下のことが規定されています。

●給水装置の設置
ボイラー水が不足し，低水とならないよう，蒸気ボイラーには最大蒸発量以上を給水することができる給水装置を備えなければなりません。しかし，以下のような場合には，2個の給水装置を備えます（ボ構規73）。

①燃料を遮断してもなお熱供給が続くもの
②低水位燃料遮断装置を有さない蒸気ボイラー

ただし，給水装置の1つが2個以上の給水ポンプを結合したものである場合には，他方の給水装置の給水能力は，以下の2つのうち，いずれか大きい方の給水能力以上であればよいとされています。

①蒸気ボイラーの最大蒸発量の25％以上の給水能力
②2個以上の給水ポンプを結合した給水装置のうちの給水能力が最大である給水ポンプ

●近接した2以上の蒸気ボイラーの特例
近接した2以上の蒸気ボイラーを結合して使用する場合，結合して使用する蒸気ボイラーを1つとみなして給水装置を設置できる特例があります（ボ構規74）。

補足 ▶

特例についての例
たとえば，最大蒸発量が2000kg/hの蒸気ボイラー3基が近接して共通の蒸気ヘッダでつながれていれば，1基とみなすことができます。また，すべてのボイラーが低水位燃料遮断装置を有していれば，給水装置は6000kg/h以上の給水能力のもの1を1個でよいとされています。

2 給水弁と逆止め弁 [ボ構規75]

　給水装置の給水管には，蒸気ボイラーに近接した位置に給水弁や逆止め弁を取り付けなければなりませんが，以下の場合には逆止め弁を省略できます。

●ボ構規第75条

（給水弁と逆止め弁）
　給水装置の給水管には，蒸気ボイラーに近接した位置に，給水弁および逆止め弁を取り付けなければならない。ただし，貫流ボイラーおよび最高使用圧力0.1MPa未満の蒸気ボイラーにあっては，給水弁のみとすることができる。

3 給水内管の構造規格 [ボ構規76]

　給水内管は，内部の点検や掃除などのため，取り外しができる構造のものでなければなりません。

チャレンジ問題

問1
難　中　**易**

以下の記述のうち，正しいものはどれか。

(1) 蒸気ボイラーに備える給水装置は，燃料を遮断しても熱供給が続くものや，低水位燃料遮断装置のない場合は，3個以上備えなければならない。

(2) 近接した2以上の蒸気ボイラーを結合して使用する場合には，結合して使用する蒸気ボイラーを1つとみなして給水装置を設置できる特例がある。

(3) 給水装置の給水管には，蒸気ボイラーに近い位置に給水弁や逆止め弁を取り付けるが，最高使用圧力1MPa未満のボイラーでは，逆止め弁のみとする。

(4) 給水内管は，取り外しができない構造のものでなければならない。

解説

ボ構規第74条において，「結合して使用する蒸気ボイラーを1つの蒸気ボイラーとみなして前条の規定を適用する」と規定されています。

解答 (2)

鋼製ボイラーの蒸気止め弁・吹出し装置・爆発戸

1 蒸気止め弁の構造規格 [ボ構規77]

蒸気止め弁は，以下のように規定されています。

●ボ構規第77条

（蒸気止め弁）

蒸気止め弁は，蒸気止め弁を取り付ける蒸気ボイラーの最高使用圧力および最高蒸気温度に耐えるものでなければならない。

2 ドレンがたまる位置に蒸気止め弁を設ける場合には，ドレン抜きを備えなければならない。

3 過熱器には，ドレン抜きを備えなければならない。

2 吹出し装置の構造規格 [ボ構規78]

吹出し装置の吹出し管および吹出し弁の大きさと数について，以下のように規定されています。

●ボ構規第78条

（吹出し管および吹出し弁の大きさと数）

蒸気ボイラー（貫流ボイラーを除く）には，スケールそのほかの沈殿物を排出することができる吹出し管であって吹出し弁または吹出しコックを取り付けたものを備えなければならない。

2 最高使用圧力1MPa以上の蒸気ボイラー（移動式ボイラーを除く）の吹出し管には，吹出し弁を2個以上または吹出し弁と吹出しコックをそれぞれ1個以上直列に取り付

けなければならない。

3　2以上の蒸気ボイラーの吹出し管は,ボイラーごとにそれぞれ独立していなければならない。

3　爆発戸の構造規格［ボ構規81］

炉内爆発の爆発ガスを逃すため火炉天井などに設けた安全扉が爆発戸です。

●ボ構規第81条

（爆発炉）

　ボイラーに設けられた爆発戸の位置がボイラー技士の作業場所から2m以内にあるときは,爆発ガスを安全な方向へ分散させる装置を設けなければならない。

2　微粉炭燃焼装置には,爆発戸を設けなければならない。

チャレンジ問題

問1　　　　　　　　　　　　　　　難　中　易

以下の記述のうち, 正しいものはどれか。

(1) 蒸気止め弁は,蒸気ボイラーの最高使用圧力および最高蒸気温度に耐えるものとする。

(2) 過熱器には,ドレン抜きを備える必要はない。

(3) 2以上の蒸気ボイラーの吹出し管は,あわせて1個でよい。

(4) 微粉炭燃焼装置には,爆発戸は必要ない。

解説

ボ構規第77条に規定されています。なお,ドレンがたまる位置に蒸気止め弁を設ける場合や過熱器には,ドレン抜きを備えなければなりません。

解答 (1)

自動給水調整装置と低水位燃料遮断装置

1 自動給水調整装置など[ボ則第84]

蒸気ボイラーの自動給水調整装置，低水位燃料遮断装置などについての構造規格を規定しています。

● ボ構規第84条

（自動給水調整装置等）
　自動給水調整装置は，蒸気ボイラーごとに設けなければならない。

2　自動給水調整装置を有する蒸気ボイラー（貫流ボイラーを除く）には，蒸気ボイラーごとに，起動時に水位が安全低水面以下である場合および運転時に水位が安全低水面以下になった場合に，自動的に燃料の供給を遮断する装置（低水位燃料遮断装置）を設けなければならない。

3　貫流ボイラーには，起動時にボイラー水が不足している場合および運転時にボイラー水が不足した場合に，自動的に燃料の供給を遮断する装置またはこれに代わる安全装置を設けなければならない。

4　次の各号のいずれかに該当する場合には，低水位警報装置（水位が安全低水面以下の場合に，警報を発する装置をいう）をもって低水位燃料遮断装置に代えることができる。
　（1）燃料の性質または燃焼装置の構造により，緊急遮断が不可能なもの
　（2）ボイラーの使用条件によりボイラーの運転を緊急停止することが適さないもの

2 燃焼安全装置［ボ構規85］

ボイラーの燃焼安全装置の構造規格についての規定です。

●ボ構規第85条

（燃焼安全装置）

　ボイラーの燃焼装置には，異常消火または燃焼用空気の異常な供給停止が起こったときに，自動的にこれを検出し，直ちに燃料の供給を遮断することができる装置（燃焼安全装置）を設けなければならない。ただし，前条第4項各号のいずれかに該当する場合は，この限りでない。

2　燃焼安全装置は，次の各号に定めるところによらなければならない。

1　作動用動力源が断たれた場合に直ちに燃料の供給を遮断するものであること

2　作動用動力源が断たれている場合および復帰した場合に自動的に遮断が解除されるものでないこと

3　自動的に点火することができるボイラーに用いる燃焼安全装置は，故障そのほかの原因で点火することができない場合または点火しても火炎を検出することができない場合には，燃料の供給を自動的に遮断するものであって，手動による操作をしない限り再起動できないものでなければならない。

4　燃焼安全装置に，燃焼に先立ち火炎検出機構の故障そのほかの原因による火炎の誤検出がある場合には，燃焼安全装置は燃焼を開始させない機能を有するものでなければならない。

問1

難　中　**易**

以下の記述のうち，正しいものはどれか。

(1) 自動給水調整装置は，蒸気ボイラーごとに設けなければならない。

(2) 自動給水調整装置を有する蒸気ボイラーは，起動時に水位が安全低水面以下になった場合のみ，低水位燃料遮断装置を設けなければならない。

(3) 貫流ボイラーには，起動時にボイラー水が不足している場合および運転時にボイラー水が不足した場合でも安全装置を設ける必要はない。

(4) 燃料の性質または燃焼装置の構造により緊急遮断が不可能なもの，ボイラーの使用条件によりボイラーの運転を緊急停止することが適さないものでも，低水位警報装置をもって低水位燃料遮断装置に代えることはできない。

解説

ボ構規第84条に規定された，自動給水調整装置に係る構造規格です。なお，貫流ボイラーも，ボイラー水不足による事故防止のための安全装置が必要です。

解答（1）

問2

難　中　**易**

以下の記述のうち，正しいものはどれか。

(1) ボイラーの燃焼装置には，異常を自動的に検出し，燃料の供給の遮断を手動によって行う燃焼安全装置を設けなければならない。

(2) 燃焼安全装置は，作動用動力源が断たれた場合に徐々に燃料の供給を遮断していくものでなければならない。

(3) 燃焼安全装置は，作動用動力源が断たれている場合および復帰した場合に自動的に遮断が解除されるものでなければならない。

(4) 燃焼安全装置に，火炎検出機構の故障そのほかの原因による誤検出がある場合には，燃焼を開始させない機能があるものでなければならない。

解説

ボ構規第85条に規定された，燃焼安全装置に係る構造規格です。4号までの各事項をきちんと把握しておきましょう。

解答（4）

鋳鉄製ボイラーの附属品構造規格

① 鋳鉄製ボイラー［ボ構規88］

鋳鉄は，耐圧性能が低く，もろいといった性質があります。これにより，鋳鉄製とすることができない蒸気ボイラーおよび温水ボイラーについて規定されています。圧力と温水温度の規定値により制限されています。

●ボ構規第88条

（鋳鉄製ボイラーの制限）
　次の各号に掲げる蒸気ボイラーまたは温水ボイラーは，鋳鉄製としてはならない。

1　圧力0.1MPaを超えて使用する蒸気ボイラー

2　圧力0.5MPa（日本産業規格B8203（鋳鉄ボイラー構造）またはこれと同等と認められる規格に定めるところによって破壊試験を行い，当該試験の結果に基づき最高使用圧力を算定する場合にあっては，1MPaまで）を 超える温水ボイラー

3　温水温度120℃を超える温水ボイラー

② 安全弁と逃がし弁［ボ構規94, 95］

鋳鉄製ボイラーの安全弁と逃がし弁に係る構造規格です。

●ボ構規第94条

（安全弁そのほかの安全装置）
　蒸気ボイラーには，内部の圧力を最高使用圧力以下に保持することができる安全弁そのほかの安全装置を備えなければならない。

（逃がし弁および逃がし管）

　暖房用温水ボイラーには，圧力が最高使用圧力に達すると直ちに作用し，かつ，内部の圧力を最高使用圧力以下に保持することができる逃がし弁を備えなければならない。ただし，開放型膨張タンクに通ずる逃がし管であって，内部の圧力を最高使用圧力以下に保持することができるものを備えた暖房用温水ボイラーについては，この限りでない。

2　給湯用温水ボイラーには，圧力が最高使用圧力に達すると直ちに作用し，かつ，内部の圧力を最高使用圧力以下に保持することができる逃がし弁を備えなければならない。ただし，給水タンクの水面以上に立ち上げた逃がし管を備えた給湯用温水ボイラーについては，この限りでない。

3　圧力計・水高計と温度計 [ボ構規96]

　鋳鉄製ボイラーの圧力計，水高計および温度計に係る構造規格についての規定です。

　圧力計の取り付け方法，目盛盤の最大指度，水高計および温度計の要件については，鋼製ボイラーと同様となります。

●ボ構規第96条

（圧力計，水高計および温度計）
　蒸気ボイラーの蒸気部，水柱管または水柱管に至る蒸気側連絡管には，圧力計を取り付けなければならない。

2　温水ボイラーには，ボイラーの本体または温水の出口付近に水高計を取り付けなければならない。ただし，水高計に代えて圧力計を取り付けることができる。

3　第66条（第5号を除く）の規定は蒸気ボイラーの圧力計について，第67条の規定は温水ボイラーの水高計について，第68条第2項の規定は温水ボイラーの温度計について準用する。

4　水面測定装置など［ボ構規97, 98, 99, 100］

　鋳鉄製ボイラーの水面測定装置に係る構造規格です。ガラス水面計，験水コック，温水温度自動制御装置，吹出し管などおよび，圧力を有する水源からの給水についての規定となります。多岐に渡りますが，それぞれの条文を，よく理解しておきましょう。

●ボ構規第97条

（ガラス水面計及び験水コック）
　蒸気ボイラー（低水位燃料遮断装置または自動水位制御装置を有するものであって，ガラス水面計に呼び径8A以上の直流形の排水弁または排水コックを備えたものを除く）には，ガラス水面計を2個以上備えなければならない。

　ただし，そのうちの1個は，ガラス水面計でないほかの水面測定装置とすることができる。

2　第69条（第1項を除く）の規定は，蒸気ボイラーのガラス水面計について準用する。

3　ガラス水面計でないほかの水面測定装置として験水コックを設ける場合には，ガラス水面計のガラス管取付位置と同等の高さの範囲において2個以上取り付けなければならない。

4　第72条第2項の規定は，蒸気ボイラーの験水コックについて準用する。

●ボ構規第98条

（温水温度自動制御装置）
　温水ボイラーで圧力が0.3MPaを超えるものには，温水温度が120℃を超えないように温水温度自動制御装置を設けなければならない。

●ボ構規第99条

（吹出し管等）
　蒸気ボイラーには，スケールそのほかの沈殿物を排出することができる吹出し管であって吹出し弁または吹出しコックを取り付けたものを備えなければならない。

2　吹出し弁または吹出しコックは，見やすく，かつ，取扱いが容易な位置に取り付けなけ

ればならない。

3　吹出し弁は，スケールそのほかの沈殿物がたまらない構造としなければならない。

●ボ構規第100条

（圧力を有する水源からの給水）
　給水が水道そのほか圧力を有する水源から供給される場合には，当該水源に係る管を返り管に取り付けなければならない。

チャレンジ問題

問1

難　中　**易**

鋳鉄製としてはならない蒸気ボイラーまたは温水ボイラーについての以下の記述のうち，正しいものはどれか。

(1) 圧力0.2MPaを超えて使用する蒸気ボイラー

(2) 圧力0.5MPaを超える温水ボイラー

(3) 温水温度100℃を超える温水ボイラー

(4) 温水温度120℃を超える蒸気ボイラー

解説

ボ構規第88条に規定された（鋳鉄製ボイラーの制限）に係る構造規格です。制限における各値をしっかり覚えるようにしましょう。

解答（2）

以下の記述のうち, 正しいものはどれか。

(1) 暖房用温水ボイラーには, 圧力が最高使用圧力に達すると直ちに作用し, 内部圧力を最高使用圧力以下に保持することができる逃がし管を備える。

(2) 給湯用温水ボイラーには, 圧力が最高使用圧力に達すると直ちに作用し, 内部圧力を最低使用圧力以下に保持することができる逃がし弁を備えなければならない。

(3) 蒸気ボイラーの蒸気部, 水柱管または水柱管に至る蒸気側連絡管には, 圧力計を取り付けなければならない。

(4) 蒸気ボイラーに験水コックを設ける場合には, ガラス水面計のガラス管取り付け位置と同等の高さの範囲において1個取り付ければよい。

解説

ボ構規第96条に規定された (圧力計, 水高計および温度計) に係る構造規格です。ちなみに, 水高計はボイラー本体または温水の出口付近に取り付けます。

解答 (3)

鋳鉄製ボイラーについての以下の記述で, (　　　) 内に入る語句の組み合わせとして, 正しいものはどれか。

「鋳鉄製ボイラー (小型ボイラーを除く) において, 給水が水道そのほか (　　　) を有する水源から供給される場合には, 当該水源に係る管を (　　　) に取り付けなければならない」

(1) 濃度塩素・膨張管　　　(2) ろ過装置・送り管

(3) 圧力・返り管　　　　　(4) 圧力・ボイラー本体

解説

ボ構規第100条 (圧力を有する水源からの給水) に係る規定で, 条文には「給水が水道そのほか圧力を有する水源から供給される場合には, 当該水源に係る管を返り管に取り付けなければならない」とあります。これにより, (3) が該当します。

解答 (3)

索引

た行

制作・執筆●
アート・サプライ

執筆協力●
乙羽クリエイション

図版制作協力●
株式会社 明昌堂

2級ボイラー技士　超速マスター　〔第2版〕

2021年12月20日　初　版　第1刷発行
2024年4月1日　第2版　第1刷発行

編　著　者	Ｔ　Ａ　Ｃ　株　式　会　社	
	（　ボ　イ　ラ　ー　研　究　会　）	
発　行　者	多　　田　　敏　　男	
発　行　所	Ｔ　Ａ　Ｃ株式会社　出版事業部	
	（ＴＡＣ出版）	

〒101-8383　東京都千代田区神田三崎町3-2-18
電話　03(5276)9492(営業)
FAX　03(5276)9674
https://shuppan.tac-school.co.jp

制作・執筆	株式会社　アート・サプライ
印　　刷	日　新　印　刷　株　式　会　社
製　　本	東　京　美　術　紙　工　協　業　組　合

©TAC 2024　　Printed in Japan

ISBN 978-4-300-11175-8
N.D.C.533

書籍の正誤に関するご確認とお問合せについて

書籍の記載内容に誤りではないかと思われる箇所がございましたら、以下の手順にてご確認とお問合せをしてくださいますよう、お願い申し上げます。

なお、正誤のお問合せ以外の書籍内容に関する解説および受験指導などは、一切行っておりません。
そのようなお問合せにつきましては、お答えいたしかねますので、あらかじめご了承ください。

1 「Cyber Book Store」にて正誤表を確認する

TAC出版書籍販売サイト「Cyber Book Store」の
トップページ内「正誤表」コーナーにて、正誤表をご確認ください。

CYBER TAC出版書籍販売サイト
BOOK STORE

URL：https://bookstore.tac-school.co.jp/

2 ❶の正誤表がない、あるいは正誤表に該当箇所の記載がない ⇒ 下記①、②のどちらかの方法で文書にて問合せをする

★ご注意ください★

お電話でのお問合せは、お受けいたしません。
①、②のどちらの方法でも、お問合せの際には、「お名前」とともに、
「対象の書籍名（○級・第○回対策も含む）およびその版数（第○版・○○年度版など）」
「お問合せ該当箇所の頁数と行数」
「誤りと思われる記載」
「正しいとお考えになる記載とその根拠」
を明記してください。
なお、回答までに1週間前後を要する場合もございます。あらかじめご了承ください。

① ウェブページ「Cyber Book Store」内の「お問合せフォーム」より問合せをする

【お問合せフォームアドレス】

https://bookstore.tac-school.co.jp/inquiry/

② メールにより問合せをする

【メール宛先　TAC出版】

syuppan-h@tac-school.co.jp

※土日祝日はお問合せ対応をおこなっておりません。
※正誤のお問合せ対応は、該当書籍の改訂版刊行月末日までといたします。

乱丁・落丁による交換は、該当書籍の改訂版刊行月末日までといたします。なお、書籍の在庫状況等により、お受けできない場合もございます。
また、各種本試験の実施の延期、中止を理由とした本書の返品はお受けいたしません。返金もいたしかねますので、あらかじめご了承くださいますようお願い申し上げます。

（2022年7月現在）